Máquinas eléctricas

Miguel Pareja Aparicio, Rafael Pareja Aparicio y Alejandro Cañete Jiménez

Marcombo

Máquinas eléctricas

Primera edición, 2025

© 2025 Miguel Pareja Aparicio, Rafael Pareja Aparicio y Alejandro Cañete Jiménez

© 2025 MARCOMBO, S. L.   www.marcombo.com
Gran Via de les Corts Catalanes 594, 08007 Barcelona
Contacto: info@marcombo.com

Diseño de cubierta: cuantofalta.es
Maquetación: quimdiaz.net
Corrección: Anna Alberola
Directora de producción: M.ª Rosa Castillo

ISBN: 978-84-267-3997-1
D.L.: B 9732-2025

Impresión: Servicepoint
Printed in Spain

Libro ecológico
Impreso con papel procedente de bosques gestionados de manera eficiente, libre de cloro

Presentación

Este manual técnico de máquinas eléctricas ha sido diseñado como obra de consulta para electricistas, electrónicos y técnicos de mantenimiento en general. En él se aborda el funcionamiento, cálculo, diseño, montaje, ensayo, regulación y mantenimiento de cualquier tipo de máquina eléctrica que pueden encontrar estos profesionales en su día a día.

Además, gracias a sus explicaciones paso a paso y de fácil comprensión, con multitud de imágenes, esquemas eléctricos, tablas de características, gráficas, cuestionarios y ejemplos de fabricantes del mercado actual, dicho manual puede convertirse en un libro muy útil para la enseñanza en institutos y escuelas técnicas. También puede servir como apoyo a la preparación de pruebas de acceso a la función docente.

Puede utilizarse en multitud de módulos donde se imparta algún tipo de máquina eléctrica; por ejemplo, en ciclos formativos de grado medio y superior de las familias profesionales de electricidad y electrónica, energía y agua, fabricación mecánica, instalación y mantenimiento y marítimo pesquero, entre otras. En especial, cabe mencionar la relación directa de este manual técnico con el **módulo Máquinas Eléctricas del Ciclo de Grado Medio de Instalaciones Eléctricas y Automáticas**, en el cual se podría implementar como libro de texto.

Índice

RESULTADOS DE APRENDIZAJE

RA 1	Elabora documentación técnica de máquinas eléctricas relacionando símbolos normalizados y representando gráficamente elementos y procedimientos.
RA 2	Monta transformadores monofásicos y trifásicos, ensamblando sus elementos y verificando su funcionamiento.
RA 3	Repara averías en transformadores, realizando comprobaciones y ajustes para la puesta en servicio.
RA 4	Monta máquinas eléctricas rotativas, ensamblando sus elementos y verificando su funcionamiento.
RA 5	Mantiene y repara máquinas eléctricas, realizando comprobaciones y ajustes para la puesta en servicio.
RA 6	Realiza maniobras características en máquinas rotativas, interpretando esquemas y aplicando técnicas de montaje.
RA 7	Cumple las normas de prevención de riesgos laborales y de protección ambiental, identificando los riesgos asociados, las medidas y equipos de prevenirlos.

U 1

Introducción a las máquinas eléctricas

En esta unidad va a estudiar:

- Tipología de las máquinas eléctricas.

- Legislación aplicable a las máquinas eléctricas.

- Documentación asociada a las máquinas eléctricas, simbología, referencias normalizadas y planos utilizados para la representación de máquinas eléctricas.

Con su estudio, va a ser capaz de:

- Conocer la simbología y referencias normalizadas de las máquinas eléctricas.

- Conocer programas informáticos de representación de esquemas aplicados a las máquinas eléctricas.

- Conocer la documentación asociada al diseño de sistemas con máquinas eléctricas.

- Identificar características para el diseño de máquinas eléctricas.

1.1 Tipos

Una máquina eléctrica es un dispositivo capaz de transformar cualquier forma de energía en **energía eléctrica**, o a la inversa. También se incluye en esta definición las máquinas que transforman las características eléctricas de la energía eléctrica para adaptarlo a diferentes tipos utilización.

Los generadores transforman **energía mecánica** en eléctrica, los motores transforman la energía eléctrica en mecánica y los transformadores cambian las características eléctricas de la energía eléctrica.

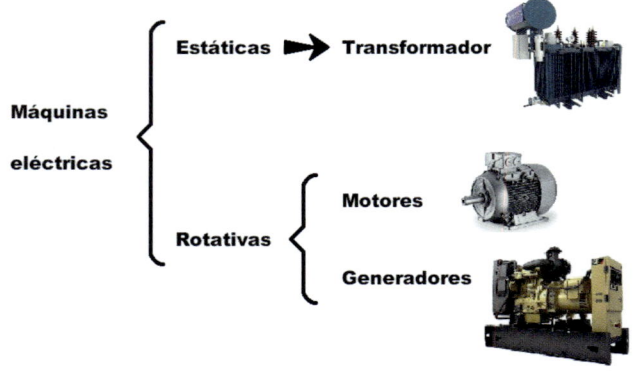

Figura 1.1
Esquema básico de tipos de máquinas eléctricas.

☐ Generadores y/o motores de corriente alterna (CA)

Se podría realizar otra clasificación en función de las características de generación o alimentación eléctrica:

☐ Generadores y/o motores monofásicos

☐ Generadores y/o motores trifásicos

En la siguiente tabla se muestra una clasificación general de las máquinas rotativas, teniendo en cuenta el tipo de corriente eléctrica, el número de fases, etc.

Máquina eléctrica	Corriente continua	Corriente alterna
Generador	Dinamo: independiente, serie, *shunt* o derivación, o *compound*.	Alternador: monofásico, trifásico, polos lisos o salientes.
Motores	Motor: independiente, serie, *shunt* o derivación, o *compound*.	Monofásicos. Trifásicos: inducción (jaula de ardilla o rotor bobinado) o síncronos. Universales.

Tabla 1.1
Clasificación de máquinas eléctricas.

1.2 Definición y clasificación de máquinas eléctricas rotativas

Se considera «máquina eléctrica» al conjunto de mecanismos capaces de generar, aprovechar o transformar la energía eléctrica. Si la máquina convierte energía mecánica en eléctrica se denomina generador; por el contrario, si convierte la energía eléctrica en mecánica se denomina motor. A esta relación se la conoce como «principio de la conservación electromecánica» (Figura 1.2).

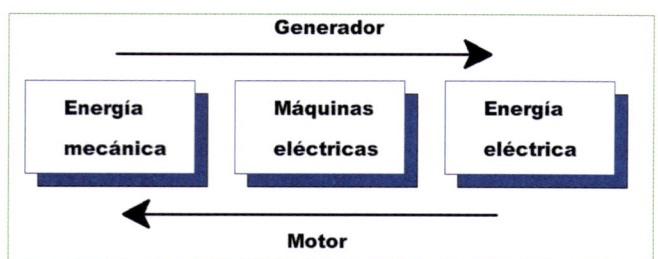

Figura 1.2
Diagrama de bloques de máquinas eléctricas.

Clasificación en función de la corriente generada o consumida:

☐ Generadores y/o motores de corriente continua (CC)

1.3 Documentación técnica de las máquinas eléctricas

Introducción

Según el Reglamento Electrotécnico de Baja Tensión (REBT), en particular la instrucción técnica complementaria 04 (ITC-BT-04), las instalaciones han de ejecutarse sobre la base de una documentación técnica y, en función de las características, se requerirá de un proyecto o memoria técnica de diseño. Por lo tanto, toda instalación debe estar correctamente documentada, incluidas las instalaciones relacionadas con la instalación de máquinas eléctricas. La documentación puede incluir la siguiente información:

Para desarrollar esta documentación puede ser interesante el uso de:

☐ Procesadores de textos o programas ofimáticos

☐ Programas para diseño gráfico o CAD

☐ Programas de diseño de instalaciones

En particular, en las tareas de mantenimiento es muy importante documentar toda posible modificación o cambio en la configuración (ampliaciones, reparaciones, sustitución de elementos, etc.). En el caso particular de las máquinas eléctricas, se puede incluir la siguiente información:

☐ Características técnicas: datos de la placa de características

☐ Medidas realizadas: aislamiento y resistencia de los bobinados

☐ Datos generales de funcionamiento y puesta en marcha: intensidad de arranque, tipos de conexionado, temperatura de funcionamiento, etc.)

☐ Estado general de la máquina (inspección visual)

Simbología para máquinas eléctricas

Las normas referentes a esquemas eléctricos y representación normalizada para máquinas eléctricas son:

☐ UNE-EN 61082 (2015): preparación de la documentación utilizada en electrotecnia.

☐ UNE 200002-1 (2004): índice general de símbolos gráficos para esquemas. Debe usarse conjuntamente a las normas UNE-EN 60617, específicamente la parte 6 sobre producción, transformación y conversión de la energía eléctrica. Los símbolos utilizados se muestran en la figura 1.3.

☐ UNE-EN 81346 (2022): sistemas industriales, instalaciones y equipos y productos industriales. Principios de estructuración y designación de referencia. En la tabla 1.2 se indican las referencias utilizadas para máquinas eléctricas.

☐ UNE-EN 60445 (2021): seguridad para interacción hombre-máquina, seguridad para la interfaz hombre-máquina, el marcado y la identificación.

Letra	Descripción (clases)	Ejemplo
G	Suministran un flujo de energía eléctrica	Generadores, alternadores
M	Suministran energía mecánica	Motores
T	Conversión de energía eléctrica	Transformadores

Tabla 1.2
Simbología para la representación de máquinas eléctricas.

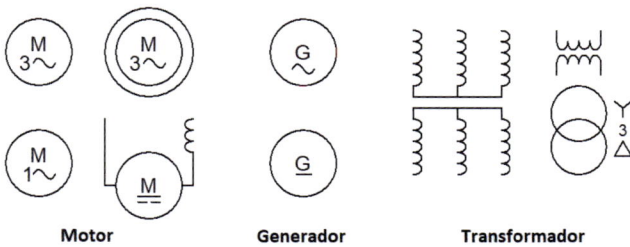

| Motor | Generador | Transformador |

Figura 1.3
Símbolos básicos de máquinas eléctricas.

Planos y esquemas normalizados

En terminología eléctrica, los planos deben responder a las siguientes necesidades:

☐ ¿Cómo funciona?

☐ ¿Cómo se conecta?

☐ ¿Dónde se coloca?

Se entiende «esquema» como la representación de cómo se conectan y relacionan entre sí las partes de una red, instalación, conjunto de aparatos o de un aparato. Los tipos esquemas son (Figura 1.4):

☐ Unifilar: se realiza con un solo trazo, y las líneas inclinadas que lo cortan indican el número de conductores.

☐ Multifilar: se usa una línea para representar cada conductor.

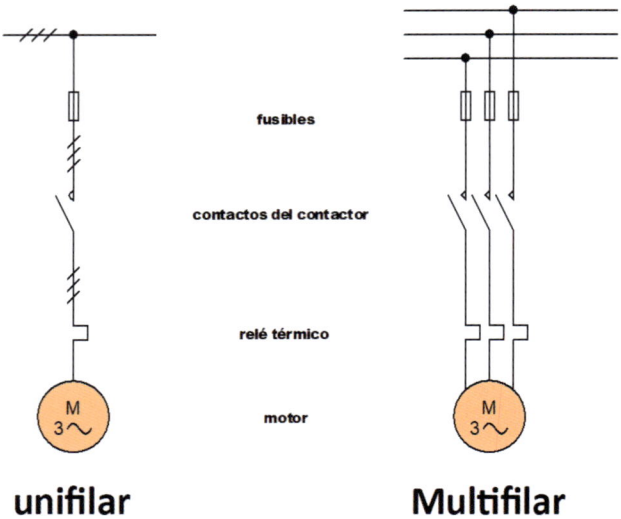

Figura 1.4
Diferencia entre esquema unifilar y multifilar de un arranque directo de motor trifásico.

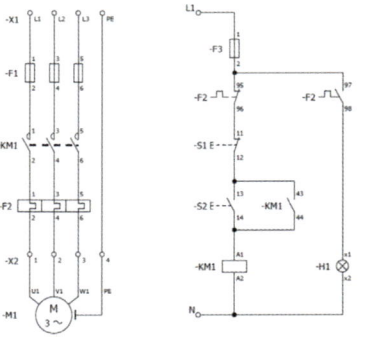
☐ Conjunta: sirve para establecer las uniones mecánicas entre los diferentes elementos que trabajan juntos, pero se representan por separado; semidesarrollada (se establecen líneas discontinuas entre todos los elementos de los distintos apartados, como contactos del contactor) y desarrollada (la relación queda indicada por las referencias de cada elemento). La más utilizada es la desarrollada, puesto que la semidesarrollada puede entorpecer su entendimiento al incluir demasiadas líneas (Figura 1.5).

☐ Topográfica: indica la situación topográfica de los componentes de la instalación. En el caso particular de las máquinas eléctricas, se corresponde con la colocación de los aparatos en el cuadro eléctrico (Figura 1.6).

En los esquemas específicos relacionados con el arranque de motores eléctricos, el técnico utiliza esquemas funcionales, donde la alimentación se indica en la parte superior y los receptores en la parte inferior, con los elementos de protección y mando entre medias. Para facilitar la tarea del técnico, se dispone el funcionamiento en dos esquemas:

☐ El circuito de potencia o trabajo o fuerza: representa la parte que alimenta al receptor o receptores de potencia, principalmente motores (Figura 1.5, izquierda).

☐ El circuito de mando o control o de maniobra: representa, entre fase y neutro, la combinación utilizada para gobernar los elementos de control, como sensores, contadores, temporizadores, relés auxiliares, etc. que gobernarán los contactores que controlarán la puesta en marcha de los motores (Figura 1.5, centro).

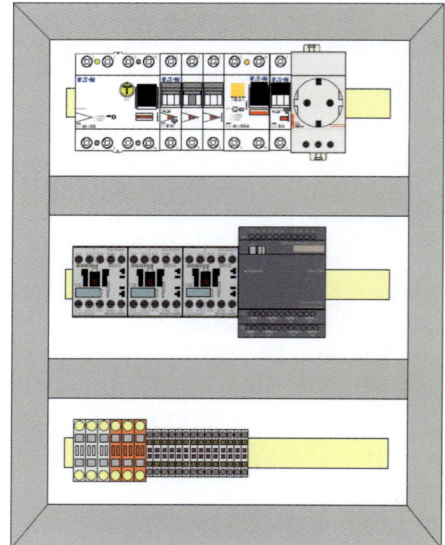

Figura 1.6
Esquema topográfico de colocación de los elementos en el interior de un cuadro eléctrico.

En la Figura 1.5 se muestra un ejemplo de un circuito de marcha con un pulsador y parada con un pulsador (marcha-paro), donde se incluye un texto descriptivo de cada aparato teniendo en cuenta la referencia utilizada (leyenda). En la Figura 1.6 se muestra un esquema topográfico con los elementos de protección: en la parte superior, los de control; en la parte central, contactores y autómata; y en la parte inferior, de conexionado o borneras.

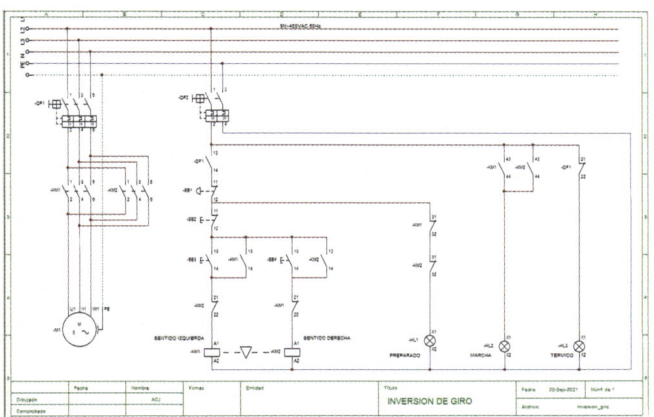

Figura 1.7
Esquema de inversión del sentido de giro con CADeSIMU.

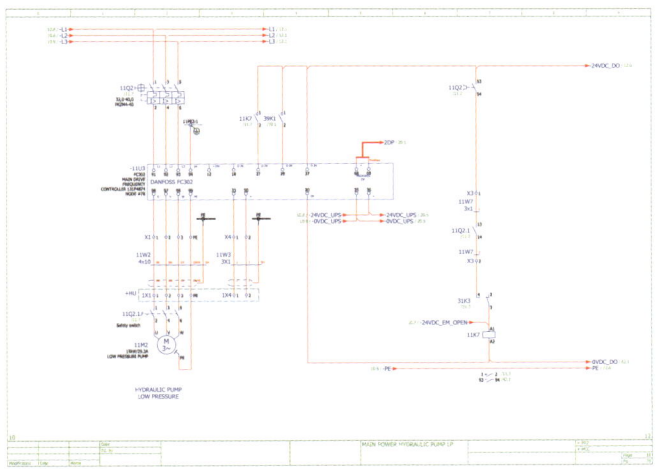

Figura 1.8
Arranque con variador de frecuencia y elementos de control con Eplan.

Para la realización de cualquiera de los planos se puede recurrir a varias aplicaciones informáticas de pago (Eplan, SeeElectrical, Autocad, etc.), gratuitas (Draftsight, QCAD, etc.) o libres (LibreCAD). También se dispone de *software* que permite la simulación (CADeSIMU, que es gratuito, o Automation Studio™, de pago). En la Figura 1.7 se usa CADeSIMU y en la Figura 1.8 Eplan.

PARA SABER MÁS…

QR para la visualización de varios videotutoriales de la aplicación de representación gratuita ProfiCAD. Para descargar tienes clicar en el menú de descarga.

PARA SABER MÁS…

QR para acceder a la información de la aplicación CADeSIMU, en la última versión 4.0. Se incluye manual, preguntas frecuentes y ejemplos de representación.

PARA SABER MÁS…

QR con información sobre las versiones disponibles de Automation Studio™, con acceso a recursos y la posibilidad de descargar el visor de Automation Studio™, que permite ver en modo de solo lectura archivos realizados con la versión educativa y profesional.

Programas de diseño de instalaciones

Para la realización de los cálculos, se puede disponer de un *software* que facilite las siguientes tareas:

- Elaboración de esquemas eléctricos.
- Cálculo de corrientes de cortocircuito.
- Cálculo de caídas de tensión.
- Optimización de la sección de los cables.
- Especificaciones necesarias de la aparamenta.
- Selectividad entre los dispositivos de protección.
- Recomendaciones para esquemas de filiación.
- Verificación de la protección de personas.
- Impresión completa de los datos de diseño calculados.

Existen alternativas de pago, como Cypelec, aunque algunos fabricantes ofrecen soluciones gratuitas, las cuales solo requieren de un registro (por ejemplo, Ecodial de Schneider o Doc de ABB).

1.4 Legislación relacionada con máquinas eléctricas

El principal documento a consultar será el Reglamento Electrotécnico de Baja Tensión (REBT) con sus respectivas Instrucciones Técnicas Complementarias (ITC). De la misma forma, conviene consultar de forma activa las diferentes guías asociadas a las ITC.

Motores eléctricos

En el caso particular de los motores eléctricos, hay que consultar la instrucción técnica complementaria 47 (ITC-BT-47), la cual hace referencia a los motores eléctricos:

☐ La instalación de los motores debe ser conforme a las prescripciones de la norma UNE 60364 y las especificaciones aplicables a los locales (o emplazamientos) donde hayan de ser instalados.

☐ Las secciones mínimas que deben tener los conductores de conexión, con objeto de que no se produzca en ellos un calentamiento excesivo, deben ser las siguientes:

  ☐ Los conductores de conexión que alimentan a un solo motor deben estar dimensionados para una intensidad del 125 % de la intensidad a plena carga del motor.

  ☐ Los conductores de conexión que alimentan a varios motores deben estar dimensionados para una intensidad no inferior a la suma del 125 % de la intensidad a plena carga del motor de mayor potencia, más la intensidad a plena carga de todos los demás.

  ☐ Los conductores de conexión que alimentan a motores y otros receptores deben estar previstos para la intensidad total requerida por los receptores, más la requerida por los motores, calculada como antes se ha indicado.

☐ Los motores deben estar protegidos contra cortocircuitos y contra sobrecargas en todas sus fases, debiendo esta última protección ser de tal naturaleza que cubra, en los motores trifásicos, el riesgo de la falta de tensión en una de sus fases.

☐ En general, los motores de potencia superior a 0.75 kilovatios deben estar provistos de reóstatos de arranque o dispositivos equivalentes que no permitan que la relación de corriente entre el período de arranque y el de marcha normal que corresponda a su plena carga, según las características del motor que debe indicar su placa, sea superior a la señalada en la Tabla 1.3.

Motores de corriente continua		Motores de corriente alterna	
Potencia nominal	Constante máxima entre la intensidad de arranque y la de plena carga	Potencia nominal	Constante máxima entre la intensidad de arranque y la de plena carga
0.75 a 1.5 kW	2.5	0.75 a 1.5 kW	4.5
1.5 a 5.0 kW	2.0	1.5 a 5.0 kW	3.0
más de 5.0 kW	1.5	5.0 a 15.0 kW	2.0
		más de 15.0 kW	1.5

Tabla 1.3
Relación de corriente entre el arranque y la marcha normal.

Los fabricantes de motores tendrán que cumplir una serie de requisitos en relación con los procesos de fabricación, ensayos de verificación y documentación asociada a las características que deberán incluir en el propio motor. En la Tabla 1.4, se muestran las principales normas internacionales que tienen que cumplir.

IEC/UNE-EN			
Eléctricas	IEC/UNE-EN 60034, parte: 1, 2, 8 y 12	**Mecánicas**	IEC 60072
			IEC/UNE-EN 60034 parte: 5, 6, 7, 9 y 14

Tabla 1.4

Normas que se deben cumplir en relación con los motores eléctricos.

Transformadores

La ITC-BT-48 es la instrucción técnica que desarrolla las condiciones de instalación de los siguientes tipos de receptores:

☐ Transformadores y autotransformadores

☐ Reactancias y rectificadores

☐ Condensadores

La instalación de los receptores incluidos en la ITC-BT-48 satisfará, según los casos, las especificaciones aplicables a los locales (o emplazamientos) donde tenga que realizarse.

Las conexiones de estos receptores se realizarán con los elementos de conexión adecuados a los materiales a unir; es decir, en el caso de bobinados de aluminio, con piezas de conexión bimetálicas.

Las condiciones que tienen que cumplir los transformadores o autotransformadores según ITC-BT-48 son:

☐ Los transformadores que puedan estar al alcance de personas no especializadas estarán construidos o situados de manera que sus arrollamientos y elementos bajo tensión, si esta es superior a 50 V, sean inaccesibles.

☐ Los transformadores en instalación fija no se montarán directamente sobre partes combustibles de un edificio; y cuando sea necesario instalarlos próximos a las mismas, se emplearán pantallas incombustibles como elementos de separación.

☐ La separación entre los transformadores y estas pantallas será de 1 cm cuando la potencia del transformador sea inferior o igual a 3000 VA. Esta distancia aumentará proporcionalmente a la potencia cuando esta sea mayor. Los transformadores en instalación fija provistos de un limitador de temperatura apropiado, cuando su potencia no exceda de 3000 VA, podrán montarse directamente sobre partes combustibles.

☐ El empleo de autotransformadores no será admitido si los dos circuitos conectados a ellos no tienen un aislamiento previsto para la tensión mayor.

☐ En la conexión de un autotransformador a una fuente de alimentación con conductor neutro, el borne del extremo del arrollamiento común al primario y al secundario se unirá al conductor neutro.

PARA RECORDAR...

El principio de funcionamiento de un autotransformador es el mismo que el de un transformador. La diferencia entre ambos radica en que, en los autotransformadores, una parte del devanado es compartida entre los circuitos primario y secundario.

1.5 Placa de características de máquinas eléctricas

Motores eléctricos

En un lugar del motor, bien visible, se incluirá la placa de características, que será normalizada y contendrá los parámetros necesarios para obtener la información necesaria del motor.

La placa será similar tanto si es un motor de continua o de alterna. Por lo tanto, se indican los siguientes datos (Figura 1.9), según la norma DIN 42961 (2010):

1. Nombre del fabricante

2. Tamaño, forma de construcción

3. Clase de corriente

4. Clase de máquina: motor, generador, etc.

5. Número de fabricación

6. Identificación del tipo de conexión del arrollamiento

7. Tensión nominal

8. Intensidad nominal

9. Potencia nominal. Indicación en kW para motores y generadores de corriente continua e inducción. Potencia aparente en kVA en generadores síncronos.

10. Unidad de potencia (por ejemplo, kW)

11. Régimen de funcionamiento nominal

12. Factor de potencia. En el caso de motores de continua, no aparecerá.

13. Sentido de giro

14. Velocidad nominal en revoluciones por minuto

15. Frecuencia nominal

16. Excitación en máquinas de corriente continua y máquinas síncronas (Err). Inducido para máquinas asíncronas (Lfr).

17. Forma de conexión del arrollamiento inducido

18. Máquinas de corriente continua y síncronas: tensión nominal de excitación. Motores de inducido de anillos rozantes: tensión de parada del inducido (régimen nominal).

19. Máquinas de corriente continua y síncronas: corriente nominal de excitación. Motores de inducido de anillos rozantes: intensidad nominal del motor.

20. Clase de aislamiento

21. Clase de protección

22. Peso en Kg o T

23. Número y año de edición de la disposición VDE tomada como base

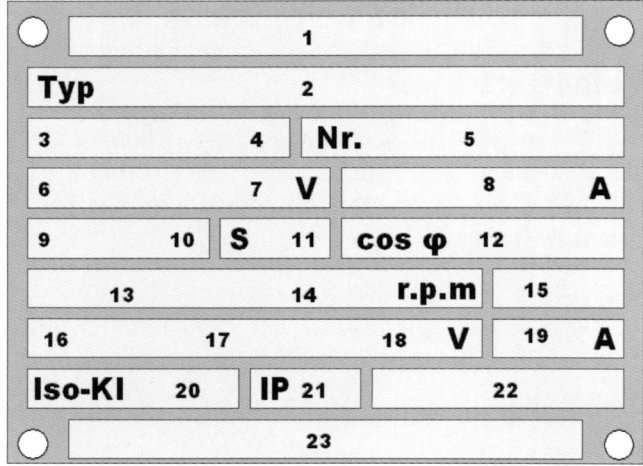

Figura 1.9
Estructura tipo de una placa de características
de un motor según normativa.

A continuación, se muestran unos ejemplos de placas de características de varios motores, donde se puede apreciar que no siempre se incluirá toda la información indicada anteriormente en la placa de características.

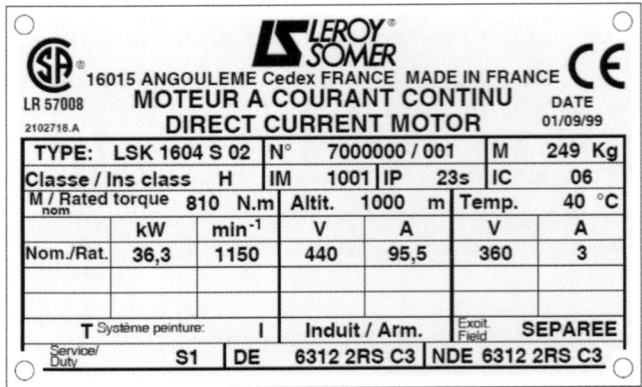

Figura 1.10
Placa de características de un motor de corriente continua
(cortesía de Leroy-Somer).

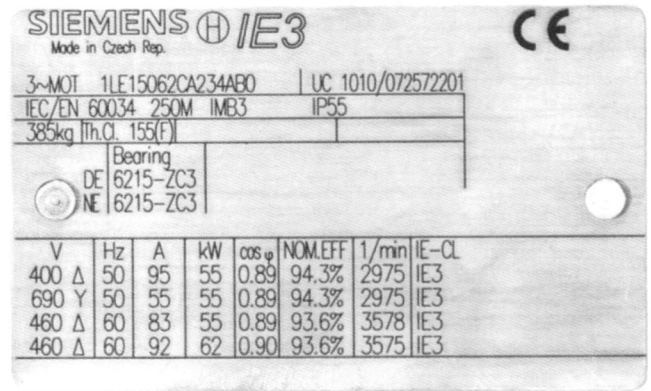

Figura 1.11
Placa de características de un motor de corriente alterna
trifásico (cortesía de Siemens).

Figura 1.12
Placa de características de un motor de corriente alterna
trifásico (cortesía de Leroy-Somer).

Transformadores

La placa de características de un transformador consiste en una chapa metálica adosada en la propia máquina en la que se establecen las características más relevantes. Deberá incluirse, al menos, la siguiente información:

1. **Potencia nominal:** la potencia nominal del transformador se determina multiplicando la intensidad nominal por la tensión nominal y el factor de fase (el cual vale 1 en los transformadores monofásicos y $\sqrt{3}$ en los trifásicos).

2. **Tensiones nominales** del primario y secundario: la tensión nominal en el primario informa del voltaje al que está previsto alimentar el transformador. La tensión nominal del secundario es la que aparece en dicho devanado cuando el transformador se configura en vacío.

3. **Intensidades nominales** del primario y secundario: estos valores hacen referencia al valor de corriente que circula por dichos devanados cuando el transformador está suministrando la potencia nominal.

4. **Grupo de conexiones:** indica las conexiones de los devanados primario y secundario (estrella, triángulo o zigzag). Se indica a partir de dos letras, una mayúscula para el devanado primario y otra para el devanado secundario.

5. **Frecuencia:** es el valor (o valores) de frecuencia de alimentación para el que puede funcionar el transformador.

6. **Potencia nominal:** es la potencia máxima que puede suministrar el devanado secundario del transformador. Se suele indicar en kilovoltios amperio (KVA).

7. Tipo: el **tipo de transformador** se indica mediante un código:

   a. LT: transformador de potencia

   b. ZT: transformador adicional

   c. Spt: autotransformador

   d. LT/S: transformador con conmutador de varias posiciones

En función de la norma DIN VDE 0532, las indicaciones mínimas serán:

1. Clase de transformador
2. Nombre del fabricante
3. Año de construcción
4. Potencia nominal
5. Tensiones nominales
6. Grupo de conexión
7. Peso total

8. Número de fabricación

9. Número de fases

10. Frecuencia nominal

11. Intensidades nominales

12. Tensión nominal en cortocircuito

13. Peso de aceite

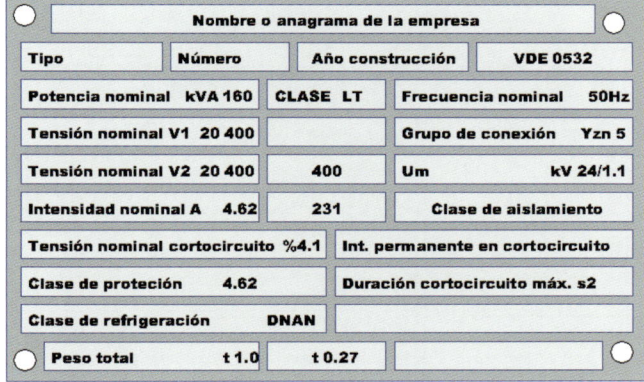

Figura 1.13
Estructura tipo de una placa de características de un transformador según normativa.

Podrá incluir las siguientes indicaciones complementarias:

1. Clase de aislamiento
2. Esquema
3. Características de accesorios
4. Líquido aislante
5. Sobretemperatura
6. Clase de tomas intermedias
7. Peso para transporte

A continuación, se muestran unos ejemplos de placas de características de transformadores. Al igual que se comentó en el apartado anterior, no aparecerá toda la información indicada en la norma.

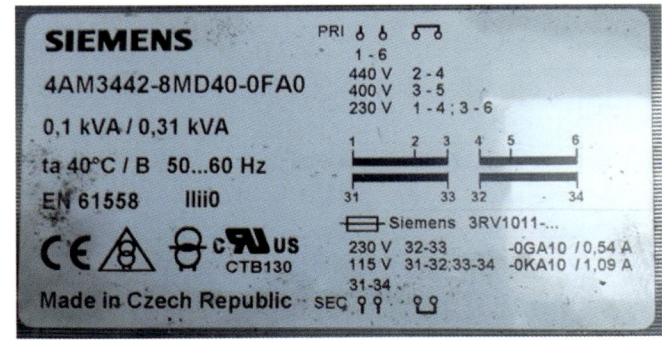

Figura 1.14
Placa de características de un transformador monofásico de control (cortesía de Siemens).

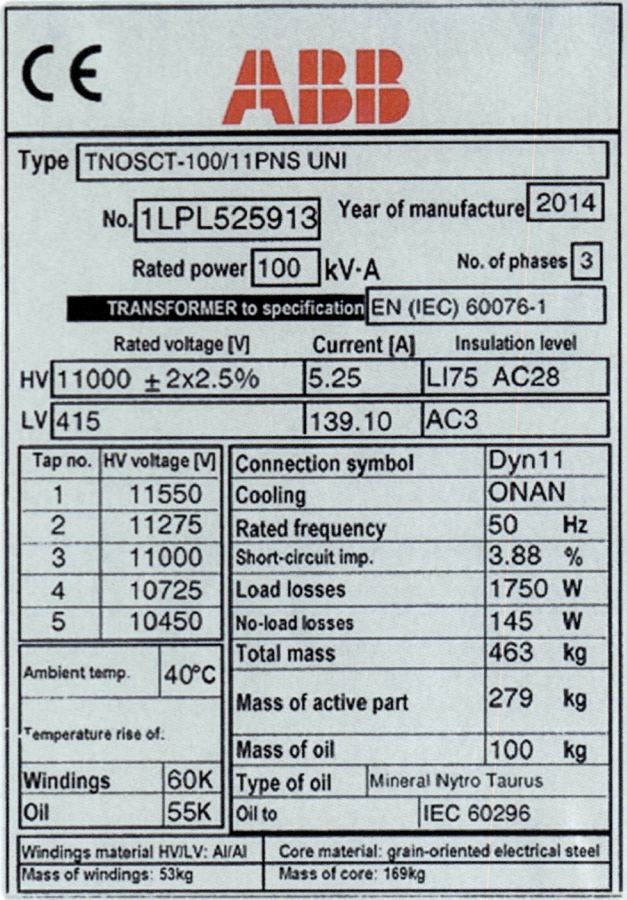

Figura 1.15
Placa de características de un transformador trifásico
(cortesía de ABB).

1.6 Grados de protección

La clasificación de los grados de protección proporcionados por los cierres de las máquinas de rotación se basa en:

☐ IEC 60034-5 o EN 60529 para el código IP

☐ EN 62262 para el código IK

☐ UNE-EN-60079 o directiva ATEX 94/9/EC para motores en atmósferas explosivas y distribución por zonas en ambientes de incendio y explosión

Grado IP

La carcasa de los motores debe tener la suficiente estanqueidad para la penetración de polvo y agua, o cualquier sólido que pueda deteriorar el motor. También es un método de protección contra contactos directos, puesto que se corresponde con la protección de personas para que no tengan acceso a las partes móviles externas e internas del motor.

Este valor queda indicado en la placa de características y viene precedido de las siglas IP con dos cifras (Figura 1.16):

☐ 1.ª cifra: indica el nivel de protección de las personas al acceder a partes peligrosas de máquinas o instalaciones eléctricas (zonas bajo tensión o piezas en movimiento). Según el nivel de protección, se limita o impide la penetración (o de una parte del cuerpo humano o de un objeto cogido por una persona), garantizando la protección del equipo contra la penetración de cuerpos sólidos extraños. Un valor mayor indica que la protección es mayor.

☐ 2.ª cifra: indica el nivel de protección del equipo en el interior de la envolvente frente a los efectos debidos a la penetración de agua. Un valor mayor indica que la cantidad de agua que penetra en su interior es menor.

Figura 1.16
Nomenclatura de la información sobre el grado de protección.

Para conocer la correspondencia entre las cifras se puede consultar la Tabla 1.5.

GRADO DE PROTECCIÓN			
1.ª cifra		**2.ª cifra**	
0	No protegida.	0	No protegida.
1	Protegida contra los cuerpos sólidos de más de 50 mm.	1	Protegida contra la caída vertical de gotas de agua.
2	Protegida contra los cuerpos sólidos de más de 12 mm.	2	Protegida contra la caída de gotas de agua con una inclinación máxima de 15°.
3	Protegida contra los cuerpos sólidos de más de 2.5 mm.	3	Protegida contra la lluvia fina (pulverizada).
4	Protegida contra los cuerpos sólidos de más de 1 mm.	4	Protegida contra las proyecciones de agua.
5	Protegida contra la penetración de polvo.	5	Protegida contra los chorros de agua.
6	Totalmente estanco al polvo.	6	Protegida contra fuertes chorros de agua o contra la mar gruesa.
		7	Protegida contra los efectos de la inmersión.
		8	Protegida contra la inmersión prolongada.

Tabla 1.5
Referencias entre las cifras y su descripción en el grado de protección.

Por ejemplo, un motor en el que se indica IP45 está protegido contra sólidos superiores a 1 mm y contra el lanzamiento de agua en todas direcciones.

El código IP puede complementarse con una letra colocada inmediatamente después de las dos cifras características. Estas letras adicionales (A, B, C o D) proporcionan información sobre la accesibilidad de determinados objetos o partes del cuerpo a las partes peligrosas en el interior de la envolvente (Tabla 1.6).

Letra	La envolvente impide la accesibilidad a partes peligrosas con:
A	Una gran superficie del cuerpo humano tal como la mano, aunque no impide una penetración deliberada. La prueba se hace con una esfera de 50 mm.
B	Los dedos u objetos análogos que no excedan en una longitud de 80 mm. La prueba se hace con un dedo de Ø12 mm y L = 80 mm.
C	Herramientas, alambres, etc. con diámetro o espesor superior a 2.5 mm. La prueba se hace con una varilla de Ø2,5 mm y L = 100 mm.
D	Alambres o cintas con un espesor superior a 1 mm. La prueba se hace con una varilla de Ø1 mm y L = 100 mm.

Tabla 1.6
Referencia y descripción en relación con la envolvente.

En ocasiones las cifras pueden sustituirse por símbolos, como se indica en la Tabla 1.7; suelen aparecer en las hojas de características.

1.ª cifra		2.ª cifra	
IP5X	▨	IPX1	🌢
IP6X	◈	IPX3	🌢
		IPX4	△🌢
		IPX5	△🌢 △🌢
		IPX7	🌢🌢
		IPX8	🌢🌢 — —

Tabla 1.7
Representación gráfica (símbolo) según grado IP.

En la Figura 1.17, se puede ver un ejemplo del grado IP en la placa de características de un motor trifásico que tiene un grado IP55:

- La 1.ª cifra es un 5: protegido contra la penetración de polvo.

- La 2.ª cifra es un 5: protegido contra los chorros de agua.

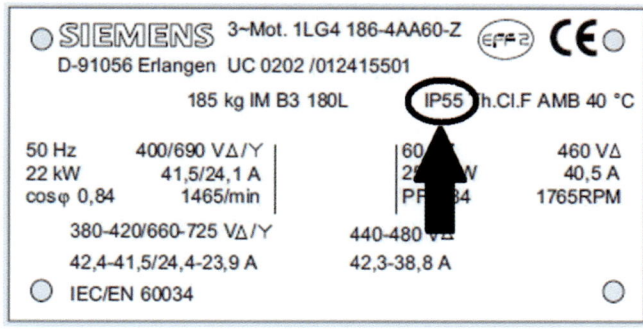

Figura 1.17
Ejemplo de grado IP (cortesía de Siemens).

Código IK

También se incluye el código IK (Tabla 1.9), que contempla el nivel de protección proporcionado por un envolvente contra los impactos mecánicos exteriores. Se designa con un número graduado de cero (0) hasta diez (10).

Grado IK	IK 00	IK 01	IK 02	IK 04	IK 05
Energía (J)	–	0.15	0.2	0.5	0.7
Masa y altura de golpeo	–	0.2 kg 70 mm	0.2 kg 100 mm	0.2 kg 250 mm	0.2 kg 350 mm

Grado IK	IK 06	IK 07	IK 08	IK 10
Energía (J)	1	2	5	20
Masa y altura de golpeo	0.5 kg 200 mm	0.5 kg 400 mm	1.7 kg 295 mm	5 kg 400 mm

Tabla 1.8
Referencias entre las cifras y su descripción en relación con un impacto.

Como se puede ver en la Tabla 1.8, a medida que el número va aumentado, mayor es la energía del impacto mecánico sobre el envolvente. Este número siempre se muestra formado por dos cifras.

Por ejemplo, en la Figura 1.18 se muestra un ejemplo de código IK en la hoja de características de un motor trifásico que indica IK08, que corresponde a una energía de impacto de 5 Julios o un objeto de 1.7 kilos golpeando desde una altura de 295 milímetros.

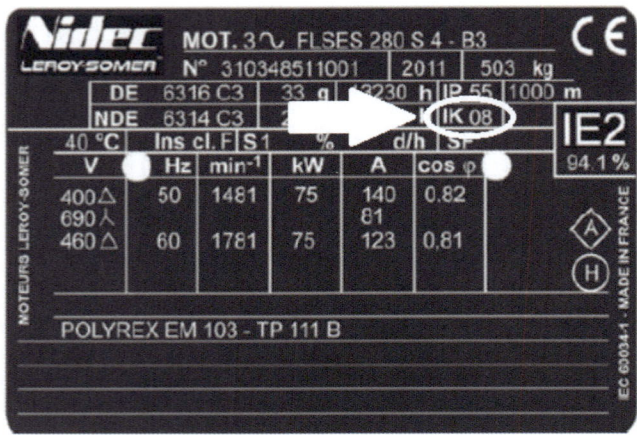

Figura 1.18
Ejemplo de código IK (cortesía de Leroy-Somer).

Factor Ex

Cuando los motores trabajan en atmósferas con riesgo de incendio o explosión, se indica con el grado de protección Ex, por lo que suelen ser denominados motores Ex.

El equipamiento para atmósferas explosivas se agrupa de acuerdo con la ubicación (encima o bajo tierra) y el tipo de atmósfera (gas o polvo) al que está destinado. Los niveles de protección del equipo indican la probabilidad de que se conviertan en fuente de ignición. Realiza la distinción por zonas y por tipo de ambiente: minas, gas o polvo.

Norma IEC 60079				Directiva ATEX 94/9/EC		
Grupo	EPL	Nivel	Zonas	Grupo	Categoría	Indicaciones
I (Minas)	Ma	Muy alto	No	I (Minas)	M1	No
	Mb	Alto			M2	
II (Gas)	Ga	Muy alto	0	II (Superficies)	1G	No
	Gb	Alto	1		2G	EEx d/ EEx de, EEX p, EEx e
	Gc	Mejorado	2		3G	EEx nA
III (Polvo)	Da	Muy alto	20		1D	No
	Db	Alto	21		2D	Ex tb IP 65
	Dc	Mejorado	22		3D	Ex tc IP 65/55

Tabla 1.9
Referencias según normativa para motores que trabajan en ambientes con riesgo de incendio o explosión.

Por ejemplo, en la Figura 1.19 se muestra un motor trifásico con el factor II 3G -Ex ec IIC T3 Gc, que se corresponde con la directiva ATEX 94/9/EC, y que indica que:

☐ Grupo: II (superficies)

☐ Categoría: 3G

Según la norma IEC 60079:

☐ Grupo: II (gases)

☐ EPL: Gc (mejorado)

☐ Zona: 2

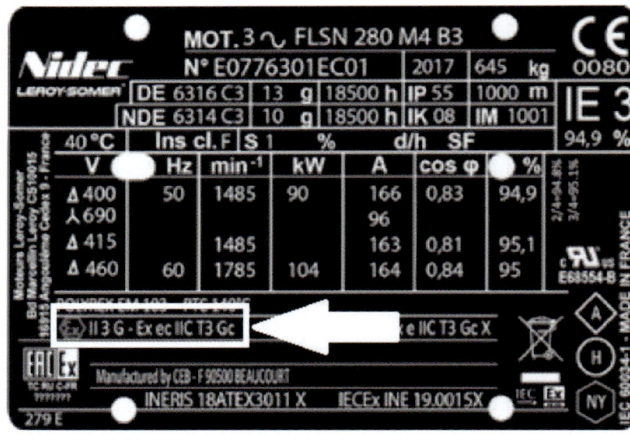

Figura 1.19
Ejemplo de factor Ex (cortesía de Leroy-Somer).

En la Figura 1.20 se muestran las zonas de riesgo de explosión. Dichas zonas se clasifican según la probabilidad de presencia de atmósfera explosiva; se dividen en 3 zonas y se suelen basar en un cálculo entre la relación entre probabilidad y horas anuales. Esto será tenido en cuenta a la hora de elegir las máquinas eléctricas (por ejemplo, motores) que accionan las distintas aperturas y cierres de las válvulas que se encuentran montadas en la instalación.

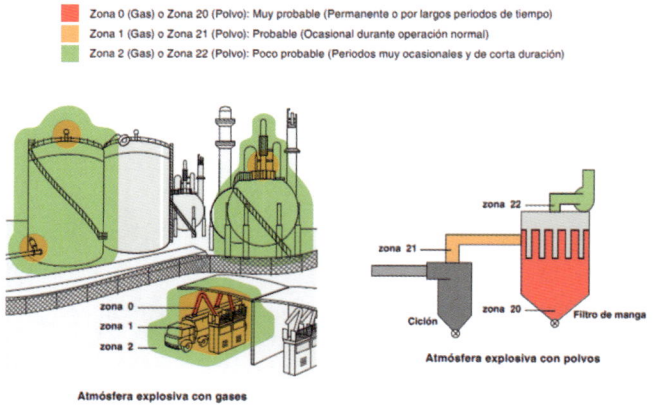

Figura 1.20
Zonas de riesgo de explosión (cortesía de Tecnical).

1.7 Clases de servicio

Una cuestión a tener en cuenta a la hora de elegir un motor es la denominada «clase de servicio» que realizará la máquina accionada por el motor. En la norma IEC 600 34-1 y VDE 0530 parte 1, se realiza la distinción mediante las referencias: S1, S2, ..., S10 (Tabla 1.10).

Clase	Curva de funcionamiento	Clase	Curva de funcionamiento
S1 Servicio permanente.	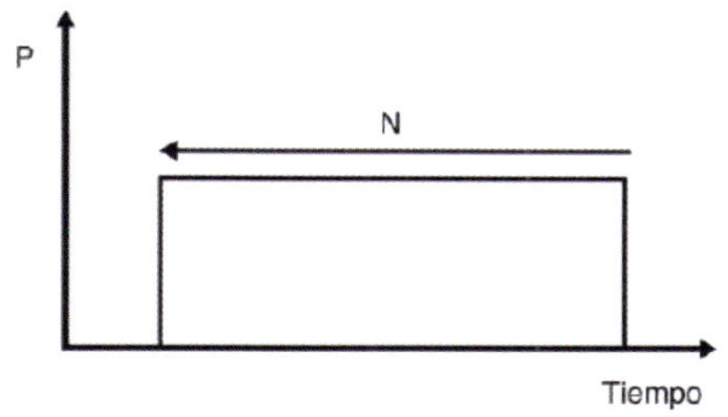	**S6** Servicio periódico con funcionamiento ininterrumpido.	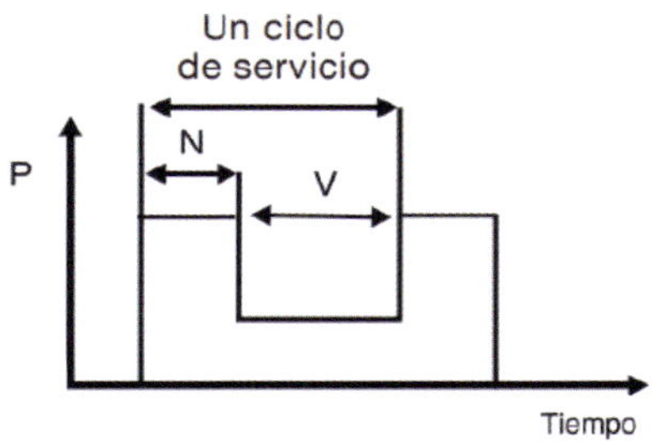
S2 Servicio de corta duración.	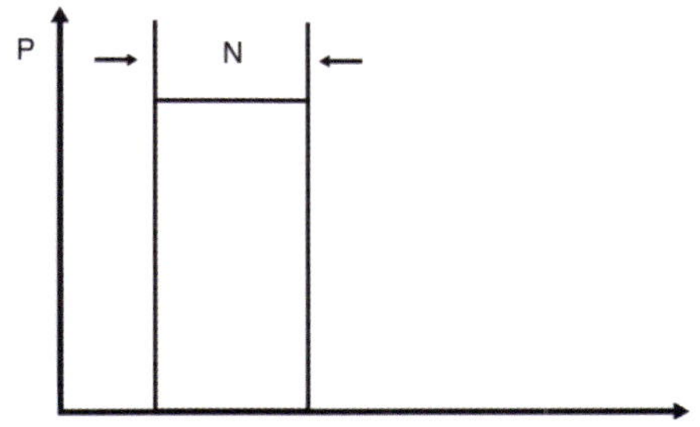	**S7** Servicio periódico de funcionamiento continuo con frenado eléctrico.	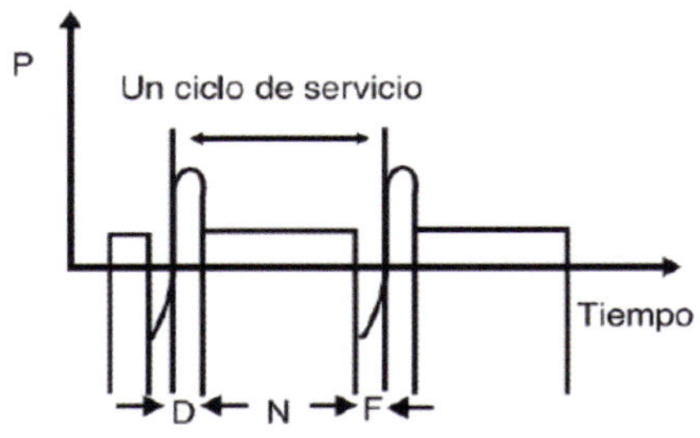
S3 Servicio intermitente.	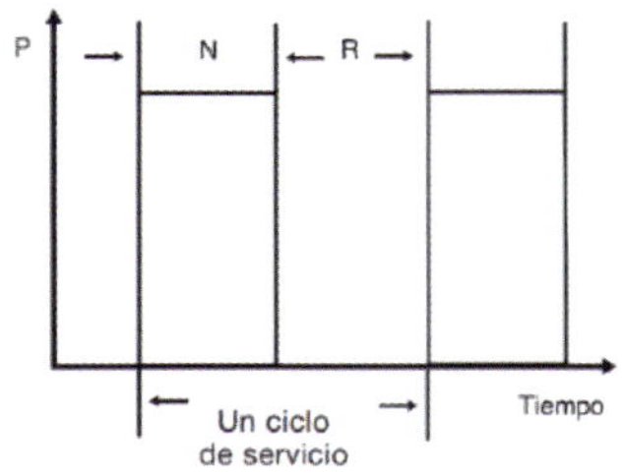	**S8** Servicio periódico ininterrumpido con variaciones de carga y de velocidad.	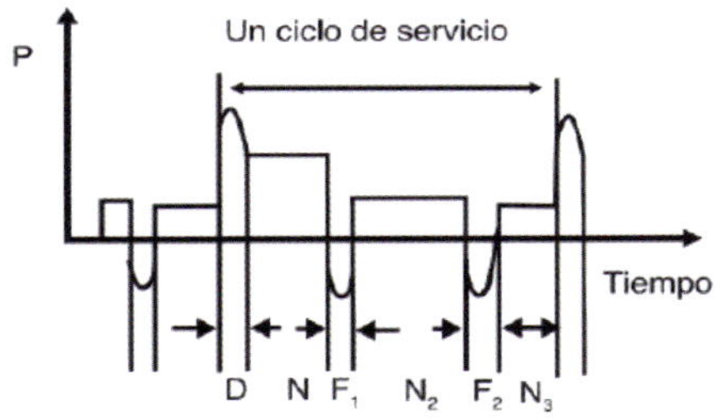
S4 Servicio intermitente con arranque.	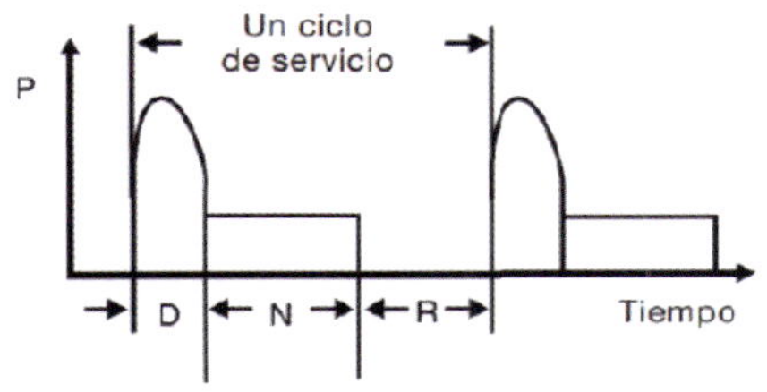	**S9** Servicio con variaciones no periódicas de la carga y de la velocidad.	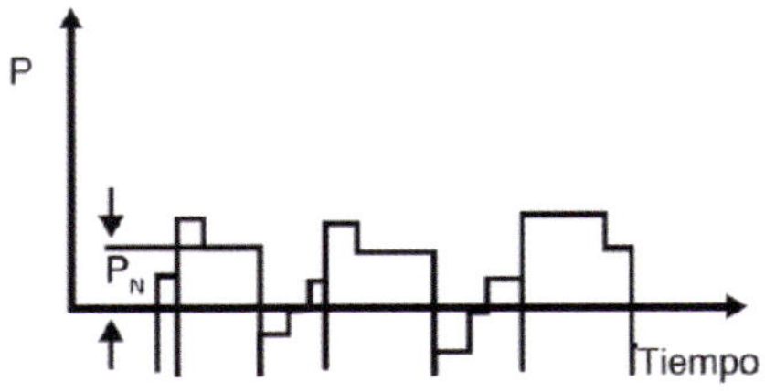
S5 Servicio intermitente con arranque y frenado eléctrico.	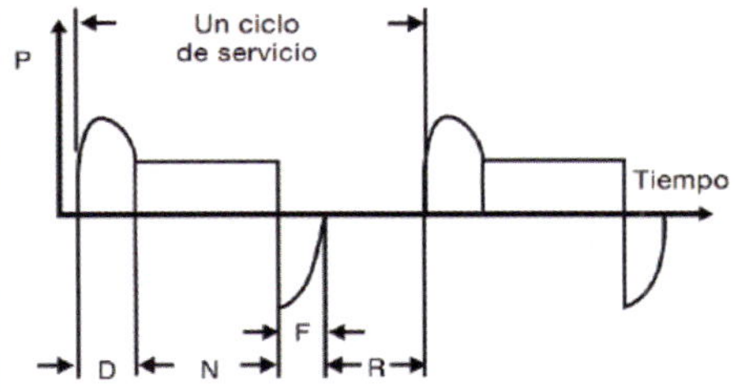	**S10** Servicio con cargas y velocidades constantes diferenciadas.	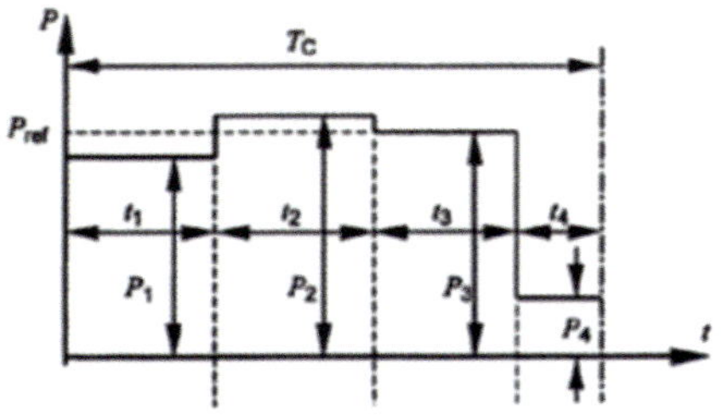

Tabla 1.10
Referencias según clase de servicio.

Debido a que se produce un mayor aumento de temperatura cuando el servicio es intermitente frente a cuando es continuo, por regla general la potencia exigida es mayor en S3 que en un S1.

En la Figura 1.21, se muestra un ejemplo de un motor trifásico en el que los datos en la placa se indican para S1; es decir, un servicio permanente o continuo.

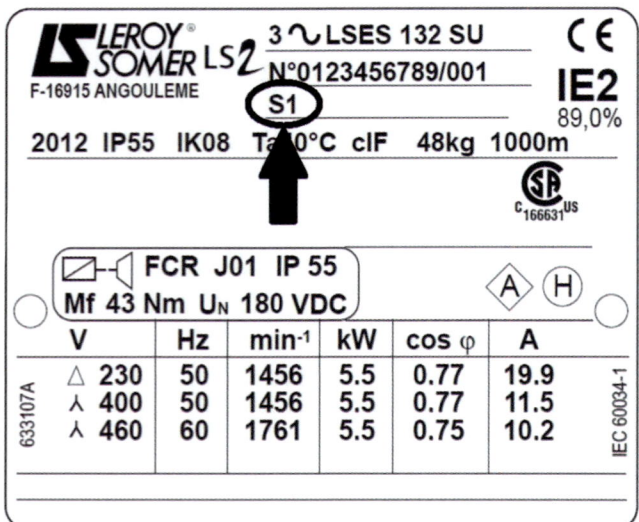

Figura 1.21
Ejemplo clase de servicio (cortesía de Leroy-Somer).

1.8 Estado del arte

En las instalaciones actuales industriales y terciarias se dispone de una gran cantidad de máquinas alimentadas por distintas energías, aunque predominan las máquinas eléctricas accionadas por energía eléctrica; es decir, motores.

Los más utilizados hoy en día son los motores asíncronos trifásicos, en particular los motores de jaula de ardilla. A pesar de ello, también se pueden encontrar los motores asíncronos monofásicos o, en alguna aplicación antigua, los motores asíncronos de anillos. Por otro lado, los motores de corriente continua industriales están disminuyendo, ya que han sido desbancados por los servomotores, utilizados en numerosas aplicaciones con requerimientos de alto par, alto control de velocidad y alta precisión de posicionado.

En los sistemas de arranque para motores asíncronos trifásicos, favorecidos por la evolución en materia de electrónica, ha aumentado considerablemente la instalación de arrancadores progresivos para el control del arranque y parada, y el uso de variadores de frecuencia cuando se necesita la regulación de la velocidad.

Por lo tanto, se verán en detalle este tipo de arranques en las próximas unidades.

Mapa conceptual

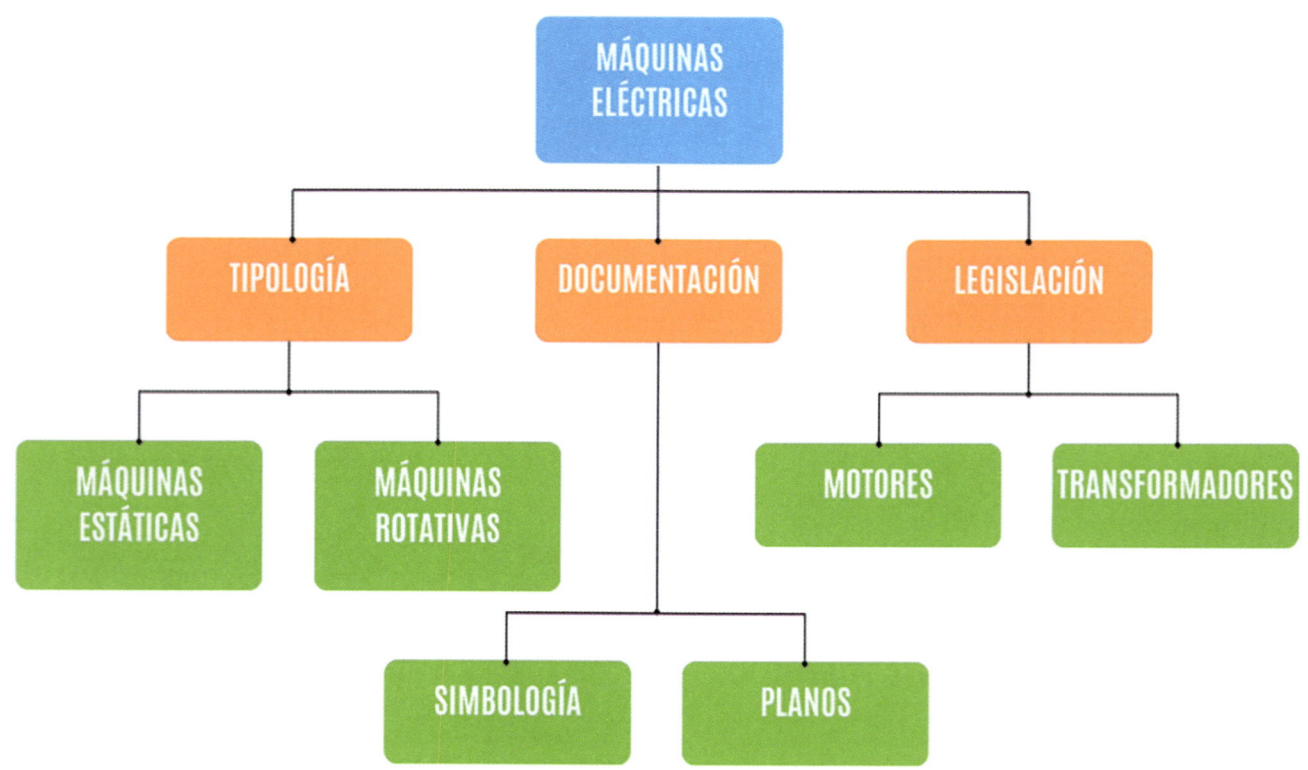

Figura 1.22
Mapa conceptual de introducción a las máquinas eléctricas.

TEST DE EVALUACIÓN

1. ¿Qué tipo de máquina eléctrica es un transformador?

a) Máquina eléctrica estática

b) Máquina eléctrica rotativa

c) Máquina eléctrica estático-rotativa

2. En una instalación industrial al lado de un río, observamos una turbina hidráulica, que hace girar (energía mecánica) una máquina eléctrica rotativa y esta produce energía eléctrica. ¿Qué tipo de máquina eléctrica rotativa es?

a) Motor

b) Transformador

c) Generador

3. En una depuradora, observamos una máquina eléctrica rotativa que, mediante alimentación de corriente alterna trifásica, hace rotar una bomba que impulsa el agua con presión y caudal de un depósito a otro. ¿Qué tipo de máquina eléctrica rotativa es?

a) Alternador

b) Motor de corriente alterna trifásico

c) Motor de corriente continua

4. En el siguiente esquema eléctrico aparece conectada en los bornes una máquina eléctrica. ¿De qué tipo es?

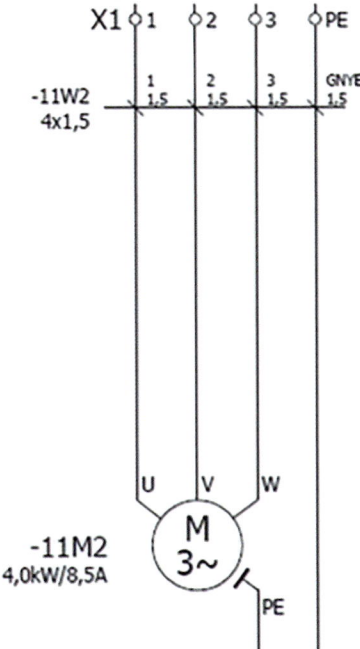

a) Transformador

b) Convertidor de frecuencia

c) Motor

5. En el siguiente esquema eléctrico aparece una máquina eléctrica. ¿De qué tipo es?

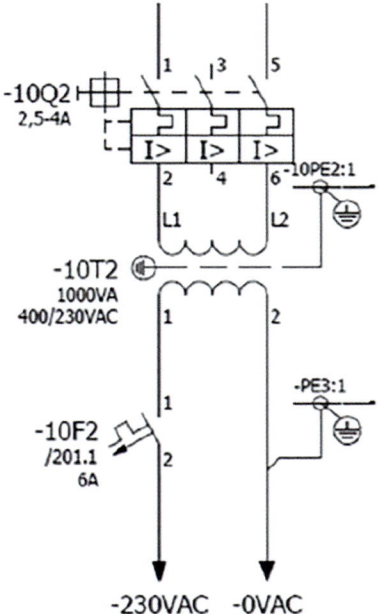

a) Transformador

b) Convertidor de frecuencia

c) Motor

6. El siguiente esquema eléctrico ¿de qué tipo es?

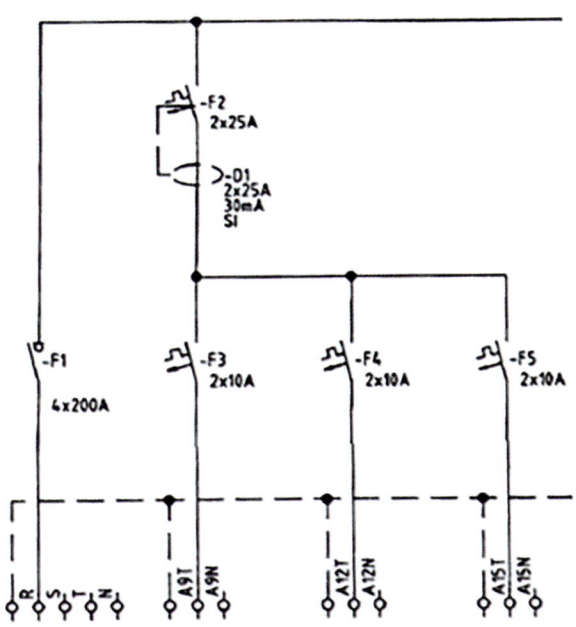

a) Esquema multifilar

b) Esquema unifilar

c) Esquema de mando

7. En el esquema eléctrico que aparece en la pregunta 6, ¿qué número de polos e intensidad nominal tiene el interruptor automático F5?

a) 2 polos e In = 10 A

b) 2 polos e In = 16 A

c) 2 polos e In = 25 A

8. Viendo la siguiente placa de características de un motor asíncrono trifásico, ¿cuál es la respuesta correcta?

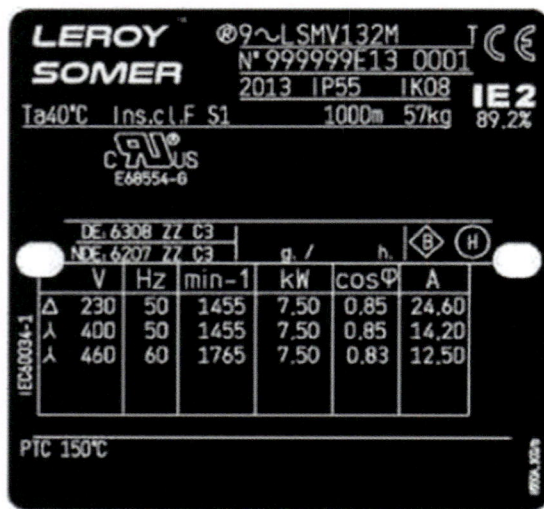

(Cortesía de Leroy-Somer).

a) La velocidad nominal en rpm del motor con una alimentación de 400 Vca y 50 Hz es 1455 rpm.

b) La intensidad nominal es mayor cuanto mayor sea la tensión de alimentación.

c) El cos(phi) del motor no varía con la frecuencia de la red.

9. Vamos a instalar un cuadro eléctrico a la intemperie (en el exterior de una nave industrial). Escoge la respuesta más adecuada.

a) El grado de protección será el mínimo posible.

b) Deberá tener un grado de protección IP 55.

c) Deberá tener un grado de protección IP 68.

10. Necesitamos instalar un grupo electrógeno (alternador) que ha de alimentar una factoría de producción de cacao en Nigeria. Ha de funcionar de forma permanente porque se producen cortes de la red eléctrica cada hora. Escoge la respuesta más adecuada.

a) El grupo electrógeno debe tener una clase de servicio S3.

b) El grupo electrógeno debe tener una clase de servicio S2.

c) El grupo electrógeno debe tener una clase de servicio S1.

PREGUNTAS DE COMPRENSIÓN

1. Tipos de máquinas eléctricas

   a) ¿Qué es una máquina eléctrica y cómo se clasifica según el tipo de corriente?

   b) ¿Cuál es la diferencia entre un generador y un motor?

2. Máquinas eléctricas rotativas

   a) ¿Qué tipos de motores de corriente continua existen?

   b) ¿Cómo se clasifican los motores de corriente alterna?

3. Documentación técnica

   a) ¿Qué documentación técnica es requerida según el Reglamento Electrotécnico de Baja Tensión (REBT)?

   b) ¿Qué programas informáticos se pueden utilizar para la elaboración de esta documentación?

4. Simbología y referencias normalizadas

   a) ¿Qué normas UNE se mencionan para la representación de máquinas eléctricas?

   b) ¿Qué información se incluye en la simbología de las máquinas eléctricas?

5. Planos y esquemas normalizados

   a) ¿Cuál es la diferencia entre un esquema unifilar y uno multifilar?

   b) ¿Qué es un esquema topográfico y para qué se utiliza?

6. Legislación

   a) ¿Qué instrucciones técnicas complementarias del REBT son relevantes para los motores eléctricos?

   b) ¿Qué especificaciones deben cumplir los transformadores según la ITC-BT-48?

7. Placas de características

   a) ¿Qué información se incluye en la placa de características de un motor eléctrico?

   b) ¿Qué datos se encuentran en la placa de características de un transformador?

8. Grados de protección

   a) ¿Qué indican las cifras en el código IP de un motor?

   b) ¿Qué es el código IK y cómo se determina?

9. Clases de servicio

   a) ¿Qué diferencia hay entre un servicio S1 y un servicio S3?

   b) ¿Por qué es importante conocer la clase de servicio de un motor?

10. Estado del arte

   a) ¿Qué tipo de motores son los más utilizados actualmente en instalaciones industriales?

   b) ¿Qué ventajas ofrecen los variadores de frecuencia en el control de motores?

ACTIVIDADES

ACTIVIDAD 1

Realice una búsqueda de información en Internet donde se puedan ver las placas de características de algunos transformadores identificando los aspectos más relevantes.

ACTIVIDAD 2

Realice una búsqueda de información en Internet donde se puedan ver las placas de características de algunos motores eléctricos identificando los aspectos más relevantes.

ACTIVIDAD 3

Revise los transformadores disponibles en el taller y anote los principales datos que considere más importantes según lo indicado en su placa de características. Observe dónde se encuentra dicha placa e indique si se encuentra en un lugar visible.

ACTIVIDAD 4

Revise los motores disponibles en el taller y anote los principales datos que considere más importantes según lo indicado en su placa de características. Observa dónde se encuentra dicha placa e indica si se encuentra en un lugar visible.

Constitución, montaje y mantenimiento del transformador

En esta unidad va a estudiar:

- Introducción al transformador monofásico y trifásico.
- Las partes de un transformador.
- Los cálculos para realizar el diseño de transformadores.
- Ensayos en transformadores.
- Las tareas de mantenimiento a realizar en los transformadores.

Con su estudio, va a ser capaz de:

- Conocer e identificar las partes de un transformador.
- Diseñar y montar transformadores de pequeña potencia monofásicos y trifásicos.
- Conectar y comprobar transformadores monofásicos y trifásicos.
- Clasificar y localizar averías en transformadores monofásicos y trifásicos.

2.1 Introducción a los transformadores

El transformador es una máquina eléctrica estática, por no tener partes móviles. Su finalidad principal es transferir la energía eléctrica de un circuito a otro según el principio de inducción electromagnética. Por lo general, esta transferencia energética consiste en variaciones de tensión.

Principio de funcionamiento de un transformador

El transformador es capaz de:

☐ Aumentar y disminuir la tensión eléctrica a la salida.

☐ Adaptar circuitos eléctricos dependiendo de la aplicación o la necesidad. Permitir el transporte del suministro eléctrico desde las centrales generadoras hasta los lugares de consumo.

☐ Aislar circuitos.

Para comprender el funcionamiento de un transformador es fundamental conocer tanto la forma en la que se produce el fenómeno de inducción electromagnética como la manera en la que se origina la transferencia de potencia o energía eléctrica.

En la Figura 2.1, se muestra un circuito magnético básico, constituido por un núcleo de material magnético en el que se han conectado dos bobinados, denominados primario (entrada) y secundario (salida).

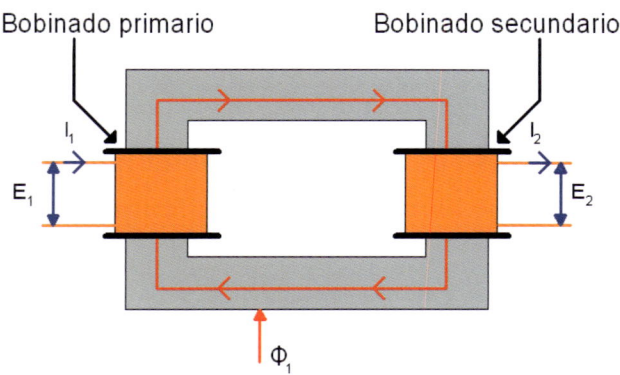

Figura 2.1
Circuito magnético de un transformador.

Estos bobinados consisten en dos circuitos eléctricos independientes (Figura 2.2):

☐ Circuito primario: consiste en un bobinado sobre el núcleo formado por espiras, denominadas también vueltas. Se considera que este es el circuito de entrada al transformador y se denomina bobinado primario.

☐ Circuito secundario: consiste en otro bobinado sobre el núcleo formado por espiras. Este es el circuito de salida del transformador y se denomina bobinado secundario.

Cuando se conecta una corriente alterna al bobinado primario, circulará por el mismo una corriente alterna (I_1) que producirá una fuerza magnetomotriz que provocará que se establezca un flujo magnético (ϕ_1) a través del núcleo. Al estar canalizado a través del núcleo, el flujo φ_1 induce en las espiras del bobinado secundario una fuerza electromotriz (E_2). Al conectar una carga (resistencia), provocará en el secundario una corriente (I_2).

Dicha intensidad provocaría un nuevo flujo magnético (ϕ_2) opuesto al anterior (ϕ_1). Esto daría lugar a que el flujo resultante que circula a través del núcleo disminuyera (se restarían, ya que tienen sentidos opuestos), lo que provocaría también una disminución de E_1 (fuerza contra electromotriz) y un aumento de I_1.

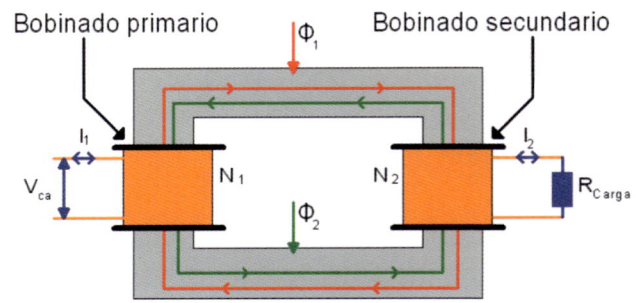

Figura 2.2
Circuito eléctrico de un transformador.

Por lo tanto, un aumento de la corriente que circula por el devanado secundario (I_2) provoca también un incremento de la intensidad que circula por el primario (I_1). Todo ello sin que sea necesario conectar ambos circuitos, porque la fuerza electromotriz es directamente proporcional al flujo.

Relación de transformación

Hay que tener en cuenta las siguientes afirmaciones:

☐ La relación de transformación de un transformador ideal (m) es un valor numérico que se calcula como el cociente entre el número de espiras del bobinado primario (N_1) y del secundario (N_2).

$$m = \frac{N_1}{N_2}$$

☐ En un transformador sin carga, el resultado de este cociente coincide con la división de la tensión del devanado primario entre la del secundario.

$$m = \frac{N_1}{N_2} = \frac{E_1}{E_2}$$

☐ En un transformador, al conectar una carga se produce una intensidad en el secundario, la cual también mantiene la relación de transformación, que consiste en dividir la intensidad nominal del devanado secundario (I_2) entre la del primario (I_1).

$$m = \frac{N_1}{N_2} = \frac{E_1}{E_2} = \frac{I_2}{I_1}$$

PARA RECORDAR...

El transformador ideal es un modelo idealizado (no real) del transformador en el que no existen pérdidas (calor, entrehierro, etc.), es decir, con un rendimiento del 100 %.

PARA SABER MÁS...

QR para ver los recursos sobre el transformador eléctrico de la sección de recursos educativos de la Fundación Endesa.

EJEMPLO 1

Calcular la tensión de salida (devanado secundario) de un transformador ideal monofásico cuyo número de espiras en el devanado secundario es el triple respecto a la que presenta el primario. La tensión en el primario es de 230 V.

Sabemos que el número de espiras del devanado secundario (N_2) es tres veces superior al que presenta el primario (N_1); por lo tanto, la relación de transformación del transformador es:

$$m = \frac{N_1}{N_2} = \frac{1}{3} = 0.33$$

Una vez se conoce la relación de transformación (m) y la tensión de alimentación (E_1), se puede calcular el valor de la tensión de salida (E_2):

$$m = \frac{E_1}{E_2} = 0.33 \Rightarrow E_2 = \frac{E_1}{m} = \frac{230}{0.33} = 690 \, V$$

Es un transformador elevador porque m>1, y se mantiene la misma relación entre el número de espiras y la tensión. Por consiguiente, la tensión del secundario es tres veces superior a la del primario.

2.2 Partes de un transformador

Un transformador está constituido fundamentalmente por: núcleo, devanados, aislamientos y herrajes.

Núcleo magnético

El núcleo corresponde al circuito magnético del transformador, y su función es la de conducir el flujo magnético entre los bobinados primario y secundario. Se suele denominar circuito magnético y está constituido por chapas magnéticas.

PARA RECORDAR...

El circuito magnético, conjunto de chapas del núcleo, puede adoptar diversas formas dependiendo del tipo de transformador.

Las chapas magnéticas que más se comercializan en España son las que tienen pérdidas de 1.7 W/Kg y 2.6 W/Kg. El grosor de cada chapa es de 0.3 a 0.5 mm, independientemente de la potencia del transformador. Se encuentran aisladas magnéticamente pero no eléctricamente entre sí.

Figura 2.3
Chapas magnéticas.

Como se ha comentado, pueden tomar diferentes formas, pero las más utilizadas son las denominadas E I, que reciben ese nombre por la forma que presentan. Las utilizadas para transformadores monofásicos y trifásicos son muy parecidas, aunque para los trifásicos la columna central es del mismo tamaño que las laterales.

En el caso de transformadores de potencias media y alta (por ejemplo, transformadores de distribución en centros de transformación o transformadores de potencia en subestaciones eléctricas) se dispone de separadores de refrigeración que permiten disipar el calor o permitir la circulación de algún elemento refrigerante (aceite, piraleno, etc.). Los núcleos magnéticos en forma circular presentan la ventaja de que poseen un mejor aprovechamiento de las cualidades magnéticas.

Modo de montaje del núcleo magnético

Las chapas se pueden unir unas con otras, para formar el núcleo del transformador, de dos formas:

A tope: las chapas E y las I se apilan juntas de manera independiente. El espacio que queda se suelda, y las chapas quedan totalmente unidas formando un solo núcleo del transformador. Al soldarlas hay más pérdidas debidas a corrientes de Foucault, que se solucionan poniendo más chapas (aumentando el tamaño del transformador). Suele ser más económico porque en sistemas automatizados de montajes (robotizados) es más rápido soldar las chapas que introducirlas una a una de forma manual.

A solape: cuando a una chapa E le corresponde una chapa I, y así sucesivamente (Figura 2.4). Con este sistema se tienen pocas pérdidas.

Figura 2.4
Ejemplo de montaje de chapas.

Devanados o bobinados para el transformador

Los devanados o bobinados se corresponden con el circuito eléctrico que, a su vez, se divide en dos:

Primario: se conecta a la red eléctrica, corresponde a la entrada.

Secundario: se conecta a la carga o circuito de salida.

Para realizar cada devanado se utilizan bobinas de hilo esmaltado de cobre o aluminio, recubierto por una capa de barniz aislante, que se arrolla en un carrete de plástico o cartón en la chapa metálica.

Figura 2.5
Ejemplo de bobinas de cable para realización de los devanados.

Uno de los devanados recibe el nombre de alta tensión (aquel que trabaja a la tensión más elevada), mientras que el otro es el devanado de baja tensión (que trabaja a una tensión inferior).

PARA RECORDAR...

En un transformador reductor, el devanado de alta tensión será el primario.

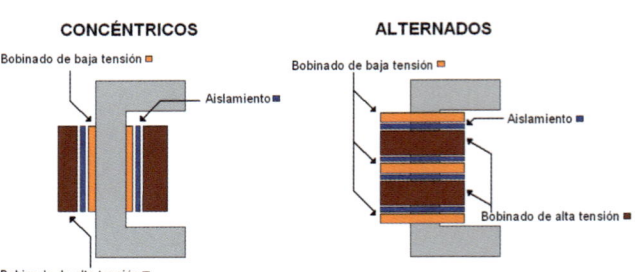

Figura 2.6
Ejemplos de arrollamientos en el núcleo.

Amplíe la figura aquí

Según cómo se realicen los arrollamientos de alta y baja tensión alrededor del núcleo, estos se pueden diferenciar en:

Concéntricos (Figura 2.6, izquierda): formado por dos devanados cilíndricos, uno para baja y otro para alta. Se separan por ambos cilindros por algún material aislante. En la práctica, se arrolla primero el devanado de menor tensión; a continuación, se añade una capa de cartón aislante; y, posteriormente, se arrolla el bobinado de mayor tensión.

Alternados (Figura 2.6, derecha): se disponen los devanados formando subdivisiones, alternando los arrollamientos de alta y baja tensión. Se incluyen separaciones aislantes entre los distintos devanados.

Aislamientos utilizados en los transformadores

El aislamiento de las partes activas que forman parte de los transformadores es de vital importancia, para evitar riesgos eléctricos (derivaciones o cortocircuitos) y la posibilidad de avería (cortocircuito entre bobinas).

Para aislar las capas de un mismo devanado o entre devanados se utilizan capas de papel o cartón aislante; suelen ser de prestan o poliéster.

El material aislante que se utilice deberá tener un espesor y una rigidez dieléctrica suficiente para soportar las diferencias de tensión entre ambos devanados.

Los aislantes utilizados en transformadores son los mismos que para cualquier máquina eléctrica. La norma VDE 0530 establece los siguientes tipos:

Clase O: soporta temperaturas hasta 90 °C

Clase A: soporta temperaturas hasta 105 °C

Clase E: soporta temperaturas hasta 120 °C

- Clase B: soporta temperaturas hasta 130 °C
- Clase F: soporta temperaturas hasta 155 °C
- Clase H: soporta temperaturas hasta 180 °C
- Clase C: soporta temperaturas hasta 180 °C

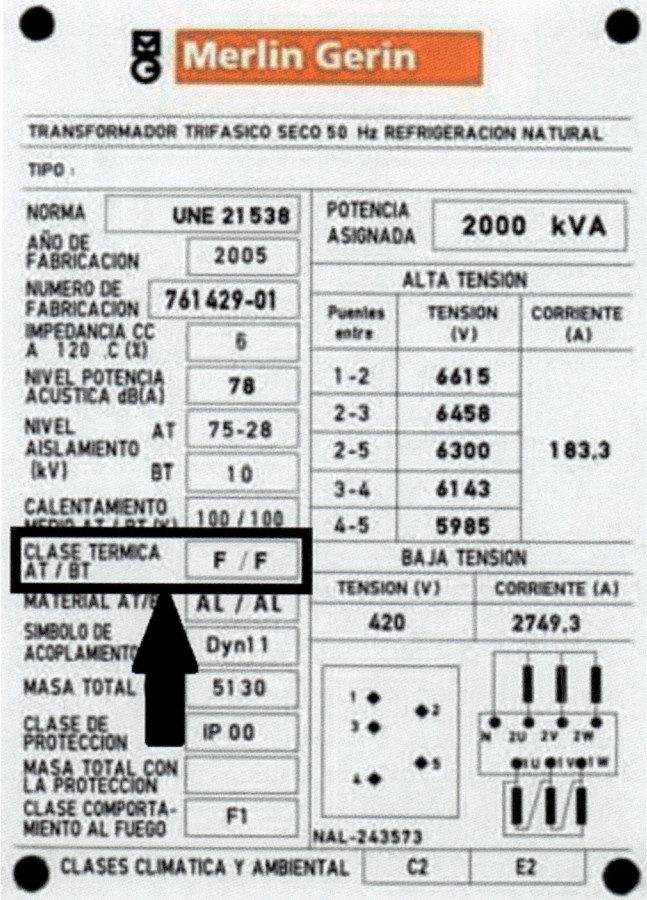

Figura 2.7
Ejemplo de transformador con aislamiento F en el devanado del primario y del secundario (cortesía de Merlin Gerin).

En los transformadores de baja potencia se utilizan carretes aislantes para separar las chapas magnéticas de los arrollamientos. Dichos carretes presentan unos taladros en las solapas que permiten la conexión del principio y fin de los bobinados del transformador.

Las medidas de los carretes de plástico (Figura 2.8) se clasifican en función del hueco de la rama central, donde irá alojada la chapa para formar el empilado.

El hueco donde se tienen que alojar los hilos tiene unas medidas (ancho, alto y profundo), siendo los valores de ancho y alto los que afectan a la cantidad de hilo que cabe en el hueco.

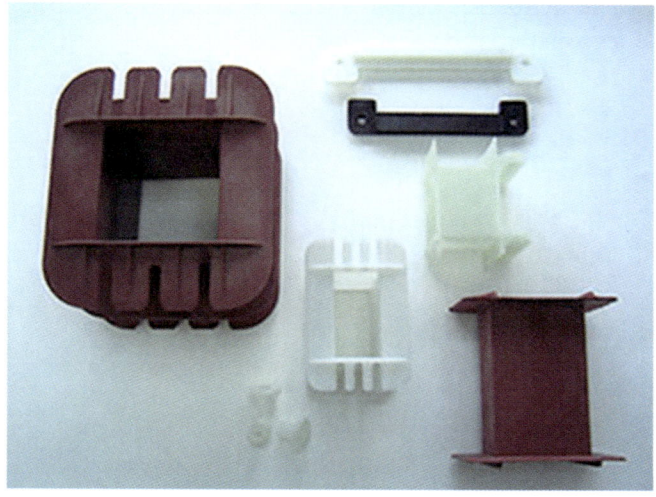

Figura 2.8
Ejemplo de carretes (cortesía de Prodin Ferrite).

Refrigeración de transformadores

Los transformadores de distribución incluyen sistemas de refrigeración para aliviar las altas temperaturas.

El tipo de fluido utilizado depende del transformador:

- Para potencias bajas y medias se utiliza aislamiento seco encapsulado en resina epoxi y el aire circundante hace de refrigerante (figura 2.9).

Figura 2.9
Transformador seco (cortesía de Schneider Electric).

☐ Para potencias medias y altas, las bobinas se introducen en cubas de aceite (Figura 2.10).

Figura 2.10
Transformador en aceite (cortesía de Schneider Electric).

Como líquido refrigerante se utiliza:

☐ Aceite mineral: es el tipo de aceite más utilizado, derivado del petróleo. Las ventajas son sus buenas propiedades aislantes, disponibilidad y rentabilidad. Como desventajas, es inflamable y tiene impacto ambiental en caso de derrame.

☐ Aceite sintético: es un aceite artificial diseñado para tener propiedades superiores al aceite mineral. Las ventajas son una mayor estabilidad térmica, mayor resistencia al fuego y menor impacto ambiental. Como desventaja, es más caro que el aceite mineral.

☐ Aceite de éster natural: se deriva del aceite vegetal y es biodegradable. Las ventajas son: respetuoso con el medio ambiente, elevada temperatura de combustión y buenas propiedades aislantes. Como desventaja, tiene una conductividad térmica más baja que el aceite mineral.

☐ Aceite de silicona: es un aceite sintético con excelentes propiedades térmicas y eléctricas. Las ventajas son alta estabilidad térmica y resistencia al fuego. Como desventajas, generalmente es más caro y su disponibilidad es menor comparado con otros tipos de aceites.

Dicho líquido, además de servir para el enfriamiento y la disipación de calor durante el funcionamiento del transformador, también cumple funciones de aislamiento para evitar la formación de un arco eléctrico, y de lubricación para proteger las partes metálicas.

La designación del sistema de refrigeración utilizado en los transformadores está normalizada según la correspondiente norma UNE, donde se indica mediante 4 letras el tipo:

1. Medio de refrigeración interno en contacto con los arrollamientos:

a. **O:** aceite mineral o líquido aislante sintético con punto de inflamación menor de 300 °C.

b. **K:** líquido aislante con punto de inflamación superior a 300 °C.

c. **L:** líquido aislante con punto de inflamación no medible.

2. Indica el modo de circulación del medio de refrigeración interno:

a. **N:** circulación natural por termosifón a través del sistema de refrigeración y en los arrollamientos.

b. **F:** circulación forzada a través del sistema de refrigeración, circulación por termosifón en los arrollamientos.

c. **D:** circulación forzada a través del sistema de refrigeración, dirigida desde el sistema de refrigeración hasta, al menos, los arrollamientos principales.

3. Se refiere al medio de refrigeración externo:

a. **A:** aire.

b. **W:** agua.

4. Indica el modo de circulación del fluido externo:

a. **N:** convección natural.

b. **F:** circulación forzada (ventiladores o bombas).

En la siguiente tabla se muestran los casos más comunes de transformadores de distribución con refrigeración por aceite mineral (O):

Designación	2 primeras letras	2 últimas letras
ONAN	Refrigeración aceite natural (ON).	Refrigeración aire natural (AN). Radiadores.
ONAF	Refrigeración aceite natural (ON).	Refrigeración aire forzada (AF). Ventiladores.
OFAN	Refrigeración aceite forzada (OF). Bombas de aceite.	Refrigeración aire natural (AN). Radiadores.
OFAF	Refrigeración aceite forzada (OF). Aerotermos.	Refrigeración aire forzada (AF). Aerotermos.
OFWF	Refrigeración aceite forzada (OF). Aerotermos.	Refrigeración agua forzada (WF). Aerotermos.

Tabla 2.1 Referencias de designación de refrigeración en aceite.

En la Figura 2.11, se puede ver cómo quedaría reflejada la descripción del código de refrigeración de un transformador. En este caso es de tipo ANAN, que corresponde a refrigeración natural (N) por aire (A), tanto en el primario como en el secundario. Se puede ver, en la Figura 2.12, un transformador con refrigeración ONAN.

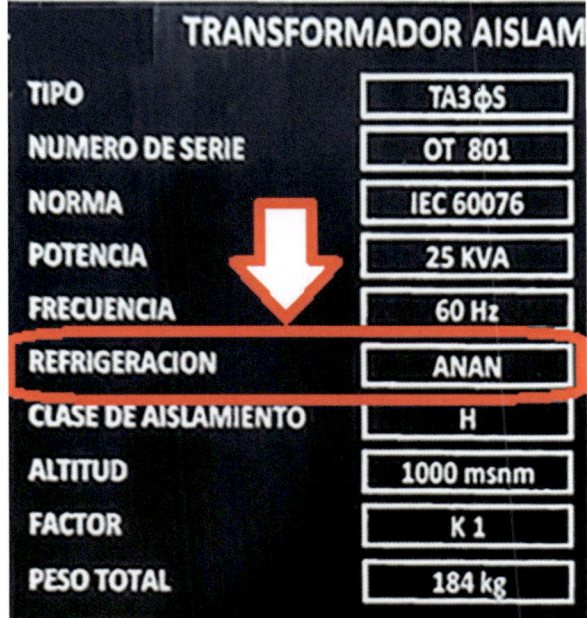

Figura 2.11
Ejemplo refrigeración en placa de características
de transformador trifásico de aislamiento.

Figura 2.12
Ejemplo transformador con refrigeración ONAN
(cortesía de WEG).

Herrajes, terminales y conexiones

Los transformadores presentan una serie de elementos para la sujeción de la propia estructura en el lugar en donde se vayan a instalar. A estos elementos se los conoce como herrajes y deberán soportar cualquier esfuerzo que pueda afectar al sistema, así como de terminales y conexiones que faciliten el conexionado a los bobinados de entrada (primario) y salida (secundario) del circuito eléctrico.

En la Figura 2.13, se muestra un transformador monofásico de potencia baja y se indica cada uno de los componentes que se pueden ver desde el exterior:

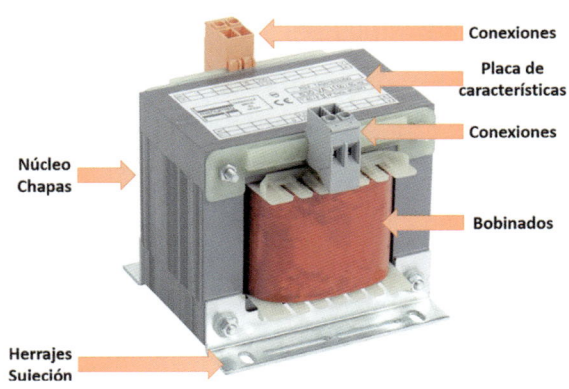

Figura 2.13
Partes de un transformador monofásico de potencia baja.

En transformadores de potencias altas, la conexión de los devanados con el circuito externo se lleva a cabo a través de aisladores, cuyas características dependerán tanto de las tensiones de funcionamiento como de las condiciones de trabajo de la máquina (por ejemplo, al exterior).

Los transformadores de distribución, debido a las particularidades del equipo, disponen de unos elementos externos específicos (Figura 2.14):

- Cuba: depósito de líquido refrigerante, donde van inmersos los bobinados y el núcleo del transformador.

- Bornes o pasatapas: para la conexión eléctrica con la red.

- Depósito de expansión del aceite.

- Placa de características.

- Conmutador de tensiones en vacío: normalmente se encuentran equipados con un conmutador de 5 posiciones, en el lado de alta tensión.

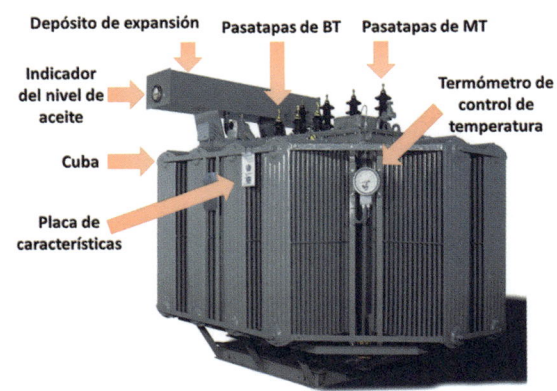

Figura 2.14
Ejemplo de las partes de un transformador trifásico
de potencia alta.

2.3 Tipología de los transformadores

Cuando se dice que un transformador es de un tipo concreto, dicha asignación se establece atendiendo a un criterio de clasificación específico. Los criterios de clasificación más importantes que se utilizan para definir la tipología de los transformadores son:

1. Según función:

   a. Transformadores elevadores:

   $$U_1 < U_2 \Rightarrow I_1 > I_2$$

   b. Transformadores reductores:

   $$U_1 > U_2 \Rightarrow I_1 < I_2$$

   c. De medida: permiten reducir valores elevados de tensión o intensidad a valores inferiores pero proporcionales, por lo que permiten el uso de instrumentos de medida sin necesidad de adaptarse a los valores elevados de tensión e intensidad.

   d. De potencias altas (por ejemplo, subestaciones eléctricas) utilizadas en transporte de energía en alta tensión, y potencias medias (por ejemplo, centros de transformación, denominados CT) utilizados en reducción de tensiones de media tensión a baja tensión.

   e. Monofásicos o trifásicos.

2. Según el servicio al que se destinan:

   a. Elevadores (centrales generadoras). Tensiones usuales de 6->30/220 o 400 kV.

   b. De potencia (subestaciones). Tensiones usuales de 400/220 kV, 400/132 kV, 220/132 kV, 132/20 kV.

   c. De distribución (centros de transformación). Tensión usual de 20/0.4 kV (400 V).

   d. De control (armarios de BT). Tensiones usuales de 400/230 V, 230/24 V, 400/24 V.

   e. De aislamiento (armarios de BT). Tensiones usuales de 400/400 V, 230/230 V.

   f. Para usos especiales: tracción, hornos, rectificadores, etc. Todo tipo de tensiones.

3. Según su construcción:

   a. Columnas con bobinas cilíndricas.

   b. Columnas con bobinas rectangulares.

   c. Acorazados.

   d. Refrigeración: natural o forzada.

   e. Refrigerante: seco o aceite.

Transformadores trifásicos

Cuando se desea transformar una tensión trifásica, se recurre a los denominados transformadores trifásicos. Estos transformadores se implementan a partir dos sistemas:

☐ Banco de transformadores monofásicos (Figura 2.15): este sistema consiste en instalar tres transformadores monofásicos de manera que, en conjunto, operen como si se tratara de un único transformador trifásico.

☐ Transformador trifásico (Figura 2.16): está constituido por un núcleo de tres columnas, y en cada una de ellas se arrollan los circuitos primario y secundario de las tres fases. Este sistema es más económico, tiene un volumen menor y presenta un mayor rendimiento que el banco de transformadores monofásico. En la Figura 2.17 se muestra un ejemplo de montaje real de un transformador trifásico.

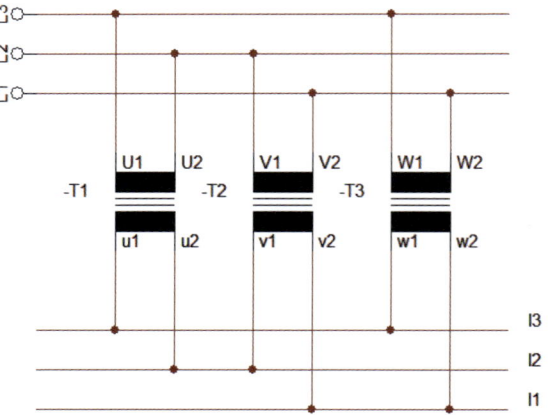

Figura 2.15
Esquema de conexionado de transformadores monofásicos en una red trifásica.

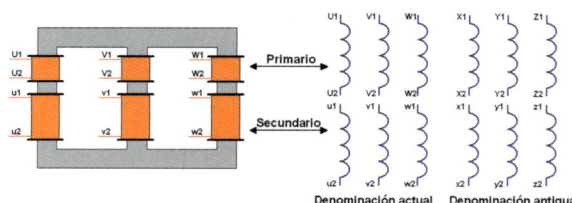

Figura 2.16
Devanados y colocación en el núcleo.

Amplíe la figura aquí

Figura 2.17
Ejemplo de devanados en un transformador trifásico real (cortesía de Tory Trans).

Los transformadores trifásicos se suelen utilizar en centrales de generación eléctrica, subestaciones, centros de transformación y demás ubicaciones donde se necesite transformar una tensión eléctrica de tipo trifásico. No obstante, estos transformadores suelen construirse para potencias muy diversas, por lo que la elección de uno u otro dependerá de la aplicación a la que esté destinada su instalación.

Conexión de devanados en transformadores trifásicos

Los bobinados del primario y secundario de todo transformador trifásico pueden conectarse según tres tipos de configuraciones (Figura 2.18):

- En estrella se unen, en un mismo punto, los tres extremos de los devanados que presenten la misma polaridad. En esta configuración cada fase soporta una tensión menor que la red; por lo tanto, serán necesarias menos espiras a mayor sección ($I_f = I_L$), entonces aumenta la resistencia mecánica. Se denomina Y (devanado en alta tensión) o y (devanado en baja tensión).

- En triángulo se unen, de manera sucesiva, los extremos de polaridad opuesta de cada uno de los devanados. Estas uniones se realizarán hasta que el circuito quede cerrado. En esta configuración cada devanado soporta la tensión de línea; por lo tanto, serán necesarias más espiras que en la configuración en estrella, y en consecuencia la intensidad será menor, entonces la sección será menor. Se denomina D (devanado en alta tensión) o d (devanado en baja tensión).

- En zigzag, cada devanado está dividido en dos mitades en sentidos contrarios, conectándose en serie por columnas consecutivas y cerrando en estrella. Se denomina Z (devanado en alta tensión) o z (devanado en baja tensión).

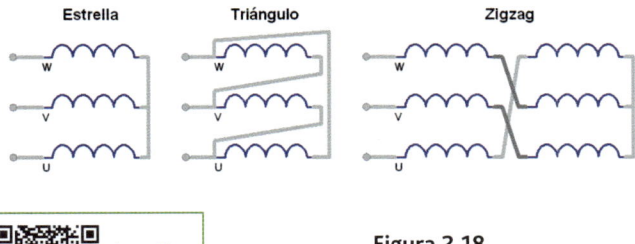

Amplíe la figura aquí

Figura 2.18
Esquemas de conexionado de los devanados de un transformador trifásico.

En total, existen multitud de variaciones de conexiones a realizar, pero a nivel práctico las utilizadas en un transformador trifásico son estas cinco:

- Triángulo (D) - Triángulo (D) (Figura 2.19, izquierda):
  - Se utiliza cuando se desea minimizar las interferencias presentes en el sistema. Además, en el caso de existir cargas desequilibradas, el equilibrio se compensa debido a que las corrientes de la carga se reparten de manera uniforme en los devanados.

  - Este tipo de conexión se utiliza, por lo general, en sistemas con tensiones no muy elevadas y puede emplearse con fines tanto elevadores como reductores de tensión.

  - Además, en caso de falla, se podría desconectar un transformador y el sistema quedaría funcionando con dos transformadores. No obstante, la capacidad del sistema quedaría reducida en más de un 40 %. Esta configuración se denomina triángulo abierto, delta abierta o configuración en V.

- Estrella (Y) - Triángulo (D) (Figura 2.19, derecha):
  - Este esquema se emplea para reducir niveles de tensión y, por razones de aislamiento, los devanados en estrella deberán conectarse al circuito de mayor voltaje.

  - Este tipo de configuración no se suele emplear en los sistemas de distribución de energía eléctrica.

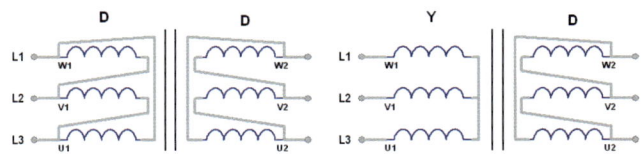

Amplíe la figura aquí

Figura 2.19
Conexionados primario y secundario de transformador trifásico (DD y YD).

- Triángulo (D) - Estrella (Y) (Figura 2.20, izquierda):
  - Este esquema es de los más utilizados, ya que se usa en los sistemas de potencia que requieran aumentar tensiones de generación o de transmisión.

  - Esta configuración también se suele utilizar en los sistemas de distribución para alimentaciones en baja tensión (BT).

- Estrella (Y) - Estrella (Y) (Figura 2.20, derecha):
  - Esta conexión es poco utilizada, ya que presenta dos desventajas importantes: si las cargas del transformador no están equilibradas, las tensiones en las fases del transformador pueden llegar a desequilibrarse considerablemente, y los voltajes de terceros armónicos son elevados.

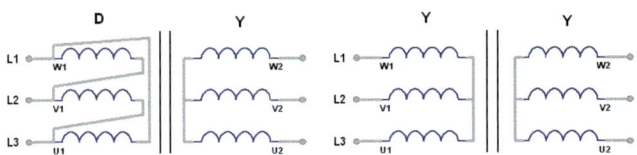

Amplíe la figura aquí

Figura 2.20
Conexionados primario y secundario de transformador trifásico (DY y YY).

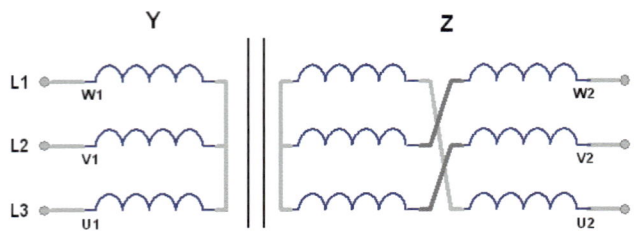

Figura 2.21
Conexionados primario y secundario de transformador trifásico (YZ).

☐ Estrella (Y) - Zigzag (Z) (Figura 2.21):

　☐ En esta conexión, los secundarios se establecen mediante la descomposición de cada uno de ellos en dos partes, lo que hace que pasen a ser seis bobinas.

　☐ La conexión del devanado secundario en zigzag soluciona el problema de las cargas desequilibradas y se utiliza en transformadores reductores de distribución cuya potencia no supere los 400 kVA.

PARA RECORDAR...

En este apartado, la designación utilizada para los devanados es toda en mayúscula, pero si es de baja tensión se debe indicar en minúscula.

La norma VDE establece 12 conexiones, agrupadas en 4 grupos (A, B, C y D) con 3 configuraciones cada una. La agrupación está establecida en función del desfase entre las tensiones del primario y del secundario, denominado índice horario; el desfase se obtiene multiplicando por 30^0. Si se observa el valor horario en un reloj, la aguja de las horas correspondería a la tensión del secundario y la aguja del minutero en las 12 correspondería a la tensión del primario (Figura 2.22).

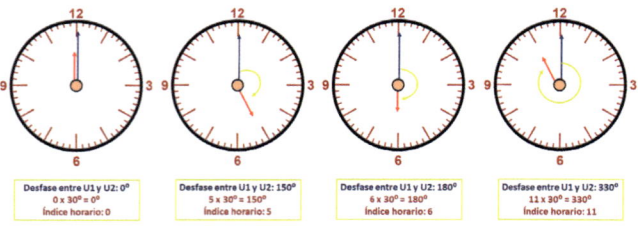

Figura 2.22
Índice horario.

Amplíe la figura aquí

A modo de ejemplo, se muestra, en la Figura 2.23, la placa de características de un transformador trifásico con la conexión en el devanado de alta tensión en triángulo (D) y el devanado de baja tensión en estrella (y), además de

un índice horario de 11 que se corresponde con un desfase de 330º entre fases. Además, si aparece n significa que el transformador dispone de la conexión de neutro en el secundario (Figura 2.24).

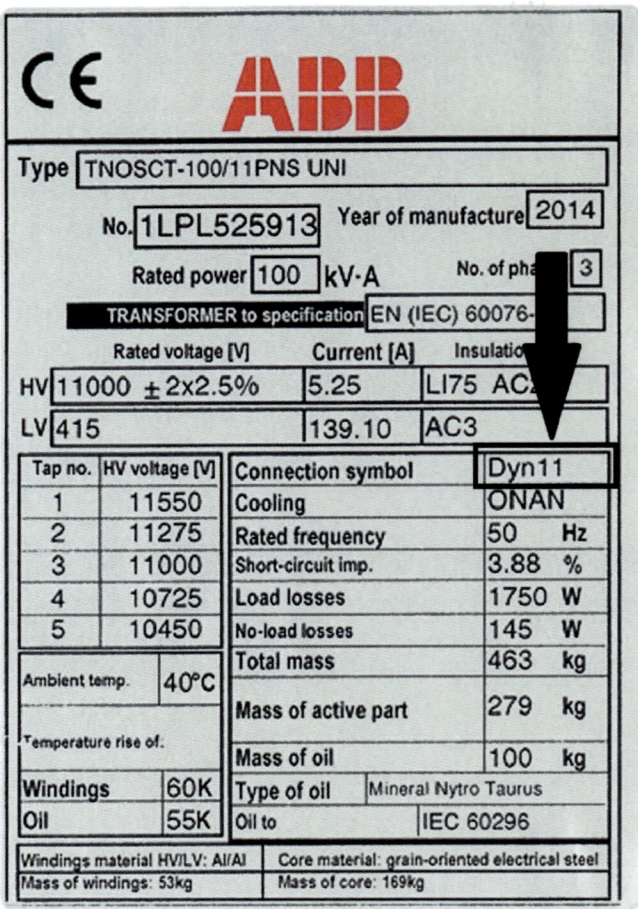

Figura 2.23
Ejemplo de hoja de características de un transformador trifásico en conexión Dyn (cortesía de ABB).

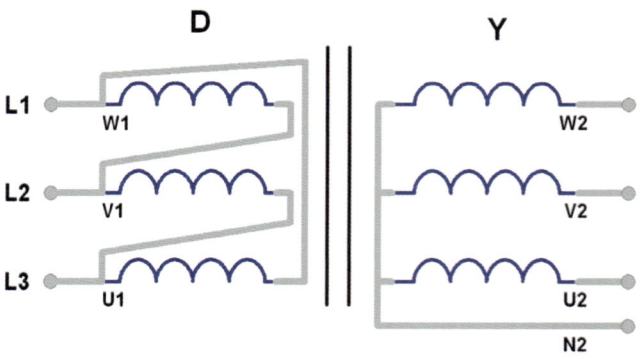

Figura 2.24
Esquema de conexiones de un transformador Dyn11 con conexión de neutro.

En la Tabla 2.2, se muestra la designación utilizada con su correspondiente índice horario según la norma VDE y la designación CEI (es la utilizada en la placa de características de la Figura 2.23).

Índice horario	Designación VDE	Designación CEI	Alta tensión	Baja tensión
0	A1	Dd0	Triángulo	Triángulo
	A2	Yy0	Estrella	Estrella
	A3	Dz0	Triángulo	Zigzag
5	B1	Dy5	Triángulo	Estrella
	B2	Yd5	Estrella	Triángulo
	B3	Yz5	Estrella	Zigzag
6	C1	Dd6	Triángulo	Triángulo
	C2	Yy6	Estrella	Estrella
	C3	Dz6	Triángulo	Zigzag
11	D1	Dy11	Triángulo	Estrella
	D2	Yd11	Estrella	Triángulo
	D3	Yy11	Estrella	Estrella

Tabla 2.2 Designación e índice horario según la norma VDE.

Los grupos de conexión e índices horarios que se utilizan en instalaciones de distribución son:

☐ Yzn11: potencias menores a 160 kVA.

☐ Dyn11: potencias mayores a 160 kVA.

Relaciones de transformación en transformadores trifásicos

En función del conexionado de los devanados del primario y del secundario, la tensión de fase en cada devanado puede ser distinta respecto a la tensión de alimentación o de línea. Para ello, hay que ver que el transformador trifásico se comporta como un sistema trifásico equilibrado. Así pues, si las bobinas están conectadas en triángulo, la tensión de línea y la de fase son iguales; sin embargo, si está en estrella, la tensión de línea es mayor que la de fase:

$$Configuración\ en\ triángulo\ \longrightarrow\ V_L = V_f$$

$$Configuración\ en\ estrella\ \longrightarrow\ V_L = \sqrt{3} \cdot V_f \Rightarrow V_f = \frac{V_L}{\sqrt{3}}$$

En los transformadores trifásicos, a diferencia de los transformadores monofásicos, se distinguen dos relaciones de transformación distintas en función de las tensiones:

☐ Relación de transformación de tensiones que se obtiene como el cociente entre la tensión de línea asignadas al primario (V1) y al secundario (V2), representándose como m_T:

$$m_T = \frac{V_1}{V_2} = \frac{I_2}{I_1}$$

☐ Relación de transformación que se obtiene como el cociente entre la tensión de fase del primario (Vf1) y la del secundario (Vf2), representándose como m (al igual que el transformador monofásico):

$$m = \frac{V_{f1}}{V_{f2}} = \frac{N_1}{N_2} = \frac{I_{f1}}{I_{f2}}$$

PARA RECORDAR...

En las ecuaciones anteriores sobre la relación de transformación se incluyen las relaciones de intensidad y entre el número de espiras.

Por ejemplo, la Figura 2.25 para una conexión (Yy) y la relación vendrá determinada por el número de espiras del primario (N_1) y del secundario (N_2), manteniendo la relación de tensión medida con el voltímetro (tensión de línea,) entre los devanados primario y secundario.

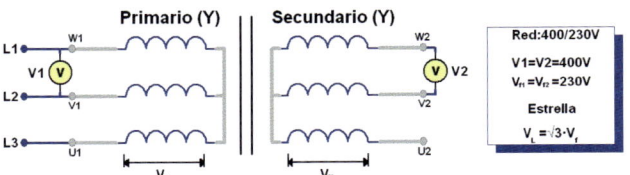

Figura 2.25
Relación de transformación en un transformador para red trifásica conexión Yy.

Amplíe la figura aquí

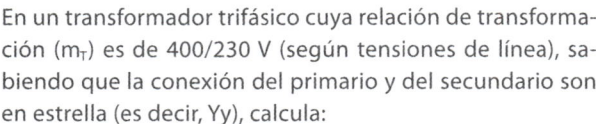

EJEMPLO 2

En un transformador trifásico cuya relación de transformación (m_T) es de 400/230 V (según tensiones de línea), sabiendo que la conexión del primario y del secundario son en estrella (es decir, Yy), calcula:

a) La relación de transformación:

$$m_T = \frac{V_1}{V_2} = \frac{400}{230} = 1{,}74$$

$$m = m_T$$

=1,74 *(misma conexión en primario que en secundario)*

b) Si se conecta una carga en el secundario que consume una intensidad de línea (I_2) de 40 A, ¿cuál es la intensidad del primario (I_1)?

$$m_T = \frac{I_2}{I_1} \Rightarrow I_1 = \frac{I_2}{m_T} = \frac{40}{1.74} = 22.99\ A$$

c) ¿Cuál será el número de espiras en el secundario (N_2) si en el primario hay 200 espiras (N_1)?:

$$m = \frac{N_1}{N_2} \Rightarrow N_1 = \frac{N_1}{m} = \frac{200}{1.74} = 115\ espiras$$

d) ¿Cómo cambiarían los resultados anteriores en el caso de modificar las conexiones del primario y secundario a triángulo (es decir, Dd)?:

Tanto el valor de m_T, como m, como la intensidad y el número de espiras se mantendrán. Los cambios repercutirán sobre las tensiones (Vf) e intensidades (If) de fase, puesto que los datos se corresponden con los valores de línea.

En este caso, las tensiones de fase y línea serán iguales, pero las intensidades tendrán un valor mayor.

Configuración	Relación de transformación
Estrella-triángulo	$m_T = \sqrt{3} \cdot m$ $m_T = \dfrac{V_1}{V_2} = \dfrac{\sqrt{3} \cdot V_{f1}}{V_{f2}} = \dfrac{\sqrt{3} \cdot N_1}{N_2}$
Triángulo-estrella	$m_T = \dfrac{1}{\sqrt{3}} \cdot m$ $m_T = \dfrac{V_1}{V_2} = \dfrac{V_{f1}}{\sqrt{3} \cdot V_{f2}} = \dfrac{N_1}{\sqrt{3} \cdot N_2}$
Estrella-zigzag	$m_T = \dfrac{2}{\sqrt{3}} \cdot m$ $m_T = \dfrac{V_1}{V_2} = \dfrac{2 \cdot V_{f1}}{\sqrt{3} \cdot V_{f2}} = \dfrac{2 \cdot N_1}{\sqrt{3} \cdot N_2}$
Triángulo-zigzag	$m_T = \dfrac{2}{3} \cdot m$ $m_T = \dfrac{V_1}{V_2} = \dfrac{2 \cdot V_{f1}}{3 \cdot V_{f2}} = \dfrac{2 \cdot N_1}{3 \cdot N_2}$

Tabla 2.3
Relaciones de transformación para distintas configuraciones.

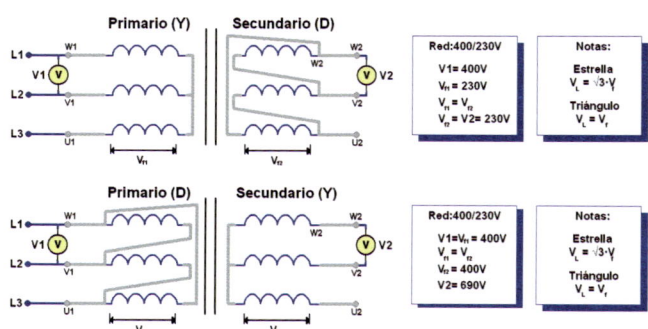

Figura 2.26
Valores de tensión en transformador trifásico reductor en conexión Yd y Dy.

Amplíe la figura aquí

Sin embargo, si la configuración de los devanados es diferente, la relación de transformación (m) y la de tensiones (m_T) es diferente. En la Tabla 2.3 se pueden ver algunos ejemplos, donde se puede obtener la relación entre ambas con las tensiones de línea y de fase en el transformador trifásico.

Por ejemplo, en la Figura 2.26 se muestra de forma gráfica lo indicado en los valores de las tensiones de línea y de fase en dos configuraciones diferentes: Yd (superior) y Dy (inferior).

EJEMPLO 3

En un transformador cuya relación de transformación es de 400/230 V (según tensiones de línea), calcula las relaciones de transformación para las configuraciones de conexión de sus devanados.

Para todas las configuraciones, la relación de transformación de tensiones (m_T) es la misma:

$$m_T = \frac{V_1}{V_2} = \frac{400}{230} = 1.74$$

a) Estrella-triángulo:

$$m_T = \sqrt{3} \cdot m \Rightarrow m = \frac{m_T}{\sqrt{3}} = \frac{1.74}{\sqrt{3}} = 1$$

b) Triángulo-estrella

$$m_T = \frac{1}{\sqrt{3}} \cdot m \Rightarrow m = \sqrt{3} \cdot m_T = \sqrt{3} \cdot 1.74 = 3.01$$

c) Estrella-zigzag:

$$m_T = \frac{2}{\sqrt{3}} \cdot m \Rightarrow m = \frac{\sqrt{3}}{2} \cdot m_T = \frac{\sqrt{3}}{2} \cdot 1.74 = 1.51$$

d) Triángulo-zigzag:

$$m_T = \frac{2}{3} \cdot m \Rightarrow m = \frac{3}{2} \cdot m_T = \frac{3}{2} \cdot 1.74 = 2.61$$

EJEMPLO 4

Calcula la relación de transformación de un transformador de intensidad si la intensidad asignada al secundario es de 5 A y la del primario es de 2000 A:

$$m = \frac{I_2}{I_1} = \frac{5}{2000} = 0.0025 = 2.5 \cdot 10^{-3}$$

El secundario estará conectado a tierra por normativa de seguridad, para evitar tensiones peligrosas en caso de fallo de aislamiento.

☐ Los instrumentos de medida no deben sobrepasar la potencia nominal del transformador: 5, 10, 15, 30, 50, 75 o 100 VA.

☐ No existe tensión elevada en los terminales del primario, solo la caída de tensión en el devanado.

☐ Nunca se debe dejar el secundario en circuito abierto, porque puede provocar tensiones peligrosas en el secundario. Por lo tanto, antes de desconectar el amperímetro, se debe cerrar realizando un cortocircuito en el secundario y, después, proceder a desconectarlo.

En la Figura 2.27, se muestra el esquema y el símbolo de un transformador de intensidad, mientras que en la Figura 2.28 se muestra un ejemplo real de equipo industrial.

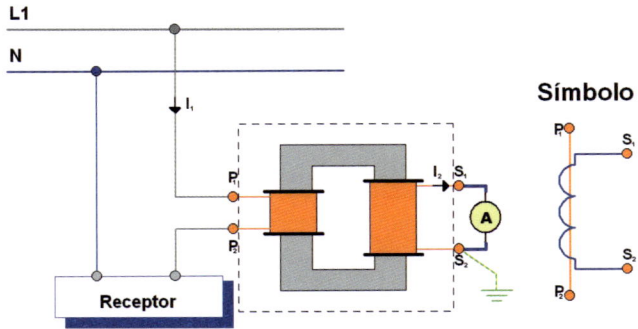

Figura 2.27
Transformador de intensidad.

Amplíe la figura aquí

Transformador de intensidad

El transformador de intensidad se utiliza para obtener un valor de intensidad menor pero proporcional al que circula por la línea de alimentación. El valor obtenido se mide para obtener los parámetros de la línea, es decir, adaptan la señal al instrumento de medida.

El número de espiras del primario es menor que el del secundario, porque la intensidad del secundario es mucho menor:

$$\frac{N_1}{N_2} = \frac{I_2}{I_1} \Rightarrow I_1 > I_2 \Rightarrow N_1 < N_2$$

Las características fundamentales de este tipo de transformadores son:

☐ El devanado primario se conecta en serie con el circuito, no utilizando hilo grueso para producir menor caída de tensión en la línea.

☐ Intensidad normalizada en el secundario de 5 A.

☐ Intensidades normalizadas en el primario de: 5, 10, 15, 25, 30, 75, 100, 150, 1500, 2000, 3000, 4000, 6000 y 10 000 A.

Figura 2.28
Ejemplo de transformador de intensidad (cortesía de ToryTrans).

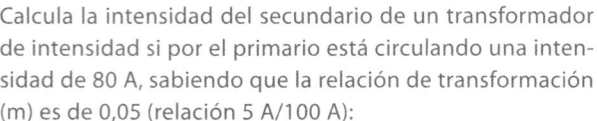

EJEMPLO 5

Calcula la intensidad del secundario de un transformador de intensidad si por el primario está circulando una intensidad de 80 A, sabiendo que la relación de transformación (m) es de 0,05 (relación 5 A/100 A):

$$m = \frac{I_2}{I_1} \Rightarrow I_2 = m \cdot I_1 = 0.05 \cdot 80 = 4\ A$$

Transformador de tensión

El transformador de tensión es del tipo reductor, y su objetivo es obtener un valor proporcional al de la línea de alimentación.

El número de espiras del primario es mayor que el del secundario, porque la tensión del secundario es mucho menor:

$$\frac{N_1}{N_2} = \frac{V_1}{V_2} > 1 \Rightarrow V_1 > V_2 \Rightarrow N_1 > N_2$$

Las características fundamentales de este tipo de transformadores son:

☐ Tensión normalizada en el secundario de 110 V.

☐ Tensiones normalizadas en el primario de: 110, 220, 380, 440, 2200, 3300, 5500, 6600 y 11 000 V.

EJEMPLO 6

Calcula la relación de transformación de un transformador en tensión si la tensión asignada al secundario es de 110 V y la del primario es de 2200 V:

$$m = \frac{V_1}{V_2} = \frac{2200}{110} = 20$$

☐ El secundario se debe conectar a tierra como medida de seguridad.

☐ Los instrumentos de medida no deben sobrepasar la potencia nominal del transformador: 10, 15, 25, 30, 50, 75, 100, 150, 200, 300 y 400 VA.

☐ Las bobinas tienen valores de impedancia elevados y, en consecuencia, trabajan en regímenes próximos al funcionamiento en vacío; por lo tanto, no hay ningún problema en dejarlos en circuito abierto.

En la Figura 2.29, se muestra el esquema y el símbolo de un transformador de tensión, mientras que en la Figura 2.30 se muestra un ejemplo real de equipo industrial.

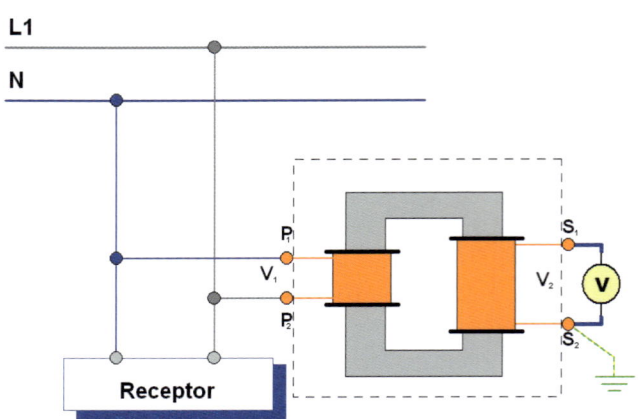

Figura 2.29
Transformador de tensión.

Amplíe la figura aquí

Figura 2.30
Ejemplo de transformador de tensión (cortesía de ToryTrans).

EJEMPLO 7

Calcula la tensión del secundario de un transformador de tensión si por el primario hay una tensión de 400 V, sabiendo que la relación de transformación (m) es de 4 (relación 440/110):

$$m = \frac{V_1}{V_2} \Rightarrow V_2 = \frac{V_1}{m} = \frac{400}{4} = 100\ V$$

Transformadores de aislamiento y seguridad

Uno de los métodos de protección contra contactos indirectos, según la ITC-BT-24, es la protección por separación de circuitos. Para ello, se utiliza el transformador de aislamiento o sistema equivalente (grupo motor-generador que posea una separación equivalente). El sistema de separación de circuitos o separación galvánica basa su efectividad en la imposibilidad de cierre del circuito de defecto que se forma al entrar en contacto una persona con una masa metálica sometida a una tensión de defecto (se trata de un pequeño esquema IT).

Debe tenerse en cuenta que este sistema no evita la aparición de la tensión de defecto, sino que, a través de un aislamiento, logra que la peligrosidad del contacto disminuya a valores tolerables. Esto servirá para un primer defecto, pero si se produce un segundo defecto puede cerrarse el circuito y, por lo tanto, aparecerá peligro de choque eléctrico. Este efecto se puede producir cuando se conectan varias cargas a un mismo transformador de separación (Figura 2.31).

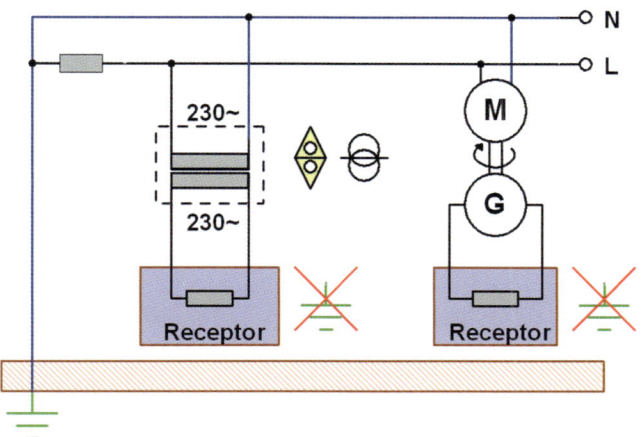

Figura 2.31
Esquema con transformador de separación.

En la Figura 2.32 se muestra un transformador de separación utilizado en industria.

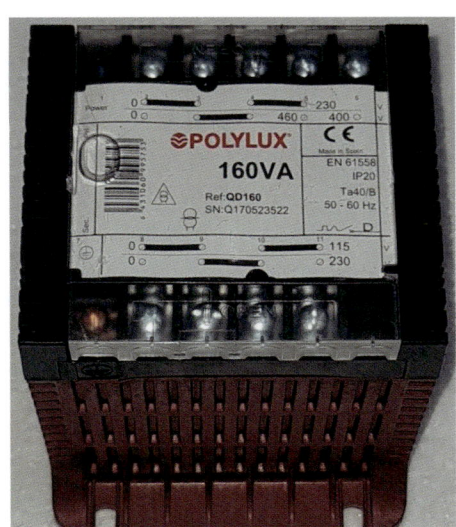

Figura 2.32
Ejemplo de transformador de separación
(cortesía de Polylux).

Hay que diferenciarlo de la protección por uso de muy baja tensión de seguridad (MBTS), donde se utilizan transformadores de seguridad (ver diferencia entre la Figura 2.31 y la Figura 2.33), y su función es conseguir pequeñas tensiones que no supongan un peligro ante un contacto indirecto.

Aplicaciones de uso de transformadores para tensiones de MBTS:

☐ El sistema es utilizable en cualquier tipo de locales.

☐ Cuando sea imprescindible desconectar el receptor de la red cuando se produzca un primer defecto.

☐ En receptores de alumbrado según ITC-BT-44, donde se exige una tensión de 24 V en zonas o emplazamientos conductores.

☐ En el caso de locales mojados, húmedos y muy conductores; se debe colocar el transformador fuera del local.

El marcado de transformadores de separación de circuitos y transformadores de seguridad está basado en las normas UNE EN 60742 y UNE EN 61558, tal y como se indica en la ITC-BT-36. En consecuencia, el transformador incluirá la siguiente información:

☐ Tensiones del primario en voltios: símbolo V (o kV).

☐ Tensiones del secundario: símbolo V (o kV).

☐ La potencia asignada en voltiamperios o kilovoltioamperios: símbolo VA o kVA.

☐ La frecuencia asignada: símbolo Hz.

☐ El factor de potencia, si no es la unidad. No es exigible en transformadores de potencia asignada inferior a 25 VA. Símbolo cos φ.

☐ Símbolo que indica el tipo de transformador.

En la Figura 2.34, se muestra un transformador de seguridad, utilizado para alimentar lámparas halógenas a 12 V. Se trata de un transformador de seguridad que se suele utilizar en las lámparas que acompañan los espejos en los cuartos de baño o para iluminarlos. Utilizadas según la ITC-BT-27 (locales con bañera o ducha), según volumen 1, que permite aparatos alimentados a MBTS no superior a 12 V (lógicamente también estarán permitidos en volumen 2 y 3).

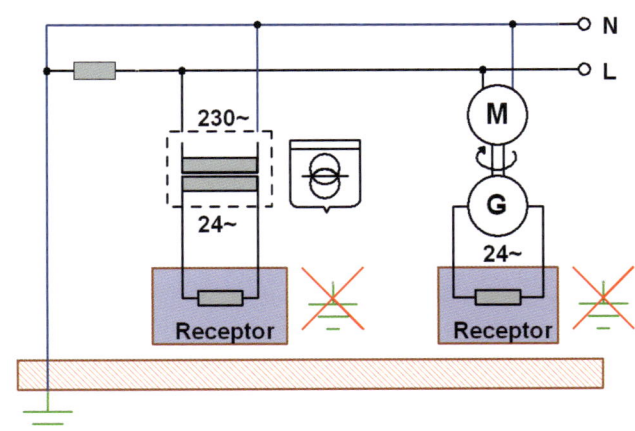

Figura 2.33
Esquema con transformador de seguridad.

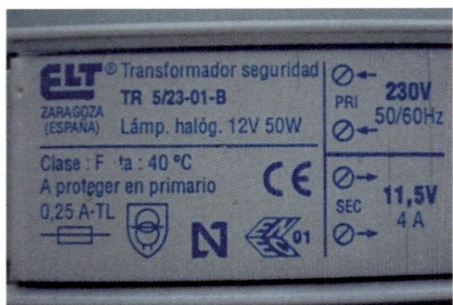

Figura 2.34
Ejemplo de transformador de seguridad
para lámpara halógena de 12 V.

2.4 Ensayos de máquinas estáticas: transformador

Introducción

Los ensayos consisten en una serie de pruebas que se realizan para verificar el buen funcionamiento de la máquina, calculando la eficacia y evaluando las pérdidas.

Los ensayos a realizar en transformadores de gran potencia presentan las siguientes dificultades:

☐ La gran disipación de energía que se produce en los ensayos.

☐ La dificultad de disponer de cargas lo suficientemente elevadas como para emular el funcionamiento real del transformador.

Para llevar a cabo un ensayo eficiente es muy recomendable seguir de manera ordenada la siguiente secuencia de acciones:

1. Establecer las características del transformador.

2. Establecer el diseño del esquema de montaje que se va a efectuar en el ensayo (calcular los parámetros previos necesarios).

3. Localizar los instrumentos de medida necesarios para efectuar las mediciones requeridas en el ensayo.

4. Efectuar el montaje según el esquema de montaje.

5. Realizar mediciones, las cuales se anotarán.

6. Comparar los datos obtenidos con los cálculos realizados para obtener conclusiones.

Los dos tipos de ensayos más importantes que permitirán averiguar los parámetros del circuito equivalente del transformador son:

☐ En cortocircuito

☐ En vacío

Pérdidas en el transformador

En un transformador se producen, fundamentalmente, las siguientes pérdidas:

☐ Pérdidas debidas a las corrientes de Foucault (P_F): las corrientes de Foucault son unas corrientes parásitas que se producen en cualquier material conductor cuando está sometido a un flujo magnético variable. Para minimizar estas corrientes, y la correspondiente pérdida de energía, será necesario que los núcleos que están sometidos al flujo variable no sean macizos, es decir, deberán construirse con chapas magnéticas de pequeño espesor, las cuales deberán apilarse y aislarse entre sí.

$$P_F = \frac{2.2 \cdot f^2 \cdot \beta_{max}^2 \cdot \Delta^2}{10^{11}} \ [W]$$

donde:

☐ f: frecuencia de la red, en Hz

☐ β_{max}: inducción magnética máxima, en Gauss (G)

☐ Δ: espesor de la chapa magnética, en milímetros (mm)

EJEMPLO 8

Calcula las pérdidas por corriente de Foucault de un transformador conectado a una red de 50 Hz, con una chapa magnética de 0.5 mm de espesor y una inducción magnética de 25 000 Gauss.

Determine el valor de dichas pérdidas y razone si, al conectar el transformador a una red eléctrica de mayor frecuencia (por ejemplo, 60 Hz), dichas pérdidas aumentarían o, por el contrario, disminuirían.

Para calcular las pérdidas por corrientes de Foucault se sustituyen los valores del enunciado en la fórmula correspondiente:

$$P_F = \frac{2.2 \cdot 50^2 \cdot 25\,000_{max}^2 \cdot 0.5^2}{10^{11}} \ [W]$$

$$P_F = 8.59 \ W$$

Si se conecta el transformador a una red de mayor frecuencia (60 Hz), se determinan de nuevo las pérdidas por corrientes de Foucault:

$$P_F = \frac{2.2 \cdot 60^2 \cdot 25\,000_{max}^2 \cdot 0.5^2}{10^{11}} \ [W]$$

$$P_F = 12.37 \ W$$

Con el resultado se puede ver que, al aumentar la frecuencia de la red, las pérdidas por corriente de Foucault también aumentan.

☐ Pérdidas por histéresis (P_H): en los transformadores, este fenómeno se traduce en la imantación que permanece después de someter el núcleo a un flujo magnético variable, lo que genera pérdidas de energía en forma de calor. La potencia perdida por histéresis magnética dependerá fundamentalmente del tipo de material con el que se construya el núcleo y se determina mediante la fórmula de Steinmetz.

$$P_H = K_h \cdot f \cdot \beta_{max}^n \; [W/kg]$$

donde:

☐ K_h: coeficiente de histéresis del material (valores comprendidos entre 0.0015 y 0.003)

☐ β_{max}: inducción magnética máxima, en tesla (T). Para la conversión desde Gauss, hay que tener en cuenta que 1 tesla son 10 000 Gauss (G).

☐ n: toma el valor 1.6 si es menor que 1 tesla, y 2 si es mayor.

EJEMPLO 9

Un transformador trabaja a 50 Hz (f), y su chapa magnética presenta una inducción de 1.1 Tesla (ßmax) y un coeficiente de histéresis de 0.002 (Kh). Sabiendo que el peso del núcleo es de 2.7 kg, ¿qué valor tendrán las pérdidas por histéresis del núcleo de este transformador?

A partir de la fórmula de Steinmetz se pueden determinar las pérdidas por histéresis magnética:

$$P_H = 0.002 \cdot 50 \cdot 1.1^2 \; [W/kg]$$

$$P_H = 0.121 \; W/kg$$

Para determinar las pérdidas por histéresis del núcleo, basta con multiplicar el valor que se acaba de obtener por el peso del núcleo (2.7 kg):

$$P_H = 0.121 \cdot 2.7 = 0.3267 \; W$$

☐ Pérdidas en el cobre de los devanados: se producen debido al efecto Joule, se corresponden con las pérdidas de calor en los bobinados, y dependerán de la intensidad y el valor resistivo del primario (R_1) y del secundario (R_2).

$$P_{Cu} = P_{Cu1} + P_{Cu2} = R_1 \cdot I_1^2 + R_2 \cdot I_2^2 \; [W]$$

☐ Las pérdidas totales en el núcleo o hierro (P_{Fe}) se determinan sumando las pérdidas por corrientes de Foucault (P_f) con las de histéresis (P_H).

$$P_{Fe} = P_F + P_H \; [W]$$

Ensayo en cortocircuito

En el ensayo de cortocircuito (Figura 2.35) se establecen las intensidades nominales en los dos bobinados, lo cual se consigue aplicando una pequeña tensión en el primario a la vez que se cortocircuita el secundario con un amperímetro.

La tensión de entrada se consigue utilizando un autotransformador regulable, partiendo de una tensión de 0 V, y se va incrementando hasta que el valor leído en los amperímetros alcanza los valores nominales.

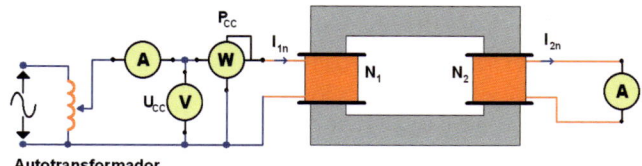

Amplíe la figura aquí

Figura 2.35
Circuito de ensayo en cortocircuito.

La tensión que se alcanza en el primario cuando se alcanza la intensidad nominal en el secundario se denomina tensión de cortocircuito (Ucc). Esta tensión supone un valor pequeño comparado con el valor de tensión que se le aplicaría al transformador cuando trabaja en carga.

En el ensayo en cortocircuito, al obtener las intensidades nominales, se generan pérdidas en el cobre (P_{Cu}), tanto en el primario (P_{Cu1}) como en el secundario (P_{Cu2}), debido al efecto Joule, las cuales se determinan con la siguiente ecuación:

$$P_{Cu} = P_{Cu1} + P_{Cu2} = R_1 \cdot I_{n1}^2 + R_2 \cdot I_{n2}^2 \; [W]$$

En este ensayo las pérdidas en el hierro son muy pequeñas respecto a las del cobre, por lo que se pueden no considerar. Por consiguiente, la medida del vatímetro corresponderá con el valor de las pérdidas en el cobre:

$$P_{per} = P_{Fe} + P_{Cu} \approx P_{Cu} = P_{CC} \; [W]$$

También se pueden obtener los siguientes datos:

☐ Factor de potencia y tensión porcentual de cortocircuito:

$$cos\varphi_{CC} = \frac{P_{CC}}{U_{1n} \cdot I_{1n}} \; (U_{1n}: tensión \; nominal \; primario)$$

$$u_{CC} = \frac{U_{CC} \cdot 100}{U_{1n}}$$

☐ Impedancia, resistencia e inductancia de cortocircuito:

$$Z_{CC} = \frac{U_{CC}}{I_{1n}} \; [\Omega]$$

Resistencia e inductancia en cortocircuito:

$$R_{CC} = \frac{P_{CC}}{I_{1n}^2} \rightarrow X_{CC} = \sqrt{Z_{CC}^2 - R_{CC}^2} \; [\Omega]$$

Se puede realizar el ensayo realizando anotaciones hasta alcanzar la intensidad nominal, es decir, a distintos valores de tensión de entrada ajustados a la corriente del secundario hasta la nominal, conectada al primario, y obtener una gráfica para ver la evolución de la potencia medida, que se corresponde con las pérdidas (Figura 2.36).

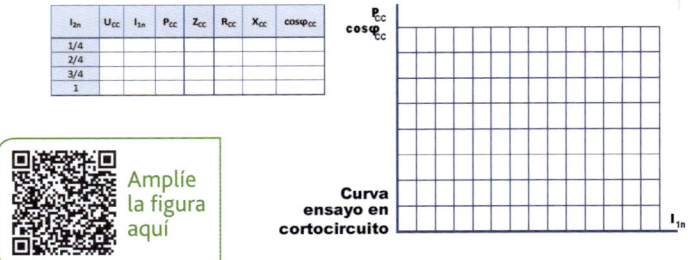

Amplíe la figura aquí

Figura 2.36
Tablas para anotaciones de ensayo en cortocircuito.

En transformadores trifásicos, el procedimiento es el mismo, con la salvedad de que para la medida de la potencia se utiliza el método de los dos vatímetros o Aron.

EJEMPLO 10

Tenemos un transformador trifásico de 630 kVA, 20000/400 V (m_T), 50 Hz. Se ensaya en cortocircuito y para una intensidad igual a la nominal consume 6500 W. ¿Qué indica ese valor?

Se corresponde con el valor de potencia del vatímetro (P_{CC}) de la Figura 2.35, por lo que se corresponde con las pérdidas en el cobre (P_{Cu}).

Ensayo en vacío

En el ensayo en vacío (Figura 2.37), el secundario del transformador se deja abierto, por lo que a través de él no circula corriente alguna; el primario se conecta a la tensión nominal (U_{1n}) teniendo la tensión nominal en el secundario (U_{2n}).

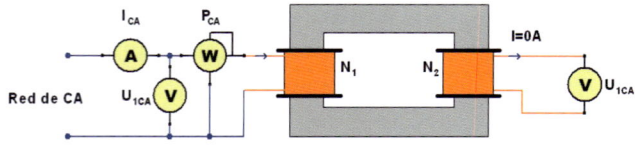

Amplíe la figura aquí

Figura 2.37
Circuito de ensayo en vacío.

Los parámetros que es necesario determinar en este ensayo son:

☐ Pérdidas en el hierro (P_{Fe}): se determinan con la lectura del valor medido por el vatímetro conectado en el primario (P_{CA}).

$$P_{per} = P_{Fe} + P_{Cu} \cong P_{Fe} = P_{CA} \ [W]$$

☐ Intensidad en vacío del primario: este parámetro se determina con la lectura del amperímetro (I_{CA}).

☐ Relación de transformación (m): es la relación que existe entre la tensión de alimentación (primario) y la que se mide en el secundario. La primera se mide con el voltímetro (U_{1CA}), mientras que la del secundario se puede leer en el voltímetro (U_{2CA}).

$$m = \frac{U_{1CA}}{U_{2CA}}$$

☐ Factor de potencia:

$$cos\varphi_{CA} = \frac{P_{CA}}{U_{1CA} \cdot I_{CA}}$$

Para la conexión de red al primario se puede utilizar un generador que ajuste el valor de entrada, desde 0 V hasta la tensión nominal, y realizar las anotaciones. en una tabla, también se pueden representar de forma gráfica dichos datos (Figura 2.38.

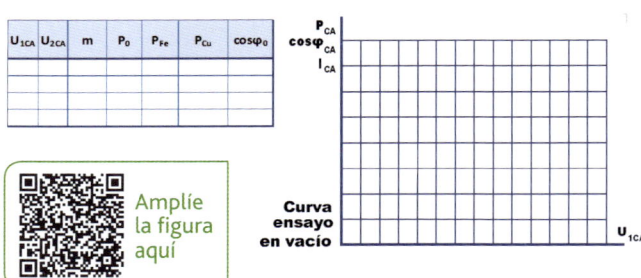

Amplíe la figura aquí

Figura 2.38
Tablas para anotaciones de ensayo en vacío.

En transformadores trifásicos, el procedimiento es el mismo, con la salvedad de que para la medida de la potencia se utiliza el método de los dos vatímetros o Aron.

EJEMPLO 11

Tenemos un transformador trifásico de 630 kVA, 20000/400 V (mT), 50 Hz. Se ensaya en vacío y a la tensión nominal se consume 1300 W. ¿Qué indica ese valor?

Se corresponde con el valor de potencia del vatímetro (P_{CA}) de la Figura 2.37, por lo que se corresponde con las pérdidas en el cobre (P_{Fe}).

Ensayo en carga

Fundamentalmente, los ensayos en carga (Figura 2.39) consisten en hacer que el transformador funcione en las condiciones para las que se diseñó, por lo que es necesario alimentarlo con la tensión y frecuencia nominal de funcionamiento, además de conectar en el devanado secundario la correspondiente carga nominal.

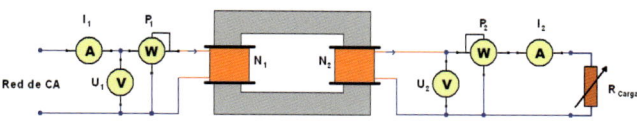

Amplíe la figura aquí

Figura 2.39
Circuito de ensayo en carga.

Los ensayos en carga se suelen efectuar en muy pocas ocasiones. Esto se debe a una serie de dificultades que se plantean en este tipo de pruebas:

☐ Es imposible disponer en los laboratorios donde se efectúan los ensayos de las elevadas potencias nominales de algunos transformadores.

☐ Para calcular las pérdidas de potencia, se efectúa la diferencia entre la potencia del primario y la del secundario. Debido a posibles errores de medida por parte de los instrumentos, el resultado incluiría un error muy elevado.

Este ensayo permite obtener:

☐ La caída de tensión que se produce en el secundario al comprobar cuál es su valor con o sin carga.

☐ La relación de transformación en función de las intensidades de primario y secundario.

$$m = \frac{I_2}{I_1}$$

Rendimiento del transformador

El rendimiento de un transformador se corresponde con el cociente de la potencia cedida en el secundario y la potencia absorbida por el primario:

$$\eta = \frac{P_2}{P_1}$$

Se puede obtener mediante los siguientes métodos:

☐ Directo: lectura directa de los vatímetros conectados al primario y secundario.

$$\eta = \frac{W_2}{W_1} \cdot 100 \, [\%]$$

Este método no es aconsejable para transformadores de mediana y gran potencia, puesto que se pueden cometer errores importantes.

☐ Indirecto: se obtiene a partir de las pérdidas obtenidas a partir de los ensayos en vacío y cortocircuito, utilizando la siguiente ecuación:

$$\eta = \frac{P_2}{P_1 + P_{Cu} + P_{Fe}}$$

Como las pérdidas en el cobre se ven modificadas con la intensidad, y esta se ve modificada por la carga conectada al secundario, su valor para cualquier régimen de carga se determina mediante la siguiente ecuación:

$$P_{Cu} = C^2 \cdot P_{CC}$$

donde C es el índice de carga y su valor es la relación entre la corriente que suministra y la intensidad nominal:

$$C = \frac{P_2}{P_1} = \frac{I_2}{I_{2n}} \cong \frac{I_1}{I_{1n}}$$

En consecuencia, el rendimiento para cualquier índice de carga es:

$$\eta_C = \frac{C \cdot P_2}{C \cdot P_2 + C^2 \cdot P_{Cu} + P_{Fe}}$$

EJEMPLO 12

Tenemos un transformador trifásico de 630 kVA, 20000/400 V (m_T), 50 Hz. Se ensaya en cortocircuito y a la intensidad nominal se consume 6500 W, y se ensaya en vacío y a la tensión nominal se consume 1300 W. Calcule el rendimiento con un factor de potencia igual a la unidad:

$$\eta = \frac{P_2}{P_1 + P_{Cu} + P_{Fe}} = \frac{630\,000}{63\,000 + 6500 + 1300} = 0.9877$$

Al expresar el valor en tanto por ciento se multiplica por 100: 98.77 %.

Medidas de resistencia de los devanados

Aunque hace unos años que se utilizan varios métodos para obtener la resistencia óhmica de los bobinados del transformador (voltiamperimetro, puente de Wheatstone, doble de Thomson, comparación, etc.), actualmente se utilizan instrumentos para las medidas resistivas (óhmetro), que facilitan mucho la tarea.

El procedimiento consiste en conectar entre los extremos de cada devanado y anotar las medidas obtenidas.

Se realizaría primero para el primario y después para el secundario (Figura 2.40).

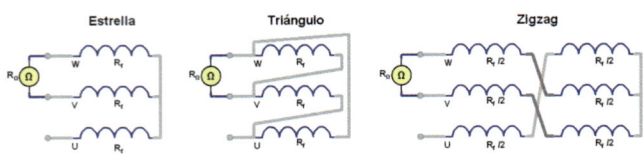

Amplíe la figura aquí

Figura 2.40
Conexionado de óhmetro para medida de resistencia de los devanados.

En configuración de estrella la resistencia abarca dos devanados y, en consecuencia, la resistencia será la mitad de la medida:

$$R_f = \frac{R_\Omega}{2} \ [\Omega]$$

En configuración de triángulo la resistencia forma un circuito de dos resistencias en serie con una en paralelo y, en consecuencia, el resultado será 3/2 de la medida:

$$R_f = \frac{3}{2} \cdot R_\Omega \ [\Omega]$$

En la configuración en zigzag cumple la misma condición que en la configuración en estrella.

Ensayos mecánicos

Los ensayos mecánicos se efectúan para verificar la completa hermeticidad y resistencia a la presión de los transformadores, por lo que se comprueba que no existen fugas entre cada uno de los componentes que constituyen el transformador.

Para realizar esta prueba se sigue el siguiente procedimiento:

1. En primer lugar, se somete la máquina a presión y se observa la posible aparición de deformaciones.

2. Cuando se perciben las primeras deformaciones, se deja de ejercer presión sobre el transformador.

3. Se efectuarán los ajustes correspondientes para eliminar las posibles fugas de aceite, por lo que se prestará atención a las manchas brillantes que puedan aparecer en la superficie.

4. Una vez reparadas las posibles fugas, hay que esperar unas horas para que el proceso de hermetismo se complete.

Ensayos complementarios

Además de los ensayos vistos hasta ahora, se pueden señalar algunas pruebas complementarias que también se suelen realizar en los transformadores:

- Ensayos de temperatura
- Ensayos de respuesta en frecuencia
- Ensayos de ruido
- Ensayos de control de pintura
- Ensayos de control del equipamiento auxiliar
- Ensayo de dieléctrico del aceite

2.5 Cálculo de máquinas estáticas: el transformador de pequeña potencia

Introducción

Las necesidades que se tienen que cubrir con la construcción de un transformador monofásico de pequeña potencia son:

- La tensión en el primario (entrada):
- La tensión en el secundario (salida):
- La potencia nominal del transformador, es decir, la que va a ser capaz de suministrar:

Una vez determinados dichos parámetros, se podrá comenzar a diseñar y a calcular el transformador, cuyo proceso constará de varias fases:

1. Determinar la sección del núcleo.

2. Elección de la chapa.

3. Elección del carrete aislante.

4. Cálculo del número de chapas necesarias.

5. Determinar el número de espiras de cada arrollamiento.

6. Determinar la intensidad de los arrollamientos.

7. Determinar la sección de los conductores.

8. Determinar el diámetro del hilo.

Sección del núcleo

Partiendo de este valor de potencia, se determina la sección neta del núcleo según la siguiente expresión:

$$S_n = k \cdot \sqrt{S} \ [cm^2]$$

En ocasiones, este valor se representa por la P, pero hay que distinguirlo de la potencia activa, que se mide en vatios, W. De la misma forma, no hay que confundirlo con la sección que también se representa por S.

donde:

- S_n: sección neta del núcleo, en cm²

- k: coeficiente que depende de la calidad de la chapa

- S: potencia útil del transformador o potencia aparente, en VA

k es una constante cuyo valor dependerá de la calidad de la chapa magnética del núcleo. A continuación, se muestra una tabla que relaciona el valor de esta constante según sea la potencia del transformador. Esta tabla pertenece a una chapa de hierro de buena calidad (grano orientado):

Valores de k según la potencia del transformador	
Potencia del transformador	Coeficiente (k)
25-100 VA	0.7-0.85
100-500 VA	0.85-1.0
500-1000 VA	1.0-1.1
1000-3000 VA	1.1-1.2

Tabla 2.4
Valor de k en función de la potencia útil del transformador.

PARA RECORDAR...

Como k es un factor de calidad, cuanto mejor sea mayor valor tendrá, lo que se traducirá en una menor sección. Por lo que, si se observa la Tabla 2.4, para transformadores de menor potencia se utilizan chapas de peor calidad.

Para la potencia útil del transformador (potencia aparente, S), se tendrán en cuenta los valores de tensión e intensidad en el secundario:

$$S = V_2 \cdot I_2 \ [VA]$$

Una vez determinada la sección neta, se aplica a dicho valor un factor de apilamiento (valor próximo a la unidad, por ejemplo 0.96), lo cual compensa el espacio entre chapas que no es hierro:

$$S_r = \frac{S_n}{F_a} \ [cm^2]$$

donde:

- S_r: sección real del núcleo, en cm2

- F_a: factor de apilamiento de la chapa. Por defecto es 0.96.

PARA RECORDAR...

El factor de apilamiento se aplica para tener en cuenta la no idealidad a la hora de montar las chapas una sobre otra.

En la Figura 2.41, se puede ver de forma gráfica con qué se corresponde el valor calculado de la sección con el núcleo magnético, donde se ha realizado un corte transversal en la columna central.

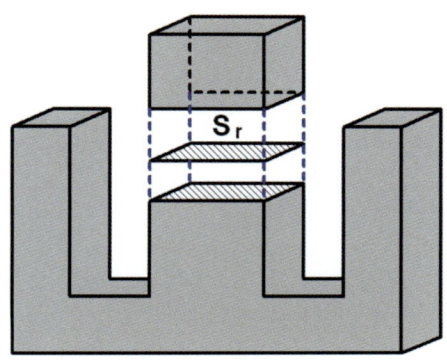

Figura 2.41
Sección del núcleo del transformador.

EJEMPLO 13

Calcula la sección del núcleo de un transformador monofásico de 230/50 V (tensión del primario a 230 V y la del secundario a 50 V) de 400 VA (potencia):

Se calcula la sección neta utilizando la siguiente ecuación, pero antes hay que conocer el valor de k, que se obtiene de la Tabla 2.4 con un valor de 0.9:

$$S_n = k \cdot \sqrt{P} = 0.9 \cdot \sqrt{400} = 18 \ cm^2$$

A partir del valor obtenido, se calcula la sección real aplicando 0.96:

$$S_r = \frac{S_n}{F_a} = \frac{18}{0.96} = 18.76 \ cm^2$$

Elección de la chapa

Las dimensiones de la chapa magnética de los transformadores se establecen en función de la potencia que tienen que disipar (apartado anterior) y, sabiendo la sección que tiene que cumplir, se escoge entre los valores normalizados uno que pueda cumplir la siguiente condición, con las unidades en mm (ver Figura 2.42):

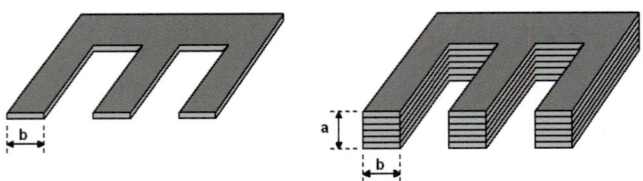

Figura 2.42
Ejemplo para la medida de las chapas del transformador.

Como las chapas son más estrechas que el grosor final del transformador, se apilarán un conjunto de chapas. Para su elección, se puede utilizar la siguiente ecuación para obtener el lado b (Figura 2.42), y se escogerá el inmediatamente superior al calculado:

$$b = \sqrt{S_r}\ [cm] = 10 \cdot \sqrt{S_r}\ [mm]$$

PARA RECORDAR...

El valor calculado de b se consultará con las hojas de características de la chapa; por ejemplo, si se consulta la Tabla 2.5 con su correspondiente Figura 2.43, dicho valor se corresponderá con la columna A. Para ello, habrá que realizar la conversión de cm a mm.

Los fabricantes utilizan formatos de chapa normalizados para transformadores monofásicos. En la Tabla 2.5, se muestra una tabla donde se recogen las medidas normalizadas (DIN E41-302) de las chapas magnéticas para la construcción de pequeños transformadores monofásicos, cuyas medidas vienen expresadas en mm (cotejar medidas con la Figura 2.43).

PARA RECORDAR...

El valor de RC se corresponde a la medida de la columna central (columna A de la Tabla 2.5).

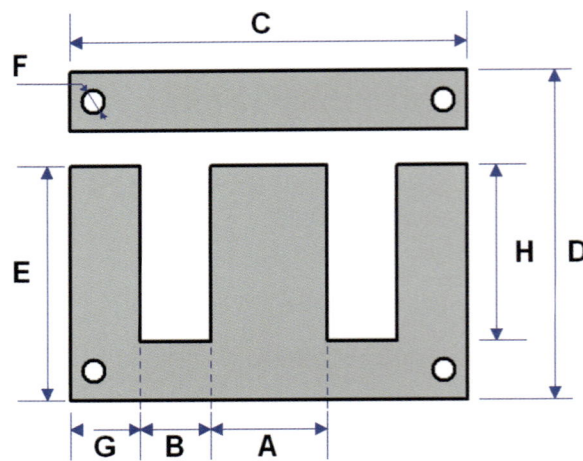

Figura 2.43
Referencias en las chapas según la Tabla 2.5.

RC	A	B	C	D	E	F	G	H
20	20	10	60	50	40	4	10	30
22	22	11	61	55	44	4	11	33
25	25	12.5	75	62.5	50	5	12.5	37.5
28	28	14	84	70	56	6	14	42
32	32	16	96	80	64	6	16	48
36	36	18	108	90	72	6	18	54
38	38	19	114	95	76	5.5	19	57
40	40	20	120	100	80	7	20	60
42	42	21	126	105	82	6	21	63
50	50	25	150	125	100	8	25	75
60	60	30	180	150	120	9	30	90
64	64	32	192	160	128	9	32	96
70	70	186	220	190	150	11	40	150
80	80	220	250	215	170	11.5	45	170
90	90	225	270	225	180	11	45	180
100	100	200	300	250	200	9	50	200

Tabla 2.5
Ejemplo de selección de chapas magnéticas para transformadores monofásicos.

PARA RECORDAR...

La elección de la chapa puede venir determinada por la disponibilidad. También se puede recurrir a la reutilización de viejos o estropeados transformadores para aprovechar las chapas metálicas, con los mismos resultados.

De la misma forma que en la Tabla 2.5 se indican las chapas utilizadas en transformadores monofásicos, en la Tabla 2.6 se indican para transformadores trifásicos. El tipo de chapa tiene la misma forma; la diferencia radica en las medidas en B, donde en los monofásicos es menor que A, y en los trifásicos es igual que A (comparar los valores de las Tablas 2.5 y 2.6). Además, se incluye de forma gráfica la representación de la chapa en la Figura 2.44 sobre la que hay que cotejar las medidas de la Tabla 2.6.

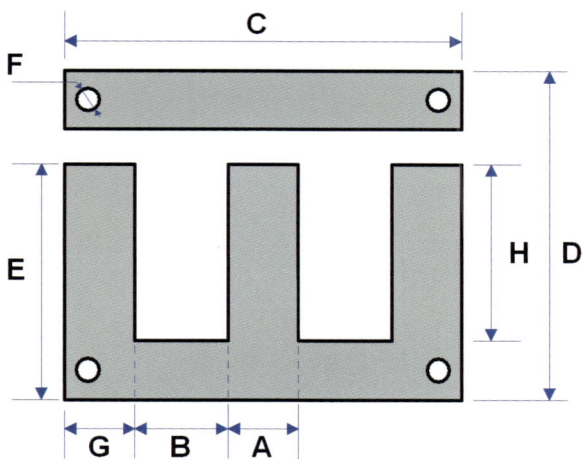

Figura 2.44
Referencias en las chapas según la Tabla 2.6.

RC	A	B	C	D	E	F	G	H
40	40	40	200	200	160	11	40	120
50	50	50	250	250	200	11,5	50	150
60	60	60	300	300	240	13	60	180
70	70	70	350	350	280	14	70	210
80	80	80	400	400	320	14,5	80	240
100	100	100	500	500	370	16	100	270

Tabla 2.6
Ejemplo de selección de chapas magnéticas para transformadores trifásicos.

PARA SABER MÁS…

QR para ver el catálogo de chapas comerciales. Las medidas vienen en pulgadas ("), por lo que hay que saber que 1 pulgada son 25.4 milímetros.

EJEMPLO 14

Elija una chapa para un transformador monofásico cuya sección del núcleo magnético es de 18.76 cm².

Aplicando la siguiente ecuación, se puede ver la relación entre los lados de la columna central de la chapa sabiendo que la sección del núcleo son 1876 mm² (hay que realizar la conversión a mm², puesto que los valores de la tabla se indican en mm):

$$1876 = a \cdot b \ [mm^2]$$

Como no se conoce el valor de a, que se obtendrá más adelante cuando se apilen una serie de chapas, se toma como referencia el siguiente valor:

$$b = \sqrt{S_r} = \sqrt{1876} = 43.3 \ mm$$

También se podría haber calculado utilizando cm² y después realizando la conversión a mm:

$$b = \sqrt{S_r} = \sqrt{18.76} = 4.33 \ cm = 43.3 \ mm$$

Como se trata de un transformador monofásico, se consulta la Tabla 2.5 (columna A) para elegir una chapa RC50.

Elección del carrete

La elección del carrete irá en función de la chapa elegida y la sección real (ver Figura 2.45). Se elige un carrete, puesto que según cuantas chapas se apilen se obtendrá una sección u otra, que vendrá determinado por la altura (H):

$$S_r = A \cdot H \ [cm^2] \Rightarrow H = \frac{S_r}{A} \ [cm]$$

donde:

☐ *A*: dimensión de la parte central de la chapa, en cm². Si se quiere consultar la tabla de las hojas de características, se realizará la conversión a mm (10 mm son 1 cm, y 100 mm² son 1 cm²).

☐ *H*: altura interior del carrete en función del tipo de chapa elegida, en cm, aunque en las hojas de características aparecerá este valor en mm.

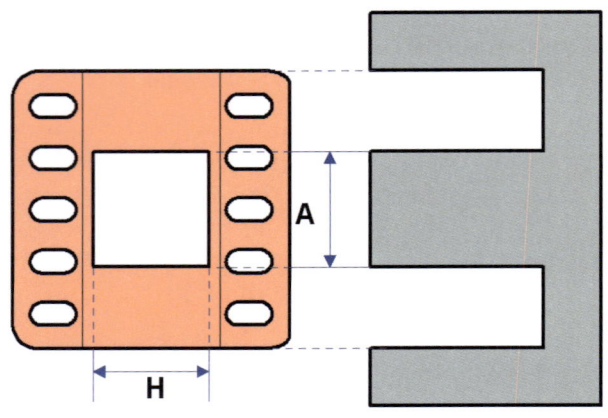

Figura 2.45
Referencias entre las chapas elegidas y el carrete.

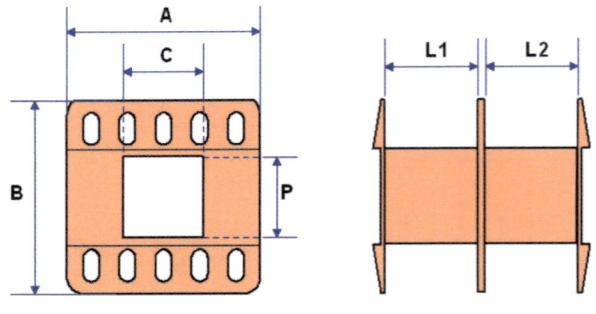

Figura 2.46
Referencias de las medidas de la Tabla 2.7.

PARA RECORDAR...

Hay que tener en cuenta que los valores de la Tabla 2.6 vienen indicados en mm, por lo que habrá que realizar la conversión.

PARA SABER MÁS...

QR para ver el catálogo de carretes comerciales, con sus características térmicas.

MODELO	A [mm]	B [mm]	C [mm]	P [mm]	L1 [mm]	L2 [mm]
20X20 PH SS	38.5	45.0	20.5	20.0	- -	- -
22X22 PH SS	43.5	50.0	22.5	22.0	13.0	16.0
22X25 PH SS	43.5	52.8	22.5	25.0	13.0	16.0
22X30 PH SS	43.5	53.0	22.5	30.0	13.0	16.0
25X25 PH SS	48.5	55.0	25.5	25.5	15.5	18.0
25X30 PH SS	48.5	60.0	25.5	30.5	15.5	18.0
25X40 PH SS	48.5	70.0	25.5	40.5	15.5	18.0
28X28 PH SS	54.0	59.0	28.5	29.0	16.5	19.5
28X30 PH SS	54.0	62.0	28.5	31.0	16.5	19.5
28X40 PH SS	54.0	72.0	28.5	41.0	16.5	19.5
28X50 PH SS	54.0	82.0	28.5	51.0	16.5	19.5
32X25 PH SS	60.8	64.0	32.80	25.0	21.0	21.0
32X40 PH SS	60.8	79.5	32.80	40.8	21.0	21.0
32X50 PH SS	60.8	89.5	32.80	50.8	21.0	21.0
32X60 PH SS	60.8	99.5	32.80	60.8	21.0	21.0
32X70 PH SS	60.8	104.5	32.80	70.8	21.0	21.0
40X40 PH SS	76.8	87.0	41.0	40.8	27.0	27.0
40X50 PH SS	76.8	97.0	41.0	50.8	27.0	27.0
40X60 PH SS	76.8	107.0	41.0	60.8	27.0	27.0
40X70 PH SS	76.8	117.0	41.0	70.8	27.0	27.0
40X80 PH SS	76.8	127.0	41.0	80.8	27.0	27.0

Tabla 2.7
Ejemplo de medidas del carrete de plástico para transformador monofásico a partir de las hojas de características comerciales (cortesía de Prodin Ferrite).

PARA SABER MÁS...

QR para ver un catálogo con más ejemplos que el de la Figura 2.47.

En la Tabla 2.7 se muestran las dimensiones de un carrete, en concreto de las medidas entre A y H de la Figura 2.46. Dicho hueco será el utilizado para incluir los devanados del transformador. A dicho espacio se le suele denominar dimensiones de ventana. En la Figura 2.35, se muestra un ejemplo comercial para un carrete que se utiliza para las siguientes chapas: RC20, RC22, RC25, RC40, RC50, RC60 y RC70 (ver medida de la columna central de la chapa). En la Tabla 2.7 se incluyen todas las medidas (las cuales vienen indicadas en milímetros), tal y como se representan en las hojas de características de algunos modelos comerciales, escogiendo el valor de la columna P para la medida de la columna central de la chapa.

En la Figura 2.47 se muestra otro ejemplo comercial de carrete, tal como se puede consultar en un catálogo, donde se han incluido las medidas en milímetros, siendo la columna b de la tabla la que habría que consultar, y que fuera acorde a la columna central de la chapa. Este segundo ejemplo se ha mostrado porque hay que tener especial cuidado al consultar las tablas, puesto que las referencias a las medidas no están normalizadas, y puede inducir una confusión en la elección.

EI 150 BOBBINS

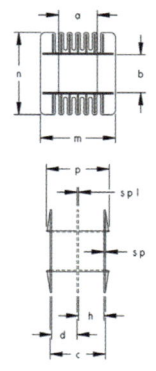

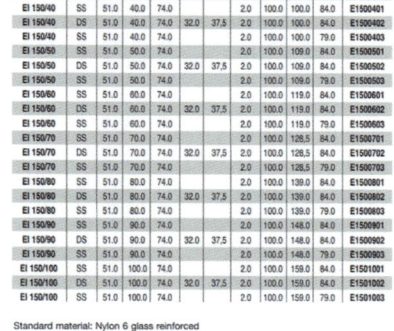

Bobbin Size	Type	a	b	c	d	h	sp/spl	m	n	p	Part No
EI 150/40	SS	51.0	40.0	74.0			2.0	100.0	100.0	84.0	E1500401
EI 150/40	DS	51.0	40.0	74.0	32.0	37,5	2.0	100.0	100.0	84.0	E1500402
EI 150/40	SS	51.0	40.0	74.0			2.0	100.0	100.0	79.0	E1500403
EI 150/50	SS	51.0	50.0	74.0			2.0	100.0	109.0	84.0	E1500501
EI 150/50	DS	51.0	50.0	74.0	32.0	37,5	2.0	100.0	109.0	84.0	E1500502
EI 150/50	SS	51.0	50.0	74.0			2.0	100.0	109.0	79.0	E1500503
EI 150/60	SS	51.0	60.0	74.0			2.0	100.0	119.0	84.0	E1500601
EI 150/60	DS	51.0	60.0	74.0	32.0	37,5	2.0	100.0	119.0	84.0	E1500602
EI 150/60	SS	51.0	60.0	74.0			2.0	100.0	119.0	79.0	E1500603
EI 150/70	SS	51.0	70.0	74.0			2.0	100.0	128.5	84.0	E1500701
EI 150/70	DS	51.0	70.0	74.0	32.0	37,5	2.0	100.0	128.5	84.0	E1500702
EI 150/70	SS	51.0	70.0	74.0			2.0	100.0	128.5	79.0	E1500703
EI 150/80	SS	51.0	80.0	74.0			2.0	100.0	139.0	84.0	E1500801
EI 150/80	DS	51.0	80.0	74.0	32.0	37,5	2.0	100.0	139.0	84.0	E1500802
EI 150/80	SS	51.0	80.0	74.0			2.0	100.0	139.0	79.0	E1500803
EI 150/90	SS	51.0	90.0	74.0			2.0	100.0	148.0	84.0	E1500901
EI 150/90	DS	51.0	90.0	74.0	32.0	37,5	2.0	100.0	148.0	84.0	E1500902
EI 150/90	SS	51.0	90.0	74.0			2.0	100.0	148.0	79.0	E1500903
EI 150/100	SS	51.0	100.0	74.0			2.0	100.0	159.0	84.0	E1501001
EI 150/100	DS	51.0	100.0	74.0	32.0	37,5	2.0	100.0	159.0	84.0	E1501002
EI 150/100	SS	51.0	100.0	74.0			2.0	100.0	159.0	79.0	E1501003

Standard material: Nylon 6 glass reinforced

Dimensions in millimetres

Amplíe la figura aquí

Figura 2.47
Ejemplo de carrete comercial
(cortesía de Itaca Magnetic Materials).

Cálculo del número de chapas

El número de chapas se obtendrá en función del hueco del carrete y el espesor de las chapas (ver Figura 2.48):

$$N_{chapas} = \frac{H}{e}$$

donde:

- N_{chapas}: es el número de chapas que constituirán el núcleo.

- e: es el espesor de cada una de las chapas, en mm. El valor característico es de 0.5 mm.

- H: altura interior del carrete (figura 2.45).

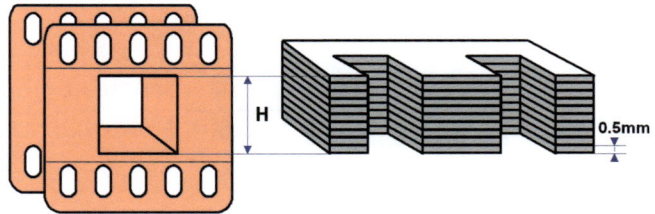

Figura 2.48
Representación del cálculo del número de chapas según el carrete.

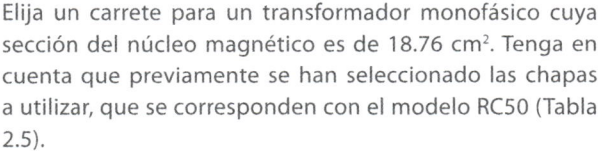

EJEMPLO 15

Elija un carrete para un transformador monofásico cuya sección del núcleo magnético es de 18.76 cm². Tenga en cuenta que previamente se han seleccionado las chapas a utilizar, que se corresponden con el modelo RC50 (Tabla 2.5).

Se realiza la conversión a mm² de la sección del núcleo magnético, puesto que las medidas suelen venir indicadas en mm.

$$Sr = 18.76 \ cm^2 = 1876 \ mm^2.$$

A continuación, se consulta la tabla para obtener las medidas de la chapa para obtener el valor de A.

$$A = 50 \ mm \ (Tabla \ 2.5).$$

Se sustituyen las incógnitas en la ecuación para obtener el valor de H:

$$H = \frac{S_r}{A} = \frac{1876}{50} = 37.5 \ mm$$

En este punto, habría que consultar las hojas de características para elegir un carrete que cumpliera dicha condición. En este caso, se podrían consultar los ejemplos comerciales de la Tabla 2.7 y elegir el modelo:

$$40X50 \ PH \ SS.$$

El modelo elegido tiene una sección para el núcleo de 20 cm² (2000 mm²), que se corresponde a un valor superior al de inicio (calculado en ejemplos anteriores).

EJEMPLO 16

Calcular el número de chapas para un transformador monofásico cuya sección del núcleo magnético es de 20 cm² para el que se ha utilizado un carrete modelo 40X50 PH SS y chapas RC50 con un espesor de 0.5 mm.

A partir de los datos del enunciado, se calcula el número de chapas, sabiendo que el modelo 40X50 PH SS tiene el valor de H en 50.8 (Valor de P de la tabla 2.7, ver correspondencia entre la figura 2.45 y 2.46), aunque se redondea a 50, la diferencia es para facilitar el montaje.

$$N_{chapas} = \frac{H}{e} = \frac{50}{0.5} = 100 \ chapas$$

Número de espiras

Para determinar el número de espiras del primario y del secundario, se tendrá en cuenta la relación entre espiras y tensión. Para ello, se utiliza la siguiente ecuación:

$$V = 4.44 \cdot N \cdot f \cdot \beta_{max} \cdot S_{núcleo} \ [V]$$

$$\frac{N}{V} = \frac{1}{4.44 \cdot f \cdot \beta_{max} \cdot S_{núcleo}} \left[\frac{espiras}{voltio}\right]$$

donde:

□ *f*: es la frecuencia, en Hz. Principalmente, como se realiza para la red de baja tensión, podrá tomar los valores de 50 Hz o 60 Hz.

□ β_{max}: inducción magnética máxima, en Gauss (G). Puede tomar valores de entre 9000 a 16 000 G.

□ $S_{núcleo}$: sección real del núcleo calculada en el apartado anterior, en cm², en la cual se ha incluido el factor de apilamiento.

□ *V*: es el voltaje, tanto del primario como del secundario.

□ *N*: es el número de espiras, tanto del primario como del secundario.

En el caso de disponer del valor de inducción magnética en tesla (T), hay que saber que 1 Tesla son 10 000 Gauss (G). Por lo tanto, podrá tomar valores de 0.9 a 1.6 T. La ecuación se podría actualizar de la siguiente forma:

$$\frac{N}{V} = \frac{1}{4.44 \cdot f \cdot \beta_{max} \cdot S_{núcleo} \cdot 10^{-4}} \left[\frac{espiras}{voltio}\right]$$

PARA RECORDAR...

Como recordatorio, hay que indicar que 1 T es igual a 1 W/m², puesto que puede aparecer dicho valor de unidades en distintas hojas de características o bibliografías.

En algunos métodos se utiliza una tabla (Tabla 2.8), que relaciona la sección del núcleo magnético con el valor de las espiras por cada voltio.

Sección (cm²)	16	18	19.8	21	24	25	26	27
E/V	2.6	2.3	2.2	1.9	1.8	1.7	1.65	1.62

Tabla 2.8
Espiras por voltio en función de la sección del núcleo magnético.

Así pues, el número de espiras del primario (N_1) y del secundario (N_2) se obtiene multiplicando el coeficiente $\frac{N}{V}$ por la tensión del primario (V_1) y secundario (V_2), respectivamente:

$$N_1 = \frac{N}{V} \cdot V_1 \ [espiras] \quad N_2 = \frac{N}{V} \cdot V_2 \ [espiras]$$

EJEMPLO 17

Calcular el número de espiras del devanado primario y secundario de un transformador monofásico de 400/50 V y una potencia de 400 VA, donde se utilizan chapas con una inducción de 1.2 T, sabiendo que se conectará a la red monofásica de 50 Hz.

En un cálculo previo se ha obtenido que la sección del núcleo es de 20 cm².

Conocida la sección, la inducción y la frecuencia, se puede obtener el valor de N/V:

$$\frac{N}{V} = \frac{1}{4.44 \cdot f \cdot \beta_{max} \cdot S_{núcleo} \cdot 10^{-4}}$$

$$= \frac{1}{4.44 \cdot 50 \cdot 1.2 \cdot 20 \cdot 10^{-4}}$$

$$= 1.88 \ espiras/voltio$$

A partir del valor de las N/V, se obtiene el número de espiras del primario (N_1) y del secundario (N_2) en función de las tensiones del primario (V_1) y del secundario (V_2):

$$N_1 = \frac{N}{V} \cdot V_1 = 1.88 \cdot 400 = 752 \ espiras$$

$$N_2 = \frac{N}{V} \cdot V_2 = 1.88 \cdot 50 = 94 \ espiras$$

Intensidad del arrollamiento

En función de la potencia aparente del transformador (S) con la tensión del primario (V_1) y secundario (V_2), se puede calcular la corriente eléctrica del primario (I_1) y del secundario (I_2), respectivamente:

$$I_1 = \frac{S}{V_1} \ [A] \quad I_2 = \frac{S}{V_2} \ [A]$$

EJEMPLO 18

Calcular la intensidad del primario y del secundario de un transformador monofásico de 400/50 V y una potencia de 400 VA.

Conocida la potencia aparente (S) y las tensiones del primario (V_1) y del secundario (V_2), se calcula la intensidad del primario (I1) y del secundario (I_2):

$$I_1 = \frac{S}{V_1} = \frac{400}{400} = 1 A \Leftrightarrow I_2 = \frac{S}{V_2} = \frac{400}{50} = 8 A$$

Sección de los conductores

Para el cálculo de la sección de los conductores de cada uno de los devanados (S_1) y secundario (S_2), se tendrá en cuenta la relación entre la densidad de corriente (D) y la intensidad del primario (I_1) y del secundario (I_1), respectivamente:

$$S_1 = \frac{I_1}{J} \ [mm^2] \quad S_2 = \frac{I_2}{J} \ [mm^2]$$

La densidad de corriente (J) se define como la cantidad de corriente (I) que lo recorre por unidad de superficie (S).

$$J = \frac{I}{S} \left[\frac{A}{mm^2}\right]$$

Por lo tanto, la densidad de corriente que deberá presentar cada uno de los conductores de los devanados dependerá de la potencia del transformador. Se pueden utilizar los valores de la Tabla 2.9.

Potencia aparente (VA)	10-50	51-100	101-200	201-500	501-1000	1001-1500
D (A/mm²)	4	3.5	3	2.5	2	1.5

Tabla 2.9
Cálculo de la densidad de corriente en función de la potencia del transformador.

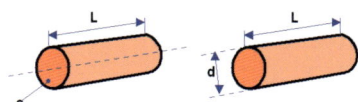

L: longitud del conductor
S: Área o sección transversal (mm²)
d: diámetro conductor (mm)

Figura 2.49
Representación del diámetro y sección de un hilo.

Amplíe la figura aquí

En la Tabla 2.10 se muestran los valores de diámetros comerciales de conductores esmaltados ordenados de menor a mayor diámetro en mm.

Diámetros hilos esmaltados [mm]									
0.1	0.2	0.3	0.4	0.5	0.6	0.7	0.8	0.9	1.0
1.1	1.2	1.3	1.4	1.5	1.6	1.7	1.8	1.9	2.0
2.1	2.2	2.3	2.4	2.5	2.6	2.7	2.8	2.9	3.0

Tabla 2.10
Valores de diámetros comerciales de hilos esmaltados utilizados en el montaje de transformadores.

EJEMPLO 19

Calcular la sección de los conductores a utilizar en un transformador monofásico de 400/50 V y una potencia de 400 VA..

El valor de la densidad de corriente se escoge a partir de los datos de la Tabla 2.9; en este caso, para una potencia de 400 VA se toma el valor de 2.5 A/mm². Los valores de intensidad se han calculado en el ejemplo 18. Conocida la intensidad del primario (I_1) y del secundario (I_2), y la densidad de corriente (J), se obtiene la sección del primario (S_1) y del secundario (S_2):

$$S_1 = \frac{I_1}{J} = \frac{1}{2.5} = 0.4 \ mm^2 \quad S_2 = \frac{I_2}{J} = \frac{8}{2.5} = 3.2 \ mm^2$$

Diámetro del hilo

Para calcular el diámetro del hilo (ver Figura 2.49) de cada uno de los devanados, se utilizará la siguiente ecuación. A partir de la sección del primario (S_1) y del secundario (S_2) en mm², se obtendrá el diámetro del primario (d_1) y secundario (d_2) en mm, respectivamente:

$$d_1 = \sqrt{\frac{4 \cdot S_1}{\pi}} \ [mm] \quad d_2 = \sqrt{\frac{4 \cdot S_2}{\pi}} \ [mm]$$

EJEMPLO 20

Calcular el diámetro de los hilos a utilizar en un transformador monofásico de 400/50 V y una potencia de 400 VA.

Los valores de sección se han calculado en el ejemplo 19. A partir de la sección del primario (S_1) y del secundario (S_2), se obtienen el diámetro de los hilos a utilizar en el primario (d_1) y en el secundario (d_2):

$$d_1 = \sqrt{\frac{4 \cdot S_1}{\pi}} = \sqrt{\frac{4 \cdot 0.4}{\pi}} = 0.71 \ mm$$

$$d_2 = \sqrt{\frac{4 \cdot S_2}{\pi}} = \sqrt{\frac{4 \cdot 3.2}{\pi}} = 2.01 \ mm$$

A partir de los valores comerciales de la Tabla 2.10, se escogen los siguientes diámetros:

$$(d_1 = 0.8 \ mm \quad d_2 = 2.0 \ mm)$$

Transformadores trifásicos

El transformador trifásico se calcula considerando que cada una de las columnas se comporta como un transformador monofásico. Con esta premisa, hay que tener en cuenta que la potencia que aparece en las hojas de características corresponde a la suma de las 3 potencias parciales, una por fase o columna. Entonces, para conocer la potencia de cada columna, se divide la potencia total (P_{III}) por el número de columnas (3), tanto la activa (P) como la aparente (S). En este caso, se tendrá en cuenta la potencia aparente.

$$S_{III} = S_{f1} + S_{f2} + S_{f3} \ [VA]$$

$$S_{fase} = \frac{S_{III}}{3} \ [VA]$$

Respecto a la sección del núcleo, hay que tener en cuenta que las tres columnas tendrán la misma sección. Por lo tanto, habrá que tener en cuenta que la tensión de cada bobinado se corresponde con la tensión de fase y la configuración (establece la relación de tensión con la tensión de línea), realizando el proceso tanto en el primario como en el secundario.

Es decir, que se verá modificado según el tipo de configuración de los devanados, ya sean en configuración de estrella o de triángulo.

Para el cálculo de la sección del núcleo, se utiliza la siguiente ecuación:

$$S_n = 0.7 \cdot \sqrt{S} \ [cm^2]$$

Hay que tener en cuenta que para el carrete se escogerán 1 por cada columna, de tal forma que al consultar los datos de la chapa de la Tabla 2.6, se puede ver que son mucho más altos (columna E) que para los monofásicos que se muestran en la Tabla 2.5. A modo de ejemplo, se puede ver en la Figura 2.50 un transformador trifásico y en la Figura 2.51 los carretes utilizados en transformadores trifásicos.

Figura 2.50
Transformador trifásico que ocupa las 3 columnas
(cortesía de Waltrans transformadores).

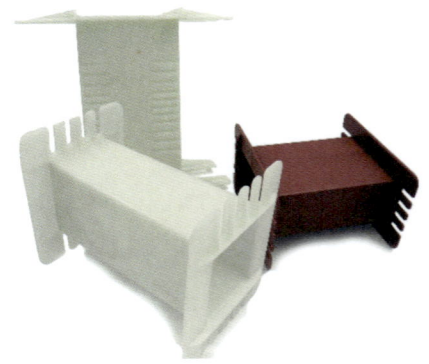

Figura 2.51
Carrete para transformador trifásico
(cortesía de Prodin Ferrite).

─── **PARA SABER MÁS...** ───

QR para ver un catálogo de carretes comerciales trifásicos para una altura de 120 mm de la página de Prodin Ferrite.

Cálculo del hueco para los devanados

Un aspecto a tener en cuenta, sobre todo en los transformadores trifásicos, es que se necesita hueco para incluir todas las espiras. Por lo tanto, se debe conocer el hueco necesario donde se alojará el devanado, y este debe ser mayor que el ocupado. Se puede conocer el espacio ocupado por el número de espiras y el diámetro de hilo primero sabiendo cuantos hilos caben en una fila (todos seguidos uno detrás de otro) y, después, cuántas columnas hasta completar el número total de espiras.

$$filas \ de \ hilos \leq \frac{Alto \ del \ carrete}{diámetro \ del \ hilo}$$

$$número \ de \ columnas \geq \frac{N}{filas \ de \ hilos}$$

Una vez se conoce el número de columnas, se puede calcular el ancho que ocupará el devanado:

$$Ancho \ del \ devanado$$
$$= número \ de \ columnas$$
$$\cdot \ diámetro \ del \ hilo$$

El resultado debe ser menor que el espacio disponible, teniendo en cuenta que se tienen que sumar el devanado del primario y del secundario.

Ancho del devanado total
 = Ancho devanado primario
 + Ancho devanado secundario

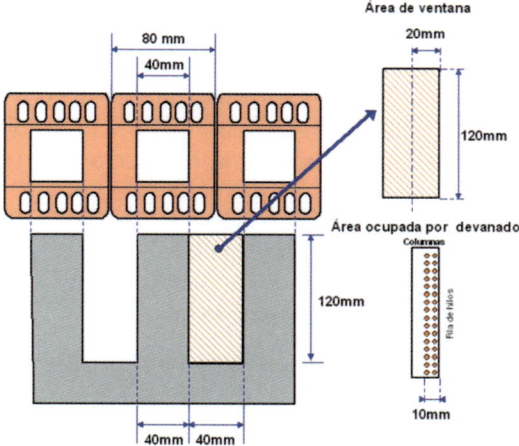

Figura 2.52
Área de ventana ocupada por los devanados
en un transformador trifásico.

EJEMPLO 21

Calcular el espacio que ocuparían los devanados de un transformador trifásico con 544 espiras del primario y 332 espiras del secundario, con diámetros de 1 mm y 1.2 mm respectivamente.

El carrete utilizado es el de 40X40X120, que, como debe tener espacio para los devanados de dos fases, y teniendo en cuenta que la chapa es la utilizada en la Figura 2.52 y el carrete el de la Figura 2.53 (medidas en Tabla 2.12), dispone de un hueco de 40 mm que, al repartirse entre dos, acaba siendo un hueco de 20 mm para cada devanado (cada carrete).

1. Cálculo en el primario:
Se calcula el número de filas que caben en el carrete:

$$filas\ de\ hilos \leq \frac{Alto\ del\ carrete}{diámetro\ del\ hilo} \leq \frac{120}{1}$$
$$= 120\ filas\ por\ hilos$$

$$número\ de\ columnas \geq \frac{N}{filas\ de\ hilos} \geq \frac{544}{120} = 4.53$$
$$\Rightarrow 5\ filas$$

Y el espacio ocupado:
Ancho del devanado=número de columnas·diámetro del hilo=5·1=5 mm

2. Cálculo en el secundario:
Se calcula el número de filas que caben en el carrete:

$$filas\ de\ hilos \leq \frac{Alto\ del\ carrete}{diámetro\ del\ hilo} \leq \frac{120}{1.3} = 92.31$$
$$\Rightarrow 92\ filas\ por\ hilos$$

$$número\ de\ columnas \geq \frac{N}{filas\ de\ hilos} \geq \frac{332}{92} = 3.60$$
$$\Rightarrow 4\ filas$$

Y el espacio ocupado:
Ancho del devanado=número de columnas·diámetro del hilo=4·1.3=5.2 mm

3. Ancho total de ambos devanados:

Ancho del devanado total=Ancho devanado primario+Ancho devanado secundario=5+5.5=10.2 mm

El área ocupada es menor de 20 mm, por lo que se puede realizar dicho transformador.

En la Figura 2.52, se muestra de forma gráfica el proceso del cálculo de hueco del devanado en un transformador trifásico, tomando los valores de medida del ejemplo 21.

2.6 Mantenimiento y reparación de máquinas estáticas: transformador

Introducción

Los sistemas de protección que se utilizan en los transformadores dependen en gran medida de la potencia, el tamaño, la aplicación y la importancia que tiene la máquina dentro del sistema eléctrico donde estén instalados.

Debido a la importancia que suelen tener los transformadores en los sistemas o las instalaciones eléctricas donde se instalan, es necesario establecer dispositivos de protección y planes de mantenimiento que aseguren el buen funcionamiento e integridad de la máquina.

Técnicas de mantenimiento

Las máquinas eléctricas estáticas son elementos eficaces y con un bajo índice de averías, lo cual se debe fundamentalmente a la robustez de su constitución. No obstante, existen varios factores que justifican que el mantenimiento de dichas máquinas sea una tarea más que necesaria:

☐ El elevado número de horas de funcionamiento continuado que deben soportar.

☐ La importancia de estas máquinas dentro del sistema eléctrico donde se instalan (planta industrial, centro de transformación, etc.), por lo que, si una de ellas se estropease, dicha falla podría provocar graves repercusiones en ese sistema.

En general, los tipos de mantenimiento que se suelen ejecutar sobre las máquinas eléctricas son:

☐ Mantenimiento correctivo

☐ Mantenimiento preventivo

☐ Mantenimiento predictivo

Mantenimiento correctivo

El mantenimiento correctivo es aquel que se efectúa cuando se ha producido la avería, por lo que suele suponer la parada repentina de la máquina o la instalación. Dentro de este tipo de mantenimiento se pueden distinguir dos enfoques diferentes:

☐ Mantenimiento **paliativo**: consiste en la reposición inmediata del funcionamiento, aunque no sea eliminada la causa que ocasionó la falla.

☐ Mantenimiento curativo o de **reparación**: consiste en reparar la falla, eliminando la causa o fuente que provocó el fallo.

Ventajas:

☐ Si el equipo está preparado, la intervención de mantenimiento puede ser rápida y la reposición, en muchos casos, se puede efectuar en el menor tiempo posible.

☐ No es necesario establecer una infraestructura amplia y compleja; esta dependerá del equipo de mantenimiento, y el resultado de la reparación dependerá fundamentalmente de su experiencia y competencia, más que de la capacidad de análisis o estudio de la falla que se produzca.

☐ Es rentable en equipos y sistemas que no intervienen directamente en la producción, donde la implantación de otro plan de mantenimiento resultaría muy poco económica.

Desventajas:

☐ Se producen paradas y daños imprevistos en la producción, lo que puede afectar seriamente al rendimiento del sistema.

☐ De calidad menor respecto a tareas de mantenimiento programadas, debido a la rapidez y carácter repentino de la intervención.

☐ Se puede crear el hábito de trabajar de manera defectuosa, puesto que puede generar averías con el tiempo, debido a la prioridad de reposición del suministro.

Mantenimiento predictivo

El mantenimiento predictivo se basa en predecir el fallo antes de que aparezca, por lo que la finalidad de este tipo de mantenimiento consiste en conocer el fallo justo antes de que se produzca.

Por lo general, dicha predicción se consigue cuando el equipo, la máquina o el sistema dejan de trabajar en sus condiciones óptimas de funcionamiento. Para conseguir esto se utilizan herramientas, sistemas y técnicas de monitorización de los diversos parámetros físicos relacionados con el estado y el funcionamiento de la máquina o el proceso que se desee controlar.

Ventajas:

☐ La intervención se realiza antes de que se produzca la falla.

☐ Permite obtener datos técnicos para conocer la naturaleza de la avería.

Desventajas:

☐ Su implantación requiere una inversión económica inicial considerable, ya que el coste de los equipos de monitorización y análisis suele ser elevado.

☐ Será necesario disponer de personal para realizar las lecturas e interpretarlas correctamente, por lo que requiere un conocimiento técnico elevado de la materia.

En los transformadores de potencia, se deberá disponer de herramientas y equipos que sean capaces de medir los parámetros necesarios que determinen el estado del sistema. Algunos de los parámetros más importantes que será necesario monitorizar y que proporcionará información acerca del estado del transformador serán:

☐ Relación de transformación

☐ Resistencia de los devanados

☐ Resistencia de los aislamientos

☐ Temperatura de los bobinados, aceite, conexiones, etc.

Mantenimiento preventivo

El mantenimiento preventivo tiene como objetivo reducir la envergadura de las reparaciones mediante inspecciones periódicas en las que se reparan o se reemplazan los elementos dañados.

Ventajas:

☐ Un buen conocimiento del transformador, basado en históricos (inspecciones anteriores) y realizado correctamente, permite controlar su estado y funcionamiento.

☐ La reducción del volumen de reparación supone también una reducción de gastos de producción, además de un incremento de la disponibilidad. Facilita una planificación del personal de mantenimiento y stock de recambios.

☐ Las tareas de mantenimiento pueden realizarse en el momento más propicio.

Desventajas:

☐ Requiere realizar un buen plan de mantenimiento que, a su vez, requiere:

  ☐ Importante inversión inicial, tanto en infraestructura como en mano de obra.

  ☐ Desarrollo de los planes de mantenimiento preventivos por parte de técnicos especializados. Si no se realizan correctamente, los costes puede sobrecargarse sin que se aprecien mejoras.

Herramientas y equipos para el mantenimiento

Para realizar cualquier trabajo de localización y reparación de averías en los transformadores, es necesario disponer de una serie de herramientas y equipos mínimos que permitan la realización de dichos trabajos de la manera más fiable y segura.

Herramientas:

- ☐ Juego de destornilladores (planos, de estrella)
- ☐ Alicates (universales, de boca plana, de boca redonda, pelacables)
- ☐ Llaves (fijas, ajustables, Allen)
- ☐ Tijeras de electricista
- ☐ Soldador eléctrico
- ☐ Detector de tensión (buscapolos), bobinadora

Equipos para medidas eléctricas:

- ☐ Multímetro o polímetro (medida de tensión, pequeñas intensidades y resistencias)
- ☐ Pinza amperimétrica (medida de grandes intensidades)
- ☐ Vatímetro (medida de potencias)
- ☐ Medidor de resistencia de aislamiento
- ☐ Medidor de rigidez dieléctrica
- ☐ Termómetro láser

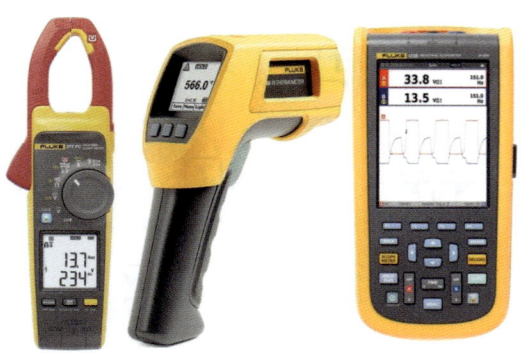

Figura 2.53
Amperímetro, termómetro a distancia y vatímetro
(cortesía de Fluke).

Documentación del mantenimiento

Para efectuar un buen control de las inspecciones, las reparaciones y demás tareas relacionadas con el mantenimiento de cualquier máquina eléctrica, es importante el realizar una serie de informes o fichas que indiquen los elementos que se han inspeccionado, el tiempo empleado y la tarea realizada.

En la Tabla 2.11 se muestra un ejemplo de ficha para realizar la inspección del mantenimiento en un transformador.

Ficha de mantenimiento de un transformador					
Plazos de mantenimiento	**Información general**				
Semanal	Identificación:	Características:	Fecha revisión:	Personal:	Notas revisión anterior:
Mensual					
Trimestral					
Anual					
Elemento	**Verificado**	**Repuesto**	**Sustituido**	**Fecha**	**Observaciones**
Devanados					
Conexiones					
Ventilación					
Tanque					
Aceite					
Herrajes					
Descripción del mantenimiento realizado:					

Tabla 2.11 Ejemplo de ficha de mantenimiento de un transformador.

Averías en transformadores

A continuación, se indican las averías más frecuentes en los transformadores:

- Disparo de la protección de sobreintensidad: debido a un cortocircuito en el lado del secundario o rotura de uno de los devanados, hay que buscar la avería (elemento que provoca cortocircuito) y, si es en el devanado, este se tiene que rebobinar.

- Disparo de la protección interna diferencial durante el funcionamiento del transformador. Puede ocurrir por dos motivos:

    - Fallo en el interior del transformador: hay que reparar el transformador, puesto que puede haber un defecto a masa.

    - Fallo en los transformadores de intensidad que se utilizan para hacer funcionar el relé diferencial: comprobar los transformadores de intensidad.

- Disparo erróneo durante el funcionamiento del transformador: estos fallos se producen por una mala regulación del disparo, una alarma de centralitas de temperatura, una operación incorrecta del termómetro (o en la sonda PTC), por una mala temporización de los relés o por cortocircuito en el lado secundario.

- Resistencia de aislamiento baja: puede ser debido a un fallo en la conexión a la toma de tierra o una deficiencia en el aceite de refrigeración del transformador.

- Tensión incorrecta en el secundario: suelen ser debidas a sobretensiones o ausencia de tensión en el lado primario.

- Pérdida de la simetría en tensiones secundarias: suelen ocurrir por errores en conexiones con alguna de las fases, rotura de un bobinado, ausencia de tensión en alguna de las fases del lado primario. La solución pasa por conectar las fases correctamente. Si existe un devanado roto, hay que repararlo; en el caso de fallo de una fase, hay que ponerse en contacto con la empresa suministradora de energía.

- Temperaturas elevadas (uso de termografía): revisar conexiones del transformador. Si se detectan, hay que limpiar los terminales y contactos, además de realizar un reapriete.

- Alarma por disparo del termómetro del devanado y/o aceite de refrigeración a temperatura elevada (en el caso de transformadores de aislamiento seco, alarma y disparo de las centralitas de temperatura). Debido a una mala ventilación del transformador o ventilación insuficiente o transformador trabajando sobrecargado, o temperatura del aceite demasiada alta. Por lo tanto, habrá que comprobar los sistemas de ventilación, sobre todo las rejillas que pueden estar obstruidas, o que no exista una sobrecarga.

- Defectos a masa-tierra.

La mayoría de las averías se producen en las conexiones eléctricas del transformador; estas se contabilizan en un 80 % de los casos, por lo que hay que ser consciente a la hora de realizar las tareas de mantenimiento.

Comprobaciones de aislamiento

Consiste en medir la resistencia de aislamiento entre los devanados y el núcleo. Para ello, se utiliza el medidor de aislamiento o megóhmetro (megger), que proporciona un valor resistivo muy elevado (unidades de MΩ). Un valor resistivo bajo indicará un problema de aislamiento (Figura 2.54).

Estas medidas se realizan en el transformador desconectado de la red de alimentación y de la carga.

Figura 2.54
Medidor de aislamiento de hasta 15 kV y 0.1 TΩ (cortesía de Amperis).

Amplíe la figura aquí

Comprobación de derivaciones entre devanados

La comprobación de resistencia de aislamiento entre devanados del primario y secundario se realiza cortocircuitando la entrada y la salida, y realizando la medida entre entrada y salida (Figura 2.55). Una medida baja indica una conexión entre bobinado primario y secundario.

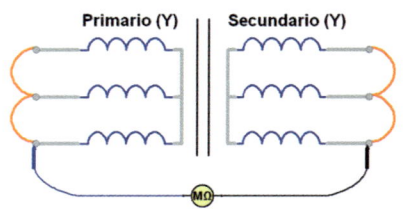

Figura 2.55
Conexionado del megóhmetro para verificar la posible derivación entre devanados.

Amplíe la figura aquí

PARA RECORDAR...

Una regla básica puede ser tomar un valor superior a 0.5 MΩ para transformadores viejos, y un valor superior a 2 MΩ para transformadores nuevos.

Comprobación de derivaciones a masa

La prueba de aislamiento entre núcleo y devanados se realiza manteniendo cortocircuitados los bornes del primario y secundario, y se realiza la media, por separado, primero del primario con el núcleo y después del secundario con el núcleo (Figura 2.56).

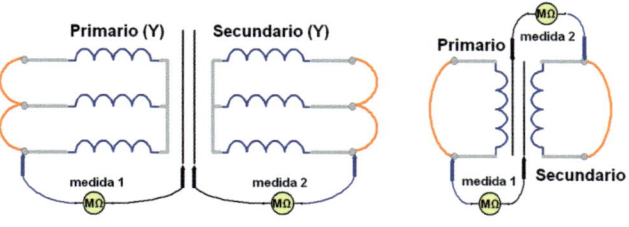

Amplíe la figura aquí

Figura 2.56
Conexionado del megóhmetro para verificar la posible derivación entre un devanado y masa (núcleo).

Las normas CEI (comité electrotécnico internacional) proporcionan una fórmula genérica para conocer la resistencia mínima de aislamiento de una máquina eléctrica:

$$R_{ais} \geq \frac{V}{P + 1\,000} \; [M\Omega]$$

donde:

□ R_{ais}: resistencia de aislamiento, en MΩ

□ V: tensión del devanado de mayor tensión

□ P: potencia de la máquina en kW

Nota: una regla básica puede ser tomar un valor superior a 0.5 MΩ para transformadores viejos, y un valor superior a 2 MΩ para transformadores nuevos.

Conductores cortados o medida de continuidad

La medida se realiza conectando el óhmetro entre los devanados primario y secundario, dando valores de resistencia muy pequeños (ver Figura 2.57). En el caso de que haya un cable cortado, la medida da un valor elevado o en circuito abierto identificará que en uno de los devanados hay un hilo cortado (ver Figura 2.58).

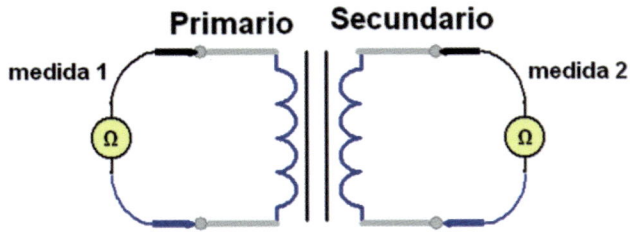

Figura 2.57
Conexionado del megóhmetro para verificar cables cortados.

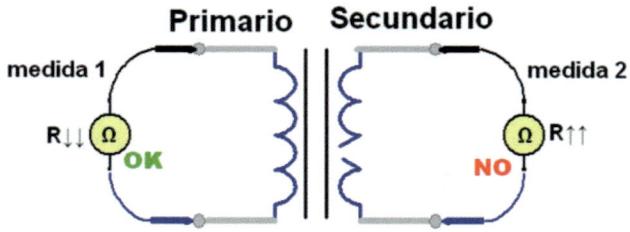

Figura 2.58
Ejemplo de circuito abierto en el devanado secundario.

En el caso de un posible fallo en los devanados, debido a un deterioro en el aislante del hilo que puede provocar que el devanado cambie su tamaño (cortocircuito dentro del del devanado), se ve modificado el número de espiras y, en consecuencia, la relación de transformación no se mantiene. Para detectar ese fallo: si se conoce el valor resistivo del devanado o se dispone de otro transformador con el que comparar el valor, se podría detectar realizando la medida de tensión en el secundario; si no se corresponde con los valores de tensión es porque uno de los devanados no está en correctas condiciones.

2.7 Dispositivos de protección del transformador de distribución

El transformador de distribución está sometido a una serie de incidentes que pueden ocasionar su avería. Es, por tanto, necesario protegerlo por medio de sistemas que detecten y desconecten el circuito, o bien realicen una indicación de alarma, cuando se produzca algún defecto.

Los principales defectos que pueden afectar a un transformador se deben a:

□ **Condiciones externas**. Son circunstancias ajenas al funcionamiento propio del transformador. Las más comunes son:

   □ Sobrecarga

   □ Cortocircuito

   □ Sobretensión / reducción de frecuencia

□ **Fallos internos**: aparecen por el mal funcionamiento de alguno de los elementos del transformador. Los más comunes son: cortocircuitos entre espiras en la misma o distinta fase, defectos fase a la carcasa, defectos en el circuito magnético, defectos en el conexionado y/o aisladores, defectos en el sistema de refrigeración.

Distintos elementos pueden proteger el transformador en caso de problemas en un centro de transformación. Los más comunes son:

▢ **Fusibles**: en transformadores de distribución se utilizan para proteger contra cortocircuitos; los la curva de fusión de los denominados full range protege, además, contra sobrecargas. En transformadores monofásicos se pueden utilizar los de tipo general, aunque también pueden formar parte de circuitos protegidos con magnetotérmicos.

▢ **Válvula de sobrepresión**: utilizada en transformadores herméticos. Sirve para evitar la acumulación rápida de presión en el tanque del transformador que podría causar una explosión. Para ello, dicha válvula libera el exceso de presión interna causada por una avería.

▢ **Indicador de nivel de aceite**: utilizado en todos los transformadores con refrigeración en aceite. Es muy útil, ya que nos permite observar el nivel de aceite del transformador. Un nivel bajo de aceite nos producirá una mala refrigeración del transformador y, en consecuencia, posibles averías.

Fusibles · **Válvula de sobrepresión** · **Indicar de nivel aceite**

Figura 2.59
Elementos de protección en transformadores de distribución.

▢ **Termómetro**: de aguja, que indica la temperatura, con varias agujas regulables de alarma y disparo. Se sitúan en contacto con el aceite del transformador y disponen de contactos ajustables a la temperatura deseada. En transformadores pequeños se utilizan termómetros de columna y para potencia elevada se utilizan termómetros de esfera; en transformadores de aislamiento seco en resina epoxi se instala en sus devanados una sonda PTC, que requerirá añadir su equipo de procesado.

▢ **Termostato**: utilizado para la protección térmica mediante la medida de temperatura con un sensor, por lo que incluye resistencias PT100 y su equipo de procesado.

▢ **Relé Buchholz**: detector de gases, que utiliza un sistema de flotadores, emitidos por la descomposición del aceite y el descenso del nivel de dicho líquido. Se instala en la canalización que une la cuba con el depósito de expansión.

▢ **Relé DGTP**: utilizado en transformadores de llenado integral, ofrece la detección de gases, además de posibles incrementos de temperatura y presión.

▢ **Desecador de aire**: en transformadores abiertos se utiliza un cartucho de silicagel (recipiente que contiene gravilla de gel de sílice) entre el depósito de expansión y la atmósfera, para absorber la humedad.

  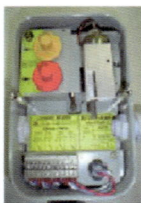 

Relé Butcholz · **Temómetro** · **Relé DGTP**

Figura 2.60
Elementos de protección en transformadores de distribución.

▢ **Relés de protección**:

  ▢ **Directo**: elemento electromecánico instalado en serie con el circuito principal. Provoca la apertura del interruptor al sobrepasar un valor prefijado.

  ▢ **Indirecto**: relé electromecánico que a partir de una señal proporcional a la intensidad del circuito principal (transformador de tensión e intensidad, toroidales), cuando se supera el valor prefijado provoca la apertura del interruptor. Se trata de circuitos electrónicos separados del circuito principal.

  ▢ **Protección contra sobretensiones**: se conectan antes del transformador, y por fase, entre la línea y la tierra. Se trata de autoválvulas que disponen en su interior de materiales cuya resistencia se verá afectada por los valores de tensión en sus extremos (varistor). Las tensiones nominales presentan una resistencia muy alta, pero al producirse una sobretensión reducen su valor provocando la circulación de intensidad a tierra.

Mapa conceptual

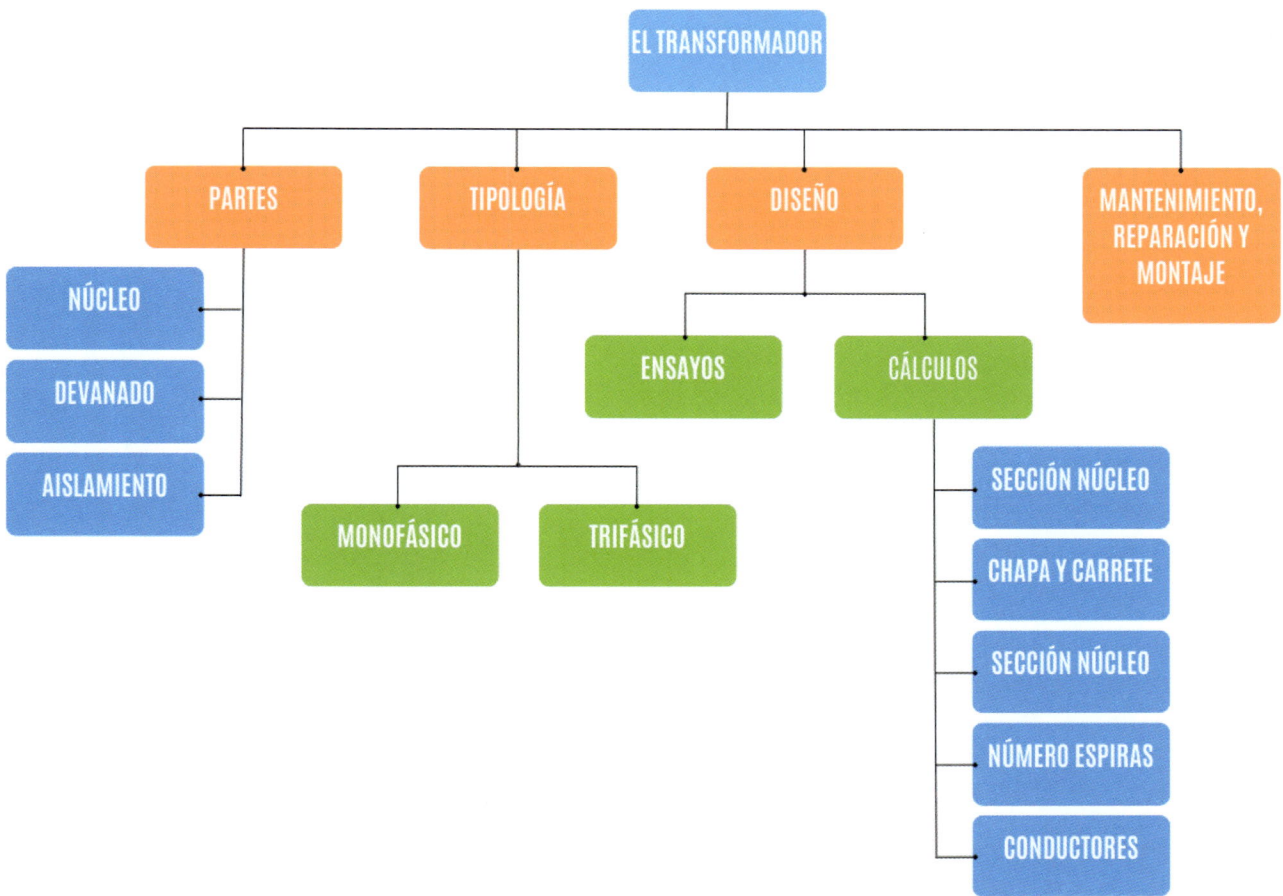

Figura 2.61
Mapa conceptual de la construcción, montaje y mantenimiento
del transformador.

1. De las siguientes respuestas, ¿cuál de ella es la correcta?

a) Al bobinado primario del transformador se le denomina circuito de salida.

b) Al bobinado secundario del transformador se le denomina circuito de entrada.

c) Al bobinado primario del transformador se le denomina circuito de entrada.

2. Vamos a instalar un transformador de potencia en una subestación eléctrica, que tiene una tensión de entrada de 132 kV (132 000 V) y una tensión de salida de 20 kV (20 000 V). Se desea calcular la relación de transformación. Escoge la respuesta correcta.

a) El transformador tiene una m=6.6.

b) El transformador tiene una m=0.15.

c) El transformador tiene una m=6.6 V.

3. Observando la figura de un devanado concéntrico del transformador que aparece a continuación, escoge la respuesta correcta teniendo en cuenta la ubicación del aislamiento y sus bobinados.

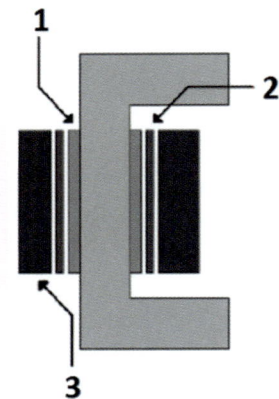

a) 1-> Bobinado de baja tensión, 2-> Bobinado de alta tensión, 3-> Aislamiento

b) 1-> Bobinado de alta tensión, 2-> Aislamiento, 3-> Bobinado de baja tensión

c) 1-> Bobinado de baja tensión, 2-> Aislamiento, 3-> Bobinado de alta tensión

4. Necesitamos diseñar la refrigeración de un transformador. Después de su diseño y cálculos, decidimos que debe tener una refrigeración interior, cuyos bobinados se refrigeren en aceite mediante un circuito de recirculación con bombas. Además, la refrigeración exterior ha de ser mediante el aire circundante que pase a través de radiadores. Selecciona la designación correcta de refrigeración del transformador.

a) OFWF

b) OFAN

c) ONAN

5. Observando las figuras de conexiones de devanados que aparecen a continuación, escoge la respuesta correcta teniendo en cuenta el conexionado del devanado primario y secundario.

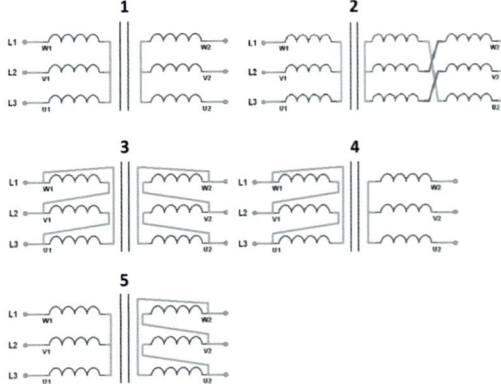

a) 1-> (Y-Y), 2-> (Y-Z), 3-> (D-D), 4-> (D-Y), 5-> (Y-D)

b) 1-> (D-Y), 2-> (Z-Y), 3-> (D-D), 4-> (Y-Y), 5-> (Y-D)

c) 1-> (D-D), 2-> (Z-Y), 3-> (Y-Y), 4-> (Y-D), 5-> (D-Y)

6. ¿Qué aplicaciones de uso tienen los transformadores de aislamiento y seguridad para tensiones de muy baja tensión de seguridad (MBTS)?

a) Se utilizan en aplicaciones en las que se exigen tensiones de seguridad

b) En receptores de alumbrado donde se exige una tensión de 100 V o emplazamientos conductores.

c) El sistema es utilizable en cualquier tipo de locales.

7. El ensayo de vacío, ¿qué pérdidas nos permite comprobar? ¿Y el ensayo de cortocircuito?

a) El ensayo de vacío nos permite comprobar las pérdidas en el hierro (Pfe) y el de cortocircuito nos permite comprobar las pérdidas en el cobre (Pcu).

b) El ensayo de vacío nos permite comprobar las pérdidas en el cobre (Pcu) y el de cortocircuito nos permite comprobar las pérdidas en el hierro (Pfe).

c) Cualquier ensayo, vacío o cortocircuito, nos permite comprobar ambas pérdidas.

8. Tenemos un transformador de distribución que absorbe una potencia en el primario de 630 kVA y que, al hacerlo trabajar a plena carga, nos suministra una potencia en el secundario de 622 kVA. Se desea calcular su rendimiento. Escoge la respuesta correcta.

a) El transformador tiene un rendimiento de 89.7 %.

b) El transformador tiene un rendimiento de 101.2 %.

c) El transformador tiene un rendimiento de 98.7 %.

9. Queremos realizar la medida de aislamiento entre bobinados de un transformador monofásico con un megger. Escoge la respuesta correcta.

a) Al realizar la medición nos da un valor resistivo bajo y, por tanto, el aislamiento es correcto, no hay un defecto de aislamiento.

b) Al realizar la medición nos da un valor muy elevado y, por tanto, el aislamiento es correcto, no hay un defecto de aislamiento.

c) Al realizar la medición nos da un valor muy elevado y, por tanto, el aislamiento es incorrecto, hay un defecto de aislamiento.

10. Sobre los elementos de protección del transformador. Escoge la respuesta correcta.

a) Los fusibles en los transformadores de distribución se utilizan para proteger al transformador contra cortocircuitos y los fusibles full range, además, protegen contra sobrecargas.

b) El relé Buchholz se utiliza en transformadores de llenado integral para la detección de gases y posibles incrementos de temperatura y presión.

c) El relé DGTP se utiliza en los transformadores con depósito de expansión para la detección de gases emitidos por la descomposición del aceite y el descenso del nivel de este.

PREGUNTAS DE COMPRENSIÓN

1. **Introducción a los transformadores:**
   a) ¿Cuál es la función principal de un transformador?
   b) ¿Qué tipos de transformadores se mencionan en el documento?
   c) ¿Cómo se logra la transferencia de energía en un transformador?

2. **Construcción del transformador:**
   a) ¿Qué materiales se utilizan para el núcleo de un transformador y por qué?
   b) Describe las diferencias entre los devanados primario y secundario.
   c) ¿Qué papel juega el aislamiento en un transformador?

3. **Diseño y cálculos:**
   a) ¿Cómo se calcula la relación de transformación de un transformador?
   b) Explica cómo se determina el número de espiras en los devanados primario y secundario.
   c) Indica si existe una relación entre la sección de cada devanado y la potencia del transformador.

4. **4. Pruebas y ensayos:**
   a) ¿Qué mide la prueba en vacío de un transformador?
   b) ¿Cuál es el propósito de la prueba de cortocircuito y qué parámetros se obtienen de ella?
   c) ¿Por qué es importante realizar pruebas de resistencia de aislamiento?

5. **Mantenimiento y reparación:**
   a) ¿Cuáles son las tareas de mantenimiento preventivo más comunes para un transformador?
   b) ¿Qué herramientas y equipos son necesarios para el mantenimiento de un transformador?
   c) Describe un procedimiento típico para la comprobación de aislamiento en un transformador.

6. **Fallos y protección:**
   a) ¿Cuáles son las causas comunes de fallos en los transformadores?
   b) ¿Cómo protegen los fusibles y los interruptores automáticos a los transformadores?
   c) ¿Qué es un relé Buchholz y cómo contribuye a la protección del transformador?

ACTIVIDADES

ACTIVIDAD 1

Realiza el cálculo para el diseño de un transformador monofásico de pequeña potencia.

Características eléctricas del transformador monofásico:

V1=230 V
V2=130 V
S=300 VA
f=50 Hz

Características mecánicas: chapa, medidas y calidad:

k=0.85
Fa=0.96
B=1.1 T
e=0.5 mm

ACTIVIDAD 2

Realiza el cálculo para el diseño de un transformador trifásico:

Características eléctricas del transformador trifásico:

V1=400 V
V2=230 V
S=1.2 kVA
Conexión Yy
f=50 Hz

Características mecánicas: chapa, medidas y calidad:

Fa=0.96
B=1.2 T
e=0.5 mm

Las medidas a utilizar para el carrete trifásico son:

MODELO	A [mm]	B [mm]	C [mm]	P [mm]	K [mm]	Sección ventana [mm2]	Sección ventana [cm2]
40X40X120 PH SS	79	85	41.0	40.8	119	1600	16

Montaje y maniobras de motores de corriente alterna

En esta unidad va a estudiar:

- Principios de funcionamiento de máquinas rotativas de corriente alterna.

- Cálculos en instalaciones con máquinas rotativas de corriente alterna.

- Variación de velocidad de máquinas rotativas de corriente alterna.

- Ensayos en máquinas rotativas de corriente alterna.

- Mantenimiento de máquinas rotativas de corriente alterna.

Con su estudio, va a ser capaz de:

- Conocer los elementos en máquinas eléctricas de corriente alterna.

- Interpretar instalaciones con máquinas eléctricas de corriente alterna.

- Montar instalaciones con máquinas eléctricas de corriente alterna verificando su puesta en marcha.

- Clasificar y localizar averías en máquinas rotativas de corriente alterna.

3.1 Introducción

Todas las máquinas eléctricas rotativas tienen una serie de elementos comunes, que se pueden dividir en dos grandes grupos:

- **Sistema mecánico**: estructura sobre la que se alojará el conjunto de la máquina eléctrica, y que permite su sujeción. En dicha estructura se incluirá el bobinado y también proporcionará el sistema de conexión al circuito eléctrico. Estará formada por: estator, rotor, fijaciones, rodamientos, colector y escobillas.

- **Sistema eléctrico**: permite el paso de la corriente a las bobinas, incluyendo el sistema de conexión.

Toda máquina eléctrica rotativa consta de los siguientes elementos básicos (teniendo en cuenta la constitución de toda máquina eléctrica rotativa, tanto la de corriente alterna, que se trata en esta unidad, como la de corriente continua, que se verá en detalle en la unidad 5):

1. Inductor o estator
2. Inducido o rotor
3. Escobillas
4. Culata o carcasa
5. Entrehierro
6. Cojinetes

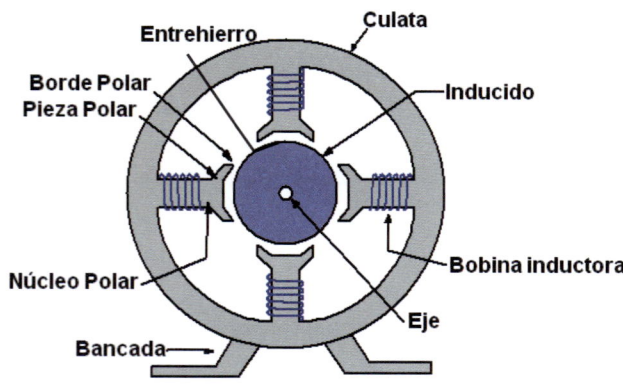

Figura 3.1
Partes de un motor de corriente alterna.

En la figura 3.1, se muestran de forma gráfica los elementos que formarán parte de una máquina rotativa de corriente alterna. Se suelen denominar motores de corriente alterna.

PARA RECORDAR...
En esta unidad se verán los aspectos relativos a los motores de corriente alterna.

En esta unidad se empezará viendo las partes de los componentes de los motores de corriente alterna (síncronos y asíncronos), para pasar a los circuitos eléctricos típicos en la realización de maniobras en dichos motores, la elección de los dispositivos eléctricos utilizados y, finalmente, las tareas de mantenimiento.

Figura 3.2
Ejemplo de motores de corriente alterna trifásicos comerciales (cortesía de Leroy Somer —izquierda— y Siemens —derecha—).

3.2 Principios básicos de magnetismo y electromagnetismo

Introducción

A modo de repaso, se incluyen una serie de definiciones relacionadas con los campos magnéticos que se aplicarán a las máquinas rotativas tanto de alterna como de continua.

Magnetismo

El campo magnético será generado por un imán, el cual se define como todo cuerpo que posee propiedades magnéticas por naturaleza, cuyas principales partes son:

- **Campo magnético:** es el espacio donde se manifiestan los efectos magnéticos, correspondientes a las líneas de fuerza magnética.

- **Polos:** son las zonas con mayor intensidad donde se manifiestan los efectos magnéticos. Se corresponden con los polos norte (N) y sur (S).

- **Eje del imán:** es la línea imaginaria que une los polos del imán.

- **Línea neutra:** es la línea imaginaria perpendicular al eje del imán que lo divide en dos partes y que se encuentra equidistante de los dos polos.

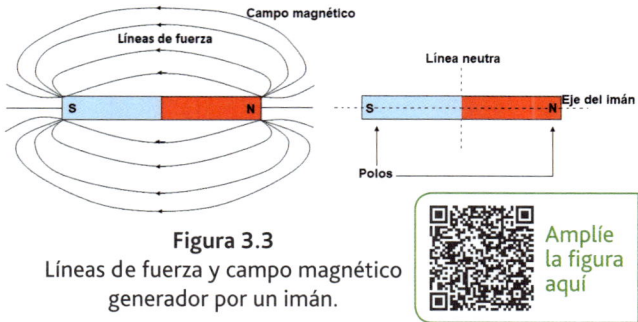

Figura 3.3
Líneas de fuerza y campo magnético generador por un imán.

Amplíe la figura aquí

En la figura 3.3 visualizamos las líneas de fuerza que se generan en un imán, cuya concentración dependerá de la intensidad del campo. Así pues, al acercar polos iguales las líneas se repelen (repulsión) y al acercar polos opuestos las líneas se establecen en la misma dirección sumándose (atracción). En la figura 3.4, se muestran de forma gráfica las líneas de fuerza de atracción y repulsión.

Amplíe la figura aquí

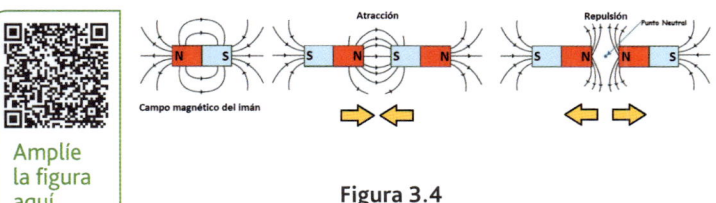

Figura 3.4
Fuerzas de atracción y repulsión entre imanes.

Electromagnetismo

Consiste en la generación de campos magnéticos a partir de una corriente eléctrica, siendo el campo magnético dependiente de la intensidad de corriente y el número de espiras. Por lo tanto, permite la generación de campos más intensos que los producidos por imanes.

Para ello, hay que basarse en que una corriente que atraviesa un conductor genera un campo magnético con líneas de fuerza circulares en su plano perpendicular. Para saber el sentido de giro de las líneas de fuerza, se utiliza la regla del sacacorchos o Maxwell: en función del sentido de la corriente (I) que atraviesa el conductor para seguirlo con el sacacorchos, las líneas de fuerza concéntricas se corresponderán con el giro del propio sacacorchos (B, campo magnético). También se utiliza la regla de la mano derecha, indicando con el pulgar el sentido de la corriente y las líneas de fuerza concéntricas (B, campo magnético) que siguen la orientación del resto de dedos de la mano. De forma gráfica, se muestra la regla del sacacorchos y de la mano derecha en la figura 3.5, donde se pueden ver las líneas de fuerza de campo magnético.

Amplíe la figura aquí

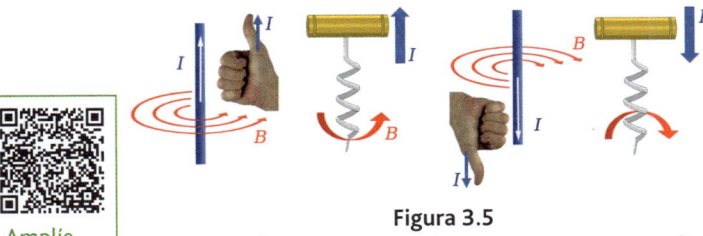

Figura 3.5
Líneas de campo magnético en un conductor rectilíneo; se muestra de forma gráfica la regla de la mano derecha y la del sacacorchos.

El campo magnético generado es muy pequeño, por lo que, para aumentarlo, se realiza una configuración en anillo, es decir, realizando espiras. Por lo tanto, se consigue en su interior un campo magnético mayor debido a que las líneas de fuerza se suman en el interior del anillo.

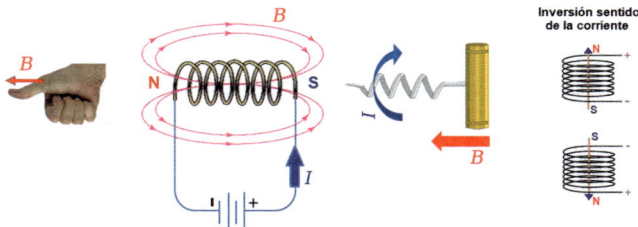

Amplíe la figura aquí

Figura 3.6
Líneas de campo magnético en un solenoide; se muestra de forma gráfica la regla de la mano derecha y la del sacacorchos.

Además, si se realizan varias espiras se consigue concentrar en el centro un campo magnético mayor que en el exterior; el campo generado por una espira se suma con la siguiente, y de esta manera, se forman los polos magnéticos en los extremos de la bobina. Los polos serán determinados según el sentido de la corriente que circula por los conductores, que determinará las líneas de fuerza. Para ello, se utiliza también la regla del sacacorchos o de la mano derecha. Se indica con el movimiento del sacacorchos el sentido de la corriente y el movimiento que se produce indica el sentido de las líneas de fuerza en el interior de las espiras. En el caso de la mano derecha, los dedos de la mano, a excepción del pulgar, indican el sentido de la corriente y el pulgar indicará el sentido de la línea de fuerza en el interior de las espiras. De forma gráfica se muestra en la figura 3.6.

Si se cambia el sentido de la corriente (por ejemplo, modificando la polaridad de la fuente de tensión como lo hace la corriente alterna), cambiará el sentido del campo magnético y dará como resultado el cambio de los polos.

La inducción (*B*) en el centro de la bobina o solenoide (en función del número de espiras,), considerando el núcleo de aire (permeabilidad en el vacío, μ_0), se calcula utilizando la siguiente ecuación (se considera una longitud considerablemente mayor que el radio y su dependencia con la intensidad):

$$B = \mu_0 \cdot \frac{N \cdot I}{l}$$

3.3 El motor de corriente alterna

Fundamentos de los motores de corriente alterna

Los motores de inducción asíncronos trifásicos basan su funcionamiento en la generación de un campo magnético giratorio en el estator, de tal forma que afectan sobre el campo magnético del rotor, provocando el movimiento de giro.

Un ejemplo sería el que se muestra en la figura 3.7. Cuando está la señal de entrada (alterna) en el semiciclo positivo, las bobinas del estator estarán polarizadas de una manera (imagen de la izquierda), lo que provocará el desplazamiento del rotor. Después, en el semiciclo negativo, las bobinas del estator estarán polarizadas a la inversa (imagen de la derecha), repitiendo el mismo movimiento. Como la señal de entrada va cambiando, es decir, se repite, provocará el giro del rotor.

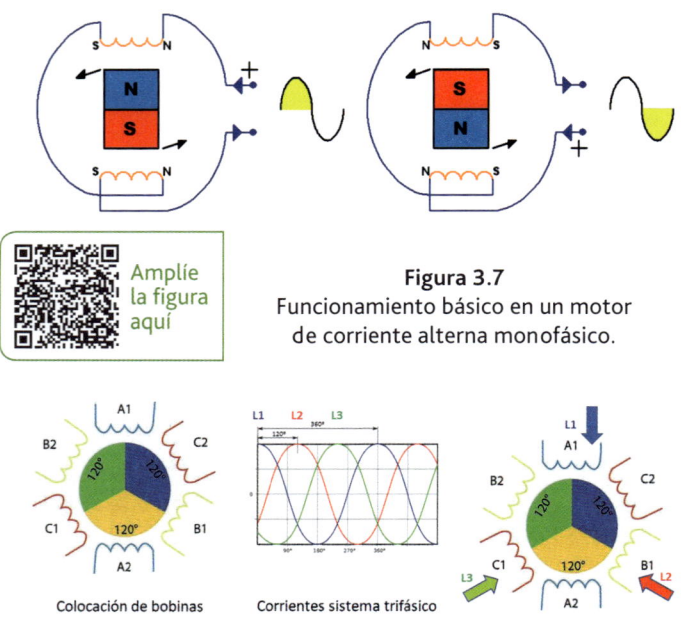

Amplíe la figura aquí

Figura 3.7
Funcionamiento básico en un motor de corriente alterna monofásico.

Colocación de bobinas   **Corrientes sistema trifásico**

Amplíe la figura aquí

Figura 3.8
Funcionamiento básico en un motor de corriente alterna trifásico.

En relación con el motor trifásico, hay que comentar que está compuesto por tres devanados (bobinados) fijos, colocados eléctricamente a 120° entre sí (es decir, desfasados 120°), y alimentados por un sistema trifásico (L1, L2, L3). En la figura 3.8, se muestra gráficamente la colocación de cada fase a sus correspondientes bobinados: A, B y C (imagen derecha).

El número de pares de bobinas situadas simétricamente se denominan pares de polos del devanado estatórico (por ejemplo, en la figura 3.9, A1 con A2, B1 con B2 y C1 con C2), denominado también en diferentes documentaciones como polos, y se suelen simbolizar por la letra: p. Cuando son pares de polos se simboliza como: 2p.

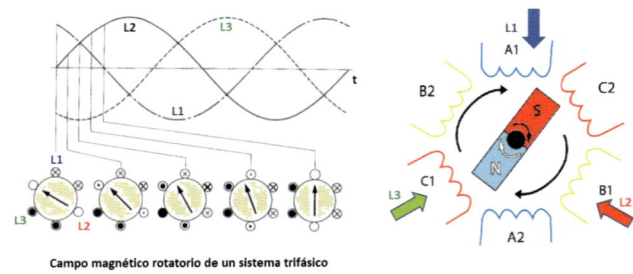

Campo magnético rotatorio de un sistema trifásico

Figura 3.9
Representación del movimiento y cómo cambia el campo magnético en el interior del motor de corriente alterna trifásico.

Amplíe la figura aquí

Conectar cada par de polos provoca en el interior un campo magnético rotatorio, tal y como se representa en la figura 3.9 (los círculos de la imagen izquierda con X representan carga positiva, mientras que los círculos con un punto en su interior representan lo mismo para carga negativa, y los círculos sin nada en su interior representan carga neutra con un valor de 0 voltios).

ANOTACIÓN

En la figura 3.9, se puede apreciar que el sentido de giro es el de las agujas del reloj, pero se puede comprobar que, intercambiando dos fases, y siguiendo la misma lógica, el sentido de giro cambia

Hay que tener en cuenta que el rotor se construye con chapas de acero o aluminio, cuyos extremos están cortocircuitados entre sí, por lo que los polos en el eje central o rotor están definidos. Entonces, al alimentar el estator se produce un campo magnético giratorio, que induce en el rotor una fuerza motriz que hace que el rotor gire.

La velocidad de giro (n_s) se mide en revoluciones por minuto (rpm), que se corresponde con las vueltas que se da en cada minuto.

Lógicamente, la velocidad de giro del motor vendrá determinada por el número de polos que forman el devanado del estator y por la frecuencia de la corriente de alimentación, como se indica en la siguiente ecuación:

$$n_s = \frac{60 \cdot f}{p}$$

donde:

- n_s: velocidad de giro, en revoluciones por minuto (rpm)

- f: frecuencia, en hercios (Hz)

- p: número de pares de polos

La parte fija externa que generará el campo magnético giratorio se denomina estator, y la parte móvil se corresponde con el rotor. Al estator se le denomina inductor porque es donde se crea el campo magnético que fuerza el giro del motor, mientras que el rotor se llama inducido porque es donde afecta el campo magnético creado en el estator.

En la figura 3.10, se muestran las partes principales de un estator de un motor de alterna, donde se pueden apreciar las ranuras donde irán colocadas las bobinas del circuito magnético.

Figura 3.10
Ejemplo de estator.

Motores síncronos y asíncronos

Siguiendo la pauta de que en el interior del estator, es decir, en el rotor, si se sitúa una masa metálica, esta girará a determinada velocidad, establecemos la siguiente clasificación:

☐ **Asíncrono** (figura 3.11 izquierda): el motor gira a una velocidad inferior a la de sincronismo (determinada por la frecuencia de la red de alimentación, por ejemplo, 50Hz). A esta diferencia de velocidad se la denomina deslizamiento (S, adimensional, puede estar expresada en %).

☐ **Síncrono** (figura 3.11 derecha): el motor girará a la velocidad de sincronismo; se denominan motores síncronos y girarán en función de la frecuencia de red.

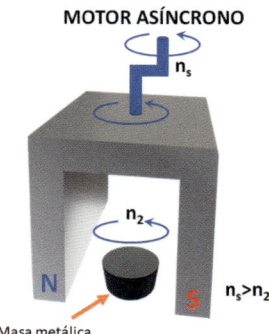
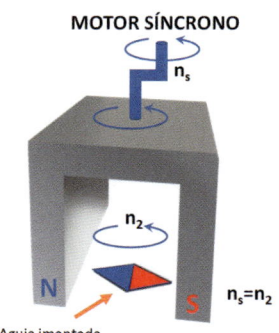

Figura 3.11
Diferencias entre motor asíncrono y síncrono.

Amplíe la figura aquí

La velocidad de un motor asíncrono se expresa con la siguiente ecuación (donde se incluye la relación entre la velocidad de giro del eje del motor, n_2, y el deslizamiento relativo, S_R, respecto a la velocidad de sincronismo, n_1):

$$n = \frac{60 \cdot f \cdot (1 - S)}{p} \leftrightarrow S_R = \frac{n_1 - n_2}{n_1}$$

$$S_\% = \frac{n_1 - n_2}{n_1} \cdot 100 \ [\%]$$

Por lo tanto, un motor asíncrono perderá velocidad al aumentar el deslizamiento, por ejemplo: ante aumentos bruscos de carga. Es decir, su par se verá afectado al aumentar la carga, puesto que aumentará el deslizamiento. Además, en los motores asíncronos, el rotor sobre el que se induce una corriente provocará un desfase en la corriente de la red, que se traduce en un aumento de la potencia reactiva, teniendo que ser compensada por la utilización de condensadores en paralelo.

EJEMPLO 1

Calcular el deslizamiento relativo de un motor de corriente alterna trifásico (de rotor en cortocircuito), que posee 2 de polos (1 par de polos p) y en el que se ha medido una velocidad en el eje de 2850 (n2) revoluciones por minuto (rpm), que se conecta a una red trifásica de 230/400 V con una frecuencia de 50 Hz.

Hay que calcular la velocidad de sincronismo con la red eléctrica a partir del número de polos y la frecuencia de la red:

$$n_s = n_1 = \frac{60 \cdot f}{p} = \frac{60 \cdot 50}{1} = 3000\, rpm$$

A continuación, se obtiene el valor del deslizamiento como la diferencia con la velocidad real de giro:partir del número de polos y la frecuencia de la red:

$$S_R = \frac{n_1 - n_2}{n_1} = \frac{3000 - 2850}{3000} = 0.05$$

Que en tanto por ciento se corresponde con un valor del 5 % ($S_\%$).

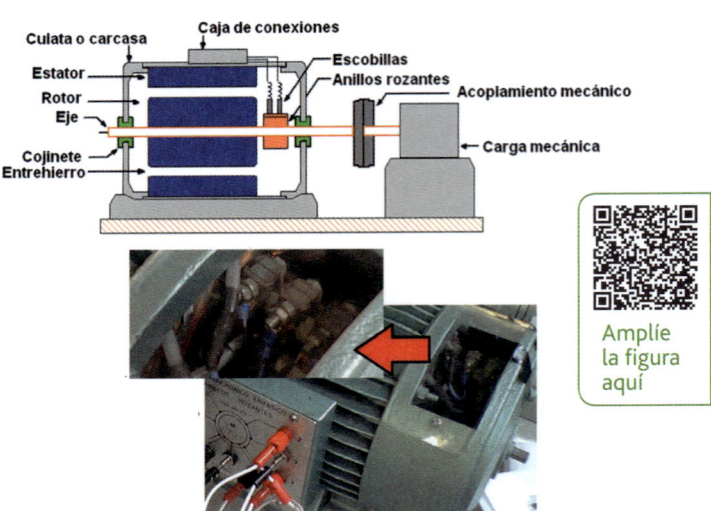

Figura 3.12
Partes de un motor síncrono con anillos rozantes (en la imagen inferior se muestra un ejemplo real donde se pueden ver las conexiones de las escobillas al rotor).

Máquina síncrona de corriente alterna

Las máquinas sincrónicas son máquinas rotatorias eléctricas que pueden trabajar como motor y como generador.

El inconveniente principal de los motores síncronos es que necesitan un apoyo externo (necesita ser empujado, por ejemplo, por un motor auxiliar de lanzamiento o arranque) hasta alcanzar la velocidad de sincronismo para que pueda funcionar, por lo que suelen arrancar en vacío. Es decir, no tienen par de arranque y hay que emplear diferentes métodos de arranque y aceleración hasta la velocidad nominal de sincronismo. Existen tres posibles métodos:

- **Reducir la velocidad del campo magnético giratorio** en el estator hasta que el motor empiece a girar y después acelerar hasta llegar a la velocidad de sincronismo.

- Mediante un **motor asíncrono externo** para acelerar el rotor hasta conseguir la velocidad de sincronismo al engancharse al campo giratorio del estator.

- Utilizar un **rotor bobinado** (bobinado amortiguado), por donde circulará una intensidad de corriente, similar al funcionamiento de los motores de corriente continua, por lo que requerirá el conexionado mediante escobillas y delgas de la conexión al rotor.

De los tres métodos, el más común es utilizar un motor de rotor bobinado (figura 3.12), por lo que constructivamente se puede hablar de dos partes:

- **Estator o parte fija:** es similar al de una máquina asincrónica. Contiene un devanado trifásico de corriente alterna, denominado devanado inducido, y un circuito magnético formado por apilamiento de chapas. Todo sobre un soporte o carcasa.

- **Rotor o parte móvil:** es bastante diferente al de una máquina asincrónica. Contiene un devanado de corriente continua, denominado devanado de campo, y un devanado en cortocircuito, que impide el funcionamiento de la máquina a una velocidad distinta a la de sincronismo, denominado devanado amortiguador, para conseguir el arranque por sí solo. Además, contiene un circuito magnético formado por apilamiento de chapas magnéticas de menor espesor que las del estator.

Eléctricamente se divide en inductor e inducido, pero dependiendo de la potencia del motor, este se instalará en el rotor o en el estator (tabla 3.1).

Potencia	<10 kVA	>10 kVA
Inductor	Estator, mediante polos salientes	Rotor, con polos saliente o lisos y conectado mediante anillos rozantes
Inducido	Rotor, compuesto por tres fases conectadas al exterior a través de anillos rozantes	Estator, compuesto por tres fases conectadas al exterior en la caja de conexiones

Tabla 3.1
Inductor e inducido en función de la potencia del motor síncrono.

El motor síncrono no es muy utilizado como motor, a excepción de algunas aplicaciones especiales de gran potencia, donde se requiera una velocidad baja y constante. Por lo que es importante que el técnico tenga unas nociones básicas sobre los elementos que lo constituyen para su identificación y su funcionamiento básico para las tareas de montaje, instalación y mantenimiento.

PARA SABER MÁS...

QR para consultar motores síncronos de corriente alterna de NORD motorreductores S. A.

Estructura del motor asíncrono de corriente alterna

Este tipo de máquinas tienen una velocidad inferior a la da de sincronismo, tal y como su nombre indica. A diferencia de las máquinas síncronas, las asíncronas se utilizan principalmente como motores, aunque también se pueden utilizar como alternadores.

Figura 3.13
Estator de un motor asíncrono trifásico.

Básicamente, el motor estará compuesto por:

☐ **Estator** (figura 3.13): conjunto de las partes fijas, cuya función es la de sostener la máquina, aunque su parte fundamental corresponde al circuito magnético, que contiene el devanado trifásico distribuido en ranuras de 120°. Tiene tres devanados en el estator. Estos devanados están desfasados (siendo p el número de pares de polos de la máquina rotativa). En el estator se encuentran los devanados inductores. Reciben el nombre de devanados estatóricos.

☐ **Rotor:** rotor bobinado (figura 3.15) y rotor en cortocircuito (denominado como de jaula de ardilla), sien-

do este último el más conocido y utilizado en el ámbito industrial (figura 3.16). En el rotor se encuentra el inducido.

También existen otros componentes mecánicos en el interior del motor asíncrono trifásico (figura 3.14); los principales son:

☐ 2 **cojinetes** montados sobre el estator, cuya función es la de apoyar el eje del motor.

☐ La **carcasa**, con aletas para disipar el estator y que, además, incorpora la caja de conexiones.

☐ El **ventilador** para refrigerar el calor en el motor.

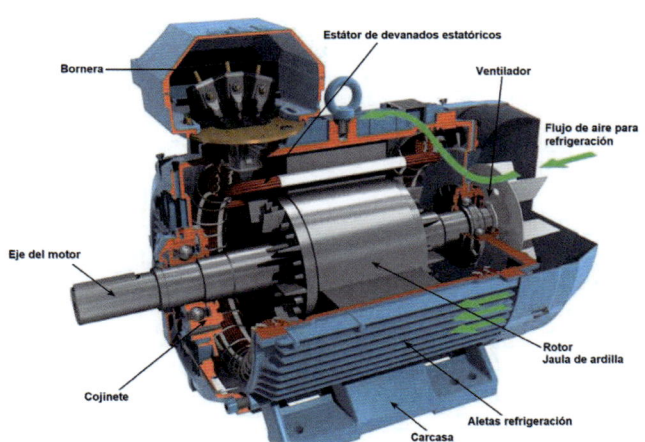

Figura 3.14
Elementos constructivos de un motor asíncrono trifásico (cortesía de ABB).

 Amplíe la figura aquí

Rotor bobinado para motor síncrono trifásico

Los devanados del rotor son similares al estator con el que está asociado, de tal forma que en sus ranuras se aloja el devanado inducido formado por espiras bobinas (imagen izquierda de la figura 3.15). Los extremos de estas bobinas son accesibles desde exterior mediante anillos rozantes situados en el eje del rotor (figura central de la figura 3.15), permitiendo la conexión eléctrica mediante el uso de escobillas (imagen derecha de la figura 3.15), las cuales pueden ser de grafito o carbón.

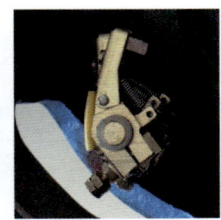

Figura 3.15
Rotor de anillos rozantes de un motor síncrono trifásico.

 Amplíe la figura aquí

Rotor de jaula de ardilla para motor asíncrono trifásico

El rotor de jaula de ardilla está constituido por un sistema de barras conductoras (cobre o aluminio) paralelas a su eje de rotación (ver figura 3.16), que irán incrustadas en las ranuras dispuestas por la periferia del núcleo ferromagnético. Los extremos de estos conductores están cortocircuitados por dos anillos y, por tanto, no hay posibilidad de conexión del devanado del motor con el exterior. La posición inclinada de las ranuras mejora las propiedades de arranque y disminuye el ruido.

Figura 3.16
Rotor en cortocircuito (jaula de ardilla)
de un motor asíncrono trifásico.

3.4 Cálculos básicos en motores asíncronos trifásicos de corriente alterna

Introducción

En los apartados anteriores, se han visto algunas ecuaciones que permiten realizar una serie de cálculos bá-

sicos sobre la velocidad del motor trifásico síncrono y asíncrono. Pero, tal y como se ha indicado, el más utilizado es el motor asíncrono, por lo que se ha incluido este apartado para ver en detalle las ecuaciones aplicadas a este motor:

- Deslizamiento y frecuencia
- Potencia eléctrica
- Rendimiento
- Par motor

Conocer los cálculos básicos que se indican pueden ser de utilidad para una elección correcta para determinada aplicación.

Deslizamiento y frecuencia del motor asíncrono

Los motores trifásicos se construyen para determinadas velocidades, que irán en función del número de pares de polos (p) y de la frecuencia de la red (f_1). Así pues, la velocidad de sincronismo (n_1) del flujo giratorio es:

$$n_1 = \frac{60 \cdot f_1}{p} \ [rpm]$$

Para dicho valor, la velocidad angular (w_2) a la que está girando el eje del motor (n_2) es:

$$w_2 = \frac{2 \cdot \pi \cdot n_2}{60} \ [rad/s]$$

Ahora bien, la diferencia de revoluciones por minuto del campo giratorio y del rotor se denomina deslizamiento absoluto (S), y se mantiene la misma relación con la velocidad angular:

$$S = n_1 - n_2 \ [rpm] \implies S = w_1 - w_2 \ [rad/s]$$

Aunque, normalmente, se utiliza el valor del deslizamiento relativo (S_R y $S_\%$), que resulta de dividir el valor absoluto por la velocidad del campo de giro:

$$S_R = \frac{w_1 - w_2}{w_1} = \frac{n_1 - n_2}{n_1} = \frac{n_s}{n_1} = \frac{w_s}{w_1}$$

$$S_\% = \frac{w_1 - w_2}{w_1} \cdot 100 = \frac{n_1 - n_2}{n_1} \cdot 100 \ [\%]$$

EJEMPLO 2

Calcule cuál sería la velocidad angular de un motor cuyo eje realiza 600 vuelta en 1 minuto (rpm), y determine el deslizamiento relativo (S%) y absoluto (S) sabiendo que la velocidad angular de sincronismo es de 65 rad/s.

Aplicamos la siguiente ecuación para determinar la velocidad angular de giro:

$$w_2 = \frac{2 \cdot \pi \cdot n_2}{60} = \frac{2 \cdot \pi \cdot 600}{60} = 62.83 \ rad/s$$

A continuación, se determina el deslizamiento relativo en tanto por ciento:

$$S_\% = \frac{w_1 - w_2}{w_1} \cdot 100 = \frac{65 - 62.83}{65} \cdot 100 = 3.33 \ \%$$

Y el deslizamiento absoluto se determina a partir de las velocidades angulares:

$$S = w_1 - w_2 = 65 - 62.83 = 2.17 \ rad/s$$

PARA RECORDAR...

Si se trata de un motor síncrono, la velocidad angular a la que gira el eje (w_2) y la del campo giratorio (w_1) son iguales, y se denomina velocidad síncrona; en ese caso, el deslizamiento no existe.

Así pues, el deslizamiento sirve para calcular la velocidad del rotor (n_2), en el cual se induce una fuerza electromotriz (*f.e.m.*) alterna senoidal en función de la frecuencia de la red de alimentación (f_1), en relación con la velocidad de sincronismo (n_1). Por lo tanto, se puede determinar la velocidad de giro conociendo el valor del deslizamiento:

EJEMPLO 3

Determinar la velocidad de giro del eje en un motor conociendo que el valor del deslizamiento relativo es de 0.05 (5 %), y la velocidad de sincronismo es de 1500 rpm.

Aplicando la siguiente ecuación, se puede determinar la velocidad de giro del eje en base al deslizamiento y la velocidad de sincronismo:

$$n_2=(1-S)\cdot n_1=(1-0.05)\cdot 1500=1425 \ rpm$$

Potencia del motor asíncrono de CA

Los motores asíncronos trifásicos absorben la potencia activa (P_{abs}) de la red a la cual se hayan conectado:

$$P_{abs}=\sqrt{3} \cdot V_L \cdot I_L \cdot \cos\phi \ [W]$$

PARA RECORDAR...

Si la potencia viene indicada en caballos de vapor (CV) porque es un motor antiguo, recordar lo siguiente: 1 *CV* = 736 *W*

De la anterior ecuación, se puede calcular la intensidad absorbida teniendo en cuenta el valor de la tensión de alimentación de la red trifásica (tensión de línea: 230 o 400 V, principalmente) y el conexionado de los bobinados:

$$I_{abs} = \frac{P_{abs}}{\sqrt{3} \cdot V_L \cdot \cos\varphi} \ [A]$$

PARA RECORDAR...

La intensidad viene indicada en la placa de características.

Pero esta potencia no será la que se aplique en el eje del motor (potencia útil, P_u), el cual deberá tener en cuenta las pérdidas en el proceso de rotación (P_{per}):

$$P_{abs}= P_u + P_{per} \ [W]$$

PARA RECORDAR...

La potencia útil (P_u) se indica en la placa de características.

Las pérdidas pueden ser debidas a diferentes causas, principalmente mecánicas y eléctricas (efecto Joule en los bobinados del estator y el rotor). También se podrían incluir los efectos de desfase en la corriente debido a que presenta una parte inductiva en la carga (R_L), es decir, por la potencia reactiva:

$$Q = \sqrt{3} \cdot V_L \cdot I_L \cdot \sin\phi \ [VAr]$$

Estas últimas pérdidas quedan reflejadas en el factor de potencia (*cosφ*), que depende del desfase entre la tensión y la intensidad (φ).

Por lo tanto, se puede calcular la potencia útil como:

$$P_u = P_{abs} - P_{per} \ [W]$$

Amplíe la figura aquí

EJEMPLO 4

Calcular las pérdidas (P_{per}) a partir de la siguiente placa de un motor trifásico que se conectará a una red trifásica 230/400 y 50 Hz.

3 ∿ Mot. 1LA7096-4AA11			
UD 0609/70322582-68			
IP 55	90L	IM B5	IEC/EN 60034	Th.Cl.F
50Hz	230/400 V ΔY	60 Hz	460 V Y
1.5 Kw	5.9/3.4 A	1.75 Kw	3.3 A
Cos φ 0.81	1420/ min	Cos φ 0.82	1720/ min
220-240/380-420V ΔY	440-480 V Y
6.1-6.1/3.5-3.5 A	3.4-3.4 A
32144 6401			SF 1.1

Se puede calcular la potencia absorbida de la red (P_{abs}) a partir de los datos de la placa de características, sabiendo que se deberá conectar en estrella (Y) y que la intensidad será de 3.4 A, con una tensión de 400 V y un factor de potencia de 0.81:

$$P_{abs} = \sqrt{3} \cdot V_L \cdot I_L \cdot cos\varphi = \sqrt{3} \cdot 400 \cdot 3.4 \cdot 0.81 = 1908.03\ W$$

Conocida la potencia absorbida (P_{abs}) de la placa de características, se despeja de la fórmula las pérdidas:

$$P_u = P_{abs} - P_{per} \quad P_{per} = P_{abs} - P_u = 1908.03 - 1500 = 408.03\ W$$

Rendimiento del motor de CA

Los motores eléctricos suelen indicar la relación entre la potencia útil (realmente la que cede, P_u) y la absorbida (la que consumen de la red, P_{abs}) mediante el rendimiento (η):

$$\eta = \frac{P_u}{P_{abs}} \quad \eta = \frac{P_u}{P_{abs}} \cdot 100\ [\%]$$

EJEMPLO 5

Calcular el rendimiento en tanto por ciento (%) a partir de los datos del motor del ejemplo 4:

Como se conoce la potencia absorbida y útil, se puede calcular directamente el valor del rendimiento:

$$P_{abs} = \sqrt{3} \cdot V_L \cdot I_L \cdot cos\varphi = \sqrt{3} \cdot 400 \cdot 3.4 \cdot 0.81 = 1908.03\ W$$

Conocida la potencia absorbida (P_{abs}) de la placa de características, se despeja de la fórmula las pérdidas:

$$P_u = P_{abs} - P_{per} \quad P_{per} = P_{abs} - P_u = 1908.03 - 1500 = 408.03\ W$$

$$\eta = \frac{P_u}{P_{abs}} \cdot 100 = \frac{1500}{1908.03} \cdot 100 = 78.61\ \%$$

En consecuencia, se puede expresar la potencia útil (utilizando el rendimiento en tanto por ciento) así:

$$P_u = \frac{\sqrt{3} \cdot V_L \cdot I_L \cdot cos\varphi \cdot \eta}{100}\ [W]$$

En la tabla 3.2, se muestran los valores aproximados de rendimiento, según la potencia del motor, trabajando a plena carga:

Potencia	Rendimiento	Potencia	Rendimiento	Potencia	Rendimiento
P ≤ 0.37 kW	60 a 70 %	P ≤ 4 kW	80 %	P ≤ 18 kW	90 %
P ≤ 0.75 kW	75 %	P ≤ 15 kW	85 %	XX	XX

Tabla 3.2 Valores de rendimiento en función de la potencia.

Conociendo la potencia útil y la absorbida, se pueden calcular las pérdidas (P_{per}), utilizando el rendimiento en tanto por uno:

$$P_{per} = P_{abs} - (P_{abs} \cdot \eta)$$

$$P_{per} = P_u - \left(\frac{1-\eta}{\eta}\right)$$

También se pueden obtener las pérdidas como la diferencia entre ambas potencias:

$$P_{per} = P_{abs} - P_u$$

Las pérdidas pueden ser debidas a:

☐ **Pérdidas en el estator:** la potencia que es aplicada al estator se transforma en calor en el bobinado (pérdidas del cobre, P_{Cu}), y en la chapa metálica que aloja los bobinados (pérdidas en el hierro, P_{Fe}), que también se calienta.

☐ **Pérdidas en el rotor:** la corriente se induce en las barras metálicas del rotor, y eso recibe el nombre de pérdidas del rotor (P_{rotor}) e incluye las pérdidas del cobre y del hierro en el rotor.

☐ **Pérdidas mecánicas (P_{mec}):** debidas al rozamiento en los cojinetes.

☐ **Pérdidas por ventilación (P_v):** debidas a la carga adicional que tiene que soportar por el movimiento del ventilador.

Por lo tanto, se pueden calcular las pérdidas como (figura 3.17):

$$P_{per} = P_{estator} + P_{rotor} + P_{mec} + P_v$$

Al cómputo de potencias se lo conoce como balance energético, y abarca desde la potencia eléctrica que consume el motor hasta la potencia útil que realmente será utilizada en el eje del motor. Se define como el recorrido que tiene que seguir la potencia activa hasta la potencia que será aplicada en la polea o eje (figura 3.17).

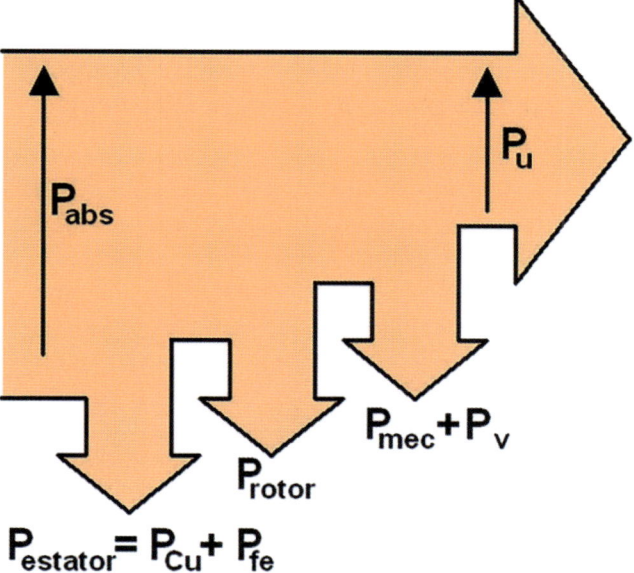

Figura 3.17
Representación gráfica del balance energético en una máquina rotativa.

De las pérdidas comentadas, las que se producen en el cobre, tanto en el estator como en el rotor, son por un aumento de temperatura. Dichas pérdidas se denominan perdidas por efecto Joule (P_{joule}), y se producen tanto en el estator como en el rotor. Se pueden calcular utilizando las siguientes ecuaciones:

$$P_{joule\_rotor} = 3 \cdot R_{rotor} \cdot I_{fase\_rotor}^2 \ [W]$$

$$P_{joule\_estator} = 3 \cdot R_{estator} \cdot I_{fase\_estator}^2 \ [W]$$

EJEMPLO 6

La potencia absorbida por un motor es de 100 kW cuando se conecta a una red de 400 V de 50 Hz. Tras realizar los ensayos pertinentes, se obtienen unas pérdidas de 5 kW (incluidas de cobre y hierro) en el estator, y unas pérdidas por rozamiento (mecánicas) de 4 kW.

Calcular las pérdidas en el rotor si se tiene un rendimiento del 85 % (despreciar las pérdidas por ventilación).

Conociendo la potencia absorbida y el rendimiento, se puede calcular la potencia útil:

$$\eta = \frac{P_u}{P_{abs}} \cdot 100 \Rightarrow P_u = \frac{\eta \cdot P_{abs}}{100} = \frac{85 \cdot 100\,k}{100} = 85\,kW$$

Las pérdidas totales se obtienen como la diferencia entre la potencia útil y la absorbida:

$$P_{per} = P_{abs} - P_u = 100\,kW - 85\,kW = 15\,kW$$

Finalmente, se obtienen las pérdidas en el rotor a partir de las pérdidas en el estator:

$$P_{per} = P_{estator} + P_{rotor} + P_{mec} + P_v$$

$$P_{rotor} = P_{per} - P_{estator} - P_{mec} - P_v$$
$$= 15\,k - 5\,k - 4\,k - 0 = 6\,kW$$

Par motor

El par motor *(M)* es el par de fuerzas que tiene lugar en el eje del motor y es el causante de la potencia mecánica del motor (figura 3.18).

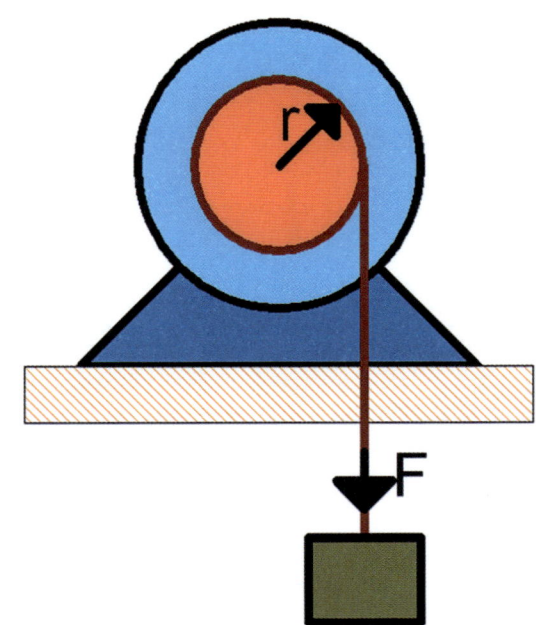

Figura 3.18
Par motor.

Es decir, en el devanado del rotor de un motor eléctrico se generan una serie de fuerzas de origen electromecánico que producen un par de fuerzas que hacen que el rotor gire con la carga mecánica a mover.

$$M = F \cdot r \ [kg \cdot cm][N \cdot m]$$

donde:

- F: es la fuerza en kilogramos (kg) o Newton (N) con la que el motor acciona la carga.

- r: radio de la polea en centímetros (cm) o metros (m).

EJEMPLO 7

Un motor eléctrico posee un par motor de 1200 Nm y el diámetro de su rotor es de 30 cm. Calcular la fuerza (F) que puede desarrollar dicho motor.

Primero se calcula el radio:

$$r = d/2 = 0.15\,m$$

Y, segundo, se obtiene el cálculo de la fuerza despejando de la ecuación:

$$M = F \cdot r \Rightarrow F = \frac{M}{r} = \frac{1200}{0.15} = 8000\,Nm$$

También se podría haber obtenido a partir de la velocidad de giro (v) en metros por segundo:

$$M = F \cdot v \ [N \cdot m/s]$$

La potencia desarrollada por el par motor es proporcional a la velocidad angular (W), en radianes por segundo (rad/s), del eje de transmisión:

$$P = M \cdot w \ [W]$$

donde la velocidad angular es:

$$w = 2 \cdot \pi \cdot f \ [rad/s]$$

EJEMPLO 8

Calcular la potencia en vatios y en caballos de vapor (CV) de un motor que gira a una velocidad de 600 rpm, y cuyo par es de 24 Nm.

Primero se calcula la velocidad angular (w):

$$w = \frac{2 \cdot \pi \cdot n}{60} = \frac{2 \cdot \pi \cdot 600}{60} = 62.83\,rad/s$$

Segundo, se calcula la potencia en vatios:

$$P = M \cdot w = 24 \cdot 62.83 = 1507.92\,W$$

Y, tercero, se realiza la conversión a caballos de vapor (CV):

$$P[CV] = \frac{P[W]}{736} = \frac{1507.92}{736} = 2.05\,CV$$

Puesto que la frecuencia, , indicará cuántas vueltas da en 1 segundo, y teniendo en cuenta que se desea saber la velocidad en revoluciones por minuto (vueltas que va a dar en 1 minuto), se calcula la velocidad de giro como:

$$w = 2 \cdot \pi \cdot \frac{n}{60} \ [rad/s] \Rightarrow n = \frac{w \cdot 60}{2 \cdot \pi} = 9.55 \cdot w \ [rpm]$$

También se suele utilizar el concepto de par útil (P_u), que se corresponde al par en el eje del motor, en función de la potencia útil del motor:

$$M_u = \frac{P_u}{w} \ [Nm] \Rightarrow P_u = w \cdot M_u = \frac{n \cdot M}{9.55} \ [W]$$

EJEMPLO 9

Un motor eléctrico de 60 CV gira a una velocidad de 2000 rpm. Calcular su par motor en su eje.

La potencia viene indica en caballos de vapor y se realiza la conversión a vatios:

$$P[W] = 736 \cdot P[CV] = 736 \cdot 60 = 44\,160\,W$$

A continuación, se despeja de la ecuación el valor del par motor (M):

$$P_u = \frac{n \cdot M}{9.55} \Rightarrow M = \frac{P_u \cdot 9.55}{n} = \frac{44\,160 \cdot 9.55}{2000}$$
$$= 210.86\,Nm$$

3.5 Características eléctricas en el arranque de un motor asíncrono trifásico

Intensidad de arranque

Los motores, durante el arranque, absorben un pico de corriente muy superior al valor nominal; este valor puede ser perjudicial para el propio motor, la aparamenta de mando, de protección y conductores. Por ello, el RE-BT-ITC-BT-47 delimita la corriente de arranque (Ia) y la nominal (In) según su potencia (tabla 3.3).

Potencia	Ia/In	Potencia	Ia/In
0.75 a 1.5 kW	4.5	5 a 15 kW	2
1.5 a 5 kW	3	>15 kW	1.5

Tabla 3.3
Relación de intensidad de arranque respecto a la nominal en función de la potencia del motor.

En la figura 3.19, se muestra la curva de intensidad en función de la velocidad (I=f(n)). Se puede apreciar que en el momento de arranque la intensidad es muy superior a la nominal; conforme va aumentando la velocidad, la intensidad irá disminuyendo, hasta que se iguala con la nominal requerida por la carga.

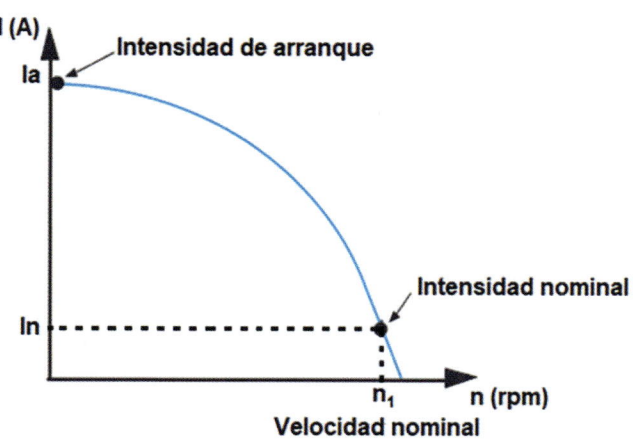

Figura 3.19
Curva intensidad-velocidad de un motor asíncrono.

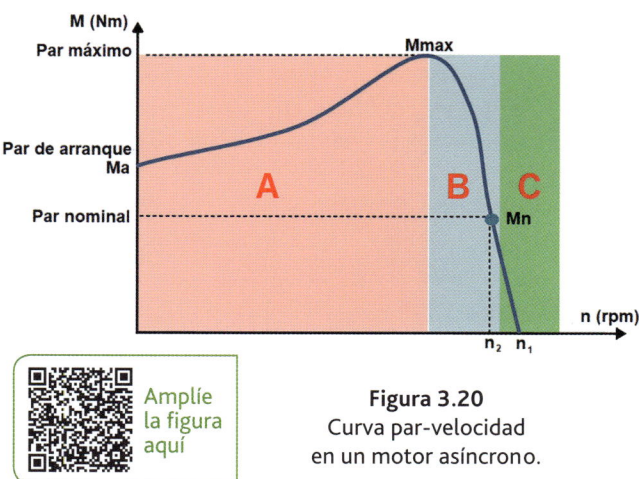

 Amplíe la figura aquí

Figura 3.20
Curva par-velocidad
en un motor asíncrono.

Los sistemas para reducir la intensidad de arranque más utilizados actualmente (por orden de utilización) son: variador de frecuencia, arrancador progresivo y arranque estrella-triángulo.

Curva de par-velocidad o característica mecánica

En la curva que relaciona el momento motor (M en Nm) con la velocidad (n en rpm), se pueden distinguir 3 zonas (figura 3.20):

☐ **A:** en esta zona, el deslizamiento (S) disminuye y la carga mecánica aumenta. El motor funciona en un rendimiento normal.

☐ **B:** en esta zona de transición, se produce una disminución de la velocidad, no hay linealidad.

☐ **C:** en esta zona, el par disminuye cuando la carga se incrementa hasta que se alcanza la velocidad de sincronismo.

Observando la gráfica de la figura 3.20, se pueden obtener los valores o puntos característicos:

☐ Par arranque (Ma): el deslizamiento vale 1, y su valor suele estar entre 0.8 y 2 veces el valor nominal. La intensidad de arranque es mucho más elevada.

☐ Par de máximo (Mmax): valor máximo que puede alcanzar el par, se obtiene antes de llegar a la velocidad nominal.

☐ Par nominal: el par máximo es del 200 al 250 % de su valor. Por lo tanto, conociendo el par de la curva de característica, se puede obtener el par motor a plena carga.

El punto formado por el par y la velocidad nominales (n_2 en la gráfica de la figura 3.20), se corresponde con el valor de la intensidad nominal. Para que el motor pueda acelerar hasta llegar a la velocidad de trabajo, el par de trabajo (el del motor) debe ser superior al par resistente (Mr), siendo el par resistente el originado por la carga arrastrada por el motor. Ver gráfica de la figura 3.21.

Cuando el par motor se iguala al par resistente, se alcanza el par nominal (Mn de la gráfica de la figura 3.21), y en ese punto la velocidad se estabiliza, y se considera que el motor se encuentra trabajando en condiciones normales. En dicho punto, el deslizamiento es muy pequeño, del orden del 3 al 8 %.

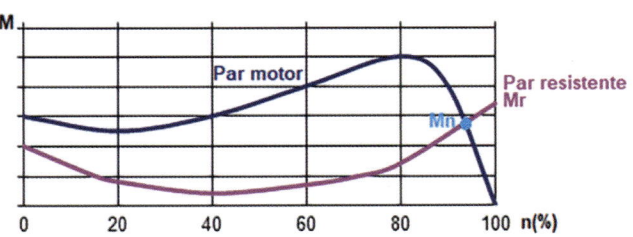

Figura 3.21
Curva par par-velocidad en tanto
por ciento.

 Amplíe la figura aquí

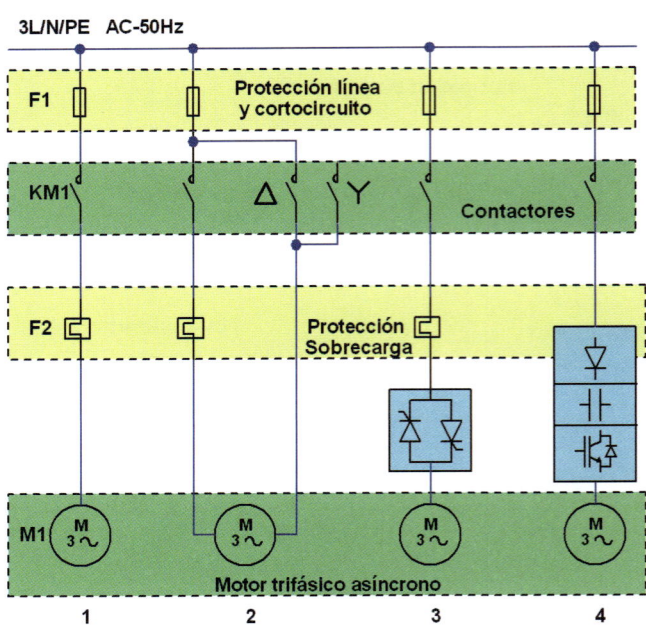

Figura 3.22
Principales modos de arranque.

3.6 Tipos de arranque de motores asíncronos trifásicos

Hay diversos modos de poner en funcionamiento el motor asíncrono trifásico, en función de la alimentación y el control. Los más utilizados se muestran en la figura 3.22, y consisten en:

1. Arranque directo: es el arranque más conocido y utilizado.

2. Arranque estrella-triángulo.

3. Arrancador suave o progresivo: realiza un arranque continuo y sin picos. Es una alternativa moderna al arranque estrella-triángulo.

4. Convertidor de frecuencia: se trata de un arranque controlado y continuo del motor con par nominal de la carga. Los convertidores de frecuencia también permiten el control de la velocidad y cuentan con un circuito electrónico para la protección del motor. También se puede controlar el posicionamiento del motor usando un generador de pulsos o *encoder*.

En la tabla resumen de la tabla 3.4 y 3.5, se muestran las curvas características de cada uno de los modos de arranque que se muestran en la figura 3.22, incluyendo una información detallada de las principales características eléctricas, así como sus principales usos en función de la aplicación donde se vaya a realizar el montaje del motor asíncrono trifásico.

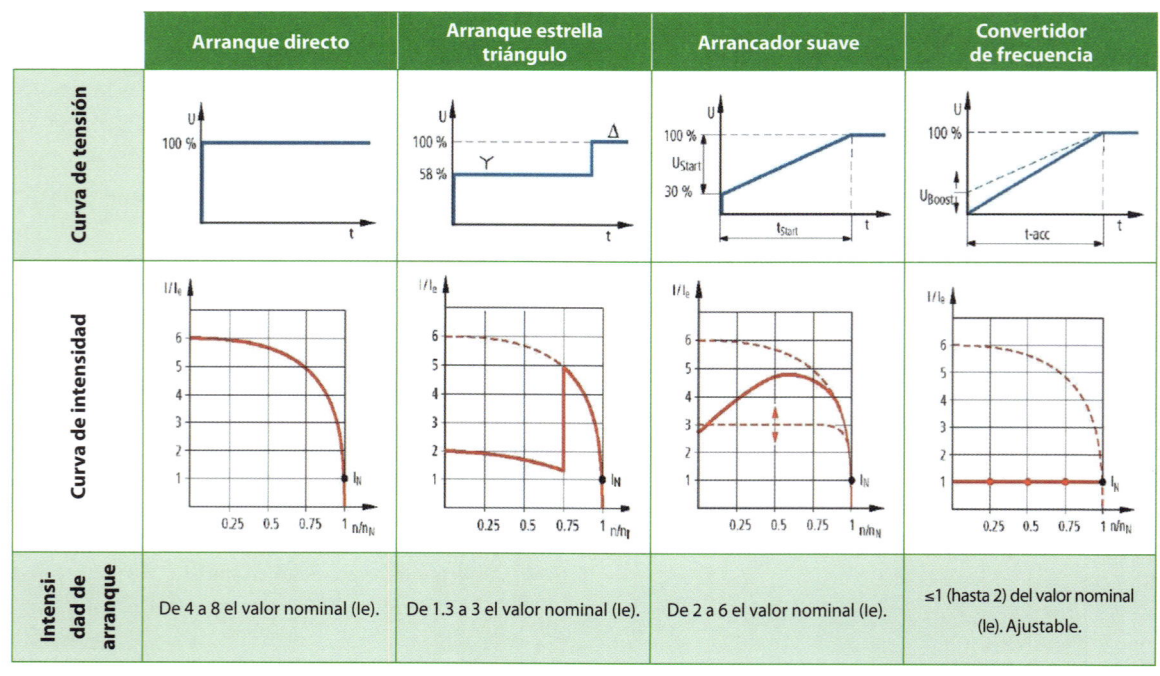

	Arranque directo	Arranque estrella triángulo	Arrancador suave	Convertidor de frecuencia
Curva de tensión				
Curva de intensidad				
Intensidad de arranque	De 4 a 8 el valor nominal (Ie).	De 1.3 a 3 el valor nominal (Ie).	De 2 a 6 el valor nominal (Ie).	≤1 (hasta 2) del valor nominal (Ie). Ajustable.

Tabla 3.4
Cuadro resumen de los principales modos de arranque en relación con la intensidad.

Amplíe la figura aquí

	Arranque directo	Arranque estrella triángulo	Arrancador suave	Convertidor de frecuencia
Curva par velocidad	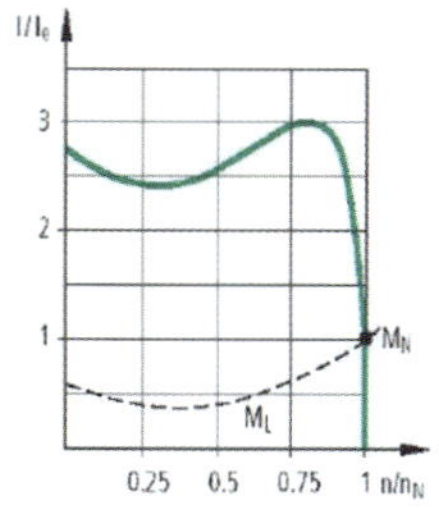 	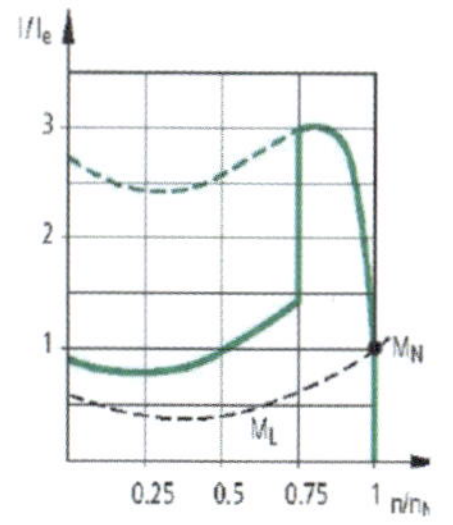	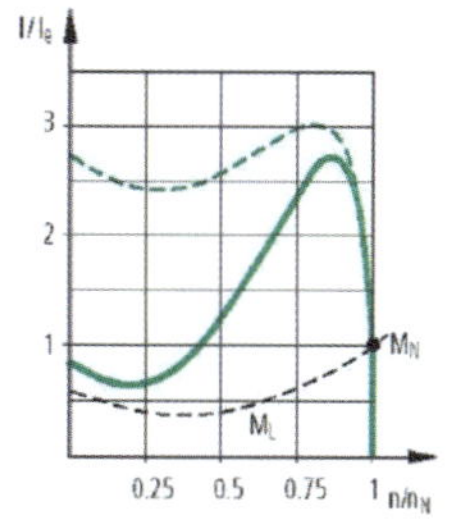	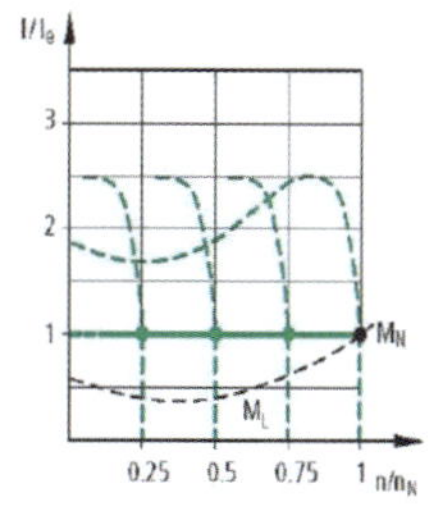
Par de arranque	De 1.5 a 3 el nominal (Mn).	De 0.5 a 1 el nominal (Mn).	De 0.1 a 1 el nominal (Mn).	De 0.1 a 2 el nominal (Mn).
Características	Alta aceleración con elevado consumo. Alta carga mecánica.	Arranque con reducción del par y corriente. Pico de arranque (par y corriente) en estrella.	Características de arranque ajustables. Posibilidad de rampa de parada.	Alto par y baja corriente. Características de arranque ajustables.
Aplicaciones	Suministro con altas corrientes de arranque.	Cargas después de acelerar.	Progresión suave del par o una reducción de corriente.	Arranque controlado y ajuste de velocidad sin escalones.

Tabla 3.5
Cuadro resumen de los principales modos de arranque en relación con la velocidad y el par de arranque.

Amplíe la figura aquí

ANOTACIÓN

De entre todos los arranques comentados, el arrancador estático suave es de aparición posterior a los arranques de estrella-triángulo, resistencias estatóricas y autotransformadores, los cuales están en desuso. Por ello, no se muestran en detalle en la presente documentación; mientras que el arrancador suave es cada vez más utilizado.

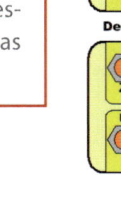 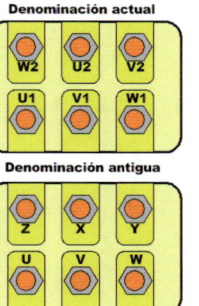 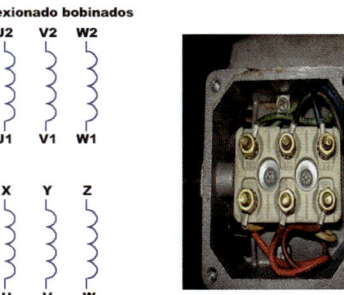

Figura 3.23
Caja de conexiones de un motor trifásico.

Amplíe la figura aquí

3.7 Caja de bornes en motores asíncronos trifásicos

Motor trifásico de rotor en cortocircuito

Cuando se alimenta un motor trifásico, los datos de la placa del motor deben corresponderse con la tensión y la frecuencia de alimentación. La conexión se realiza mediante unos tornillos (versión estándar) situados en la caja de bornes del motor (figura 3.23). Se distinguen dos tipos de conexión: estrella y triángulo.

El conexionado en triángulo o estrella dependerá de la tensión de la red de alimentación, y de las características del bobinado al cual se conecta. Teniendo en cuenta que la mayoría de las redes trifásicas de distribución son 230/400 V, la tensión de fase será principalmente 400 V. En la figura 3.24 se muestra un ejemplo de conexionado en estrella, puesto que los bobinados del motor están diseñados para soportar una tensión de 230 V.

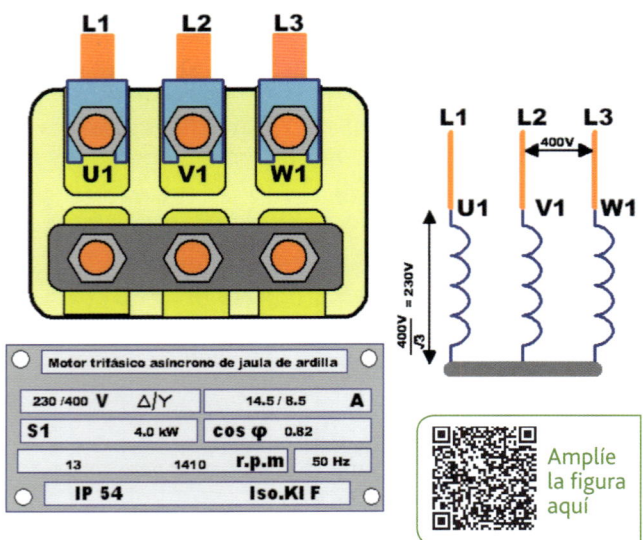

Figura 3.24
Conexionado en estrella.

En la figura 3.25, se muestra un ejemplo donde la tensión que puede soportar como máximo cada bobinado es de 400 V. Entonces, se pueden conectar directamente a la tensión entre fases; si se conecta en estrella, la tensión en cada bobinado será menor, así como la intensidad.

Independientemente del diseño, las conexiones del motor trifásico se denotan por su orden alfabético (por ejemplo, U1, V1, W1), se corresponden con la secuencia de tensión de red (L1, L2, L3) y hacen que el motor gire en sentido horario mirando de frente al eje del motor; el cambio de sentido antihorario se consigue intercambiando dos fases.

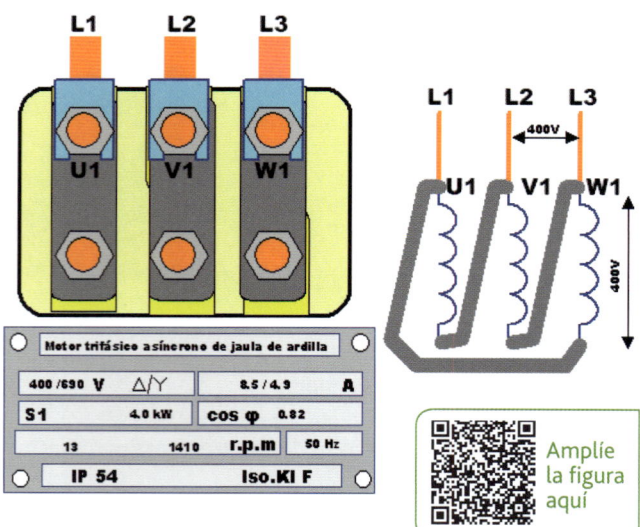

Figura 3.25
Conexionado en triángulo.

Motor trifásico de rotor bobinado

En el motor trifásico de rotor en cortocircuito no hay conexiones en el rotor, pero en el caso del rotor bobinado sí. Para ello, se dispondrá de tres conexiones adicionales en la caja de bornes, que corresponderán con las conexiones al bobinado del rotor, mediante escobillas y anillos rozantes. En consecuencia, en este tipo de motores habrá 9 conexiones: 6 de ellas corresponderán al estator y se conectarán como se ha visto en el apartado anterior, y las otras 3 corresponderán con las conexiones del rotor. Esto se muestra en la figura 3.26.

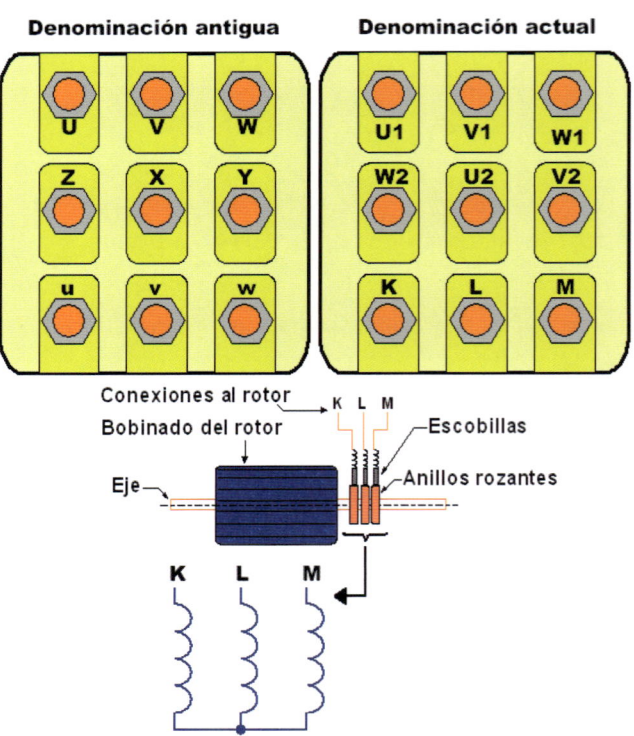

Figura 3.26
Conexiones en rotor bobinado.

El procedimiento de arranque más común es el que se muestra en el esquema de potencia de la figura 3.27. Mediante la utilización de los contactores KM2 y KM3, se aplica una resistencia mayor o menor, variando así la velocidad (en este caso, hay 3 etapas); se denomina por etapas porque realiza el arranque de la velocidad menor hasta la nominal. La alimentación del estator siempre se realiza a plena carga, siguiendo las pautas indicadas en el apartado anterior en función de la tensión que puedan soportar sus bobinados, conexión en triángulo o estrella.

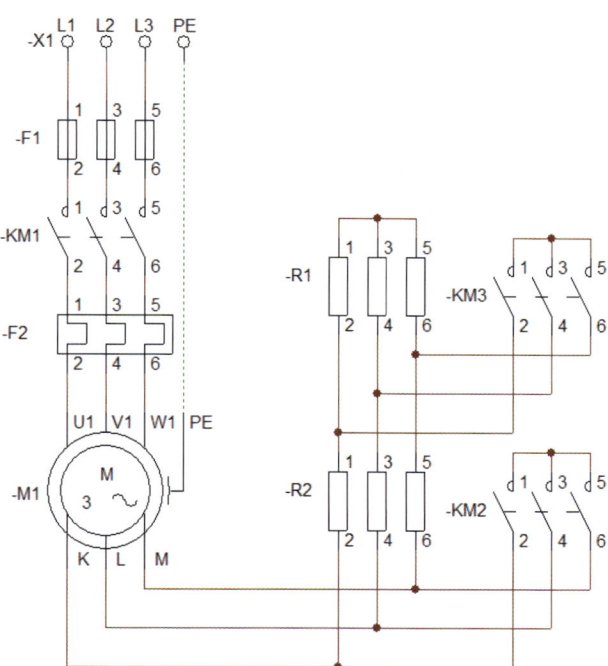

Figura 3.27
Esquema de arranque de tres etapas con rotor bobinado.

Esta capacidad de conexión al bobinado del rotor permite conectar resistencia en serie con dichas bobinas, de tal forma que se eleva su impedancia y, por lo tanto, la corriente de arranque es menor. También la velocidad es menor, pero esta se puede ir modificando durante el arranque, al modificar la velocidad de las resistencias conectadas al rotor, hasta llegar al cortocircuito de estas alcanzando la velocidad nominal. Para conseguir este efecto se van intercalando resistencias que se cortocircuitarán mediante el uso de contactores. Por lo tanto, el valor de las resistencias en serie con el rotor afectará sobre la curva par-velocidad (figura 3.28), es decir, a menor resistencia mayor velocidad.

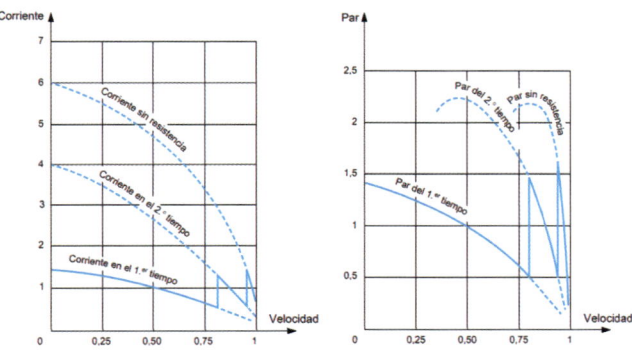

Figura 3.28
Curvas de arranque corriente y par en motor trifásico con rotor bobinado.

PARA RECORDAR...
En la gráfica de la figura 3.28, el valor de 1 en el eje se corresponde con el valor nominal.

Caja de bornes en motores síncronos trifásicos

Los motores síncronos requieren un arrollamiento de arranque adicional, o cortocircuitar el arrollamiento de excitación, puesto que su velocidad dependerá de la frecuencia de la red de alimentación para ser independiente de la carga, aunque puede perder sincronismo en caso de sobrecarga.

Por lo tanto, mantener la velocidad de sincronismo requiere de una conexión mediante anillos rozantes al rotor, los cuales se encuentran en la caja de bornes. Se requerirán 8 conexiones (figura 3.29).

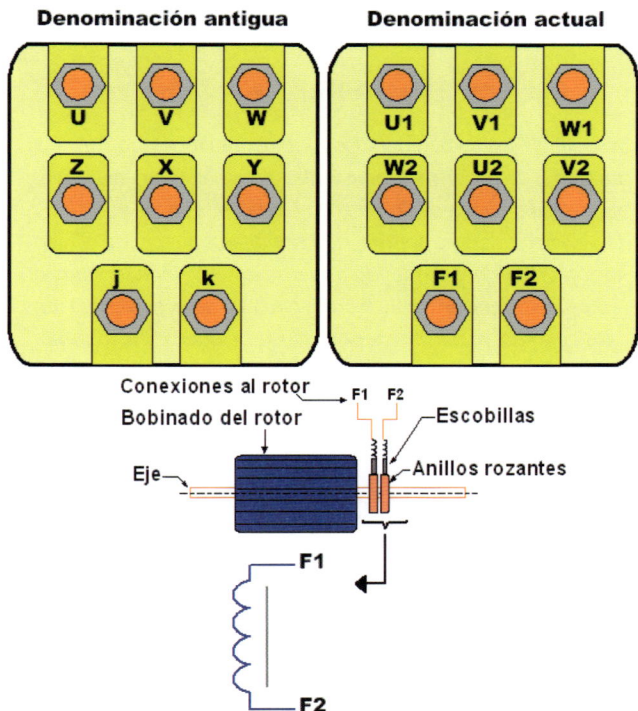

Figura 3.29
Conexionado en motor síncrono trifásico.

Así pues, este tipo de motor requerirá una fuente de alimentación externa, denominada de excitación en la placa de características. Esta se puede obtener a través de una fuente externa o de un generador de corriente continua acoplado al propio motor. Se suele conectar con un reóstato en serie que proporcione al operario la variación de la fuerza en los polos de rotor, y así se adapte a posibles cargas variables. Esto se muestra en la figura 3.30.

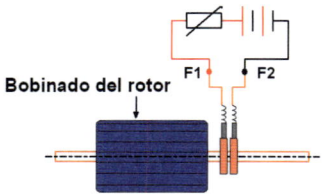

Bobinado del rotor

Amplíe
la figura
aquí

Figura 3.30
Conexionado de fuente externa de excitación
en motor síncrono trifásico.

La alimentación del estator siempre se realiza a plena carga, siguiendo las pautas indicadas en el apartado anterior en función de la tensión que puedan soportar sus bobinados.

3.8 Motores asíncronos trifásicos en redes monofásicas

Los motores trifásicos de pequeña potencia pueden conectarse a una red monofásica, realizando un pequeño acondicionamiento, que consiste en la interconexión de un condensador, aunque se reducen los valores máximos de potencia y par que puede desarrollar.

De tal forma que, de las 3 conexiones, dos serán para fase y neutro, y la tercera conexión se obtiene conectando un condensador en serie con la fase, produciendo así el desfase necesario para mover el motor. La conexión en estrella o triángulo se debe mantener siguiendo el valor de la tensión de alimentación. En la figura 3.31 se muestra de forma gráfica la interconexión, así como la placa de características del motor trifásico.

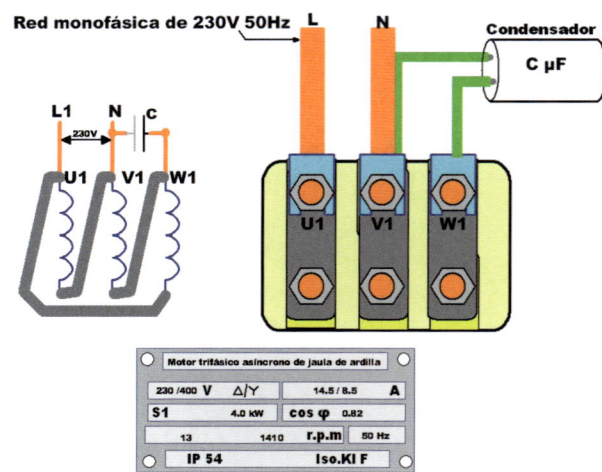

Figura 3.31
Esquema de conexionado de un motor trifásico
a una red monofásica.

El condensador estará dimensionado para una tensión 1.25 superior a la tensión de red. El valor de capacidad del condensador en función de la tensión de red para una frecuencia de 50 Hz se puede obtener tomando como referencia los valores de la tabla 3.6.

Tensión de la red (V)	400 V	230 V	127 V
Capacidad por kW (C)	20 µF	70 µF	200 µF
Tensión del condensador (Uc)	≥500 V	400/450 V	250 V

Tabla 3.6
Tabla de cálculo del condensador para motor trifásico en red
monofásica.

EJEMPLO 10

Como técnico de mantenimiento se te pide conectar un motor trifásico de 2 CV (potencia útil) y rendimiento del 92 % a una red monofásica, por lo que se debe conectar un condensador y elegir el valor a utilizar. Calcula el valor del condensador.

El procedimiento consiste en obtener la potencia absorbida a partir de los datos del motor (hoja de características) y realizar una comparación con los valores de la tabla 3.5 para determinar el valor del condensador a utilizar:

$$P(W) = P(CV) \cdot 736 = 1472W \Rightarrow P_{abs} = \frac{P_{util}}{\eta} = \frac{1472}{0.92}$$
$$= 1600 \ W$$

$$1 \ kW \to 70 \ \mu F \Rightarrow 1.6 \ kW \to x \Rightarrow x = \frac{70 \mu \cdot 1.6}{1}$$
$$= 112 \ \mu F$$

Las particularidades a destacar de este tipo de conexión son:

☐ Para motores de pequeña potencia, hasta 4 kW.

☐ Reducción del par de arranque entre un 40-50 % del par nominal.

☐ La potencia puede llegar al 80 % de la nominal.

3.9 Contactores

El elemento de control para el accionamiento de motores es el contactor; por lo tanto, en este apartado se incluyen las nociones a tener en cuenta en su elección, en particular para motores asíncronos.

Categoría

En la tabla 3.7 se muestran las categorías de empleo de los contactores (según norma IEC 60947-4-1) dependiendo de la naturaleza del receptor a controlar y de las condiciones de cierre y apertura.

Elección del contactor

Los factores a tener en cuenta en la selección de los contactores son:

☐ Corriente de empleo, Ie: es la corriente nominal máxima del receptor que el contactor puede establecer, soportar e interrumpir.

☐ Tensión de empleo, Ue: en circuitos trifásicos es la tensión entre fases.

☐ Categoría de empleo.

☐ Eventual comprobación de la vida eléctrica y mecánica.

La vida útil de los contactores es el tiempo, en función del número de maniobras que efectúa el contactor, durante el cual los contactores conservan las condiciones mínimas de funcionamiento. La vida eléctrica suele ser de millones de maniobras, aunque es un parámetro específico de cada fabricante. Para ello, ofrecen las denominadas curvas de durabilidad.

Para consultar el número de millones de ciclos se toma como referencia la gráfica correspondiente al contactor elegido (figura 3.32), en función de la intensidad nominal (parte superior), y se traza una línea hasta que es cortada; por ejemplo, en la gráfica, se corresponde al

Categoría	Características
AC-1	Cargas no inductivas o ligeramente inductivas (cosφ≥0.95). Hornos de resistencia, calefacciones.
AC-2	Motores asíncronos de anillos con inversión en marcha, frenado y funcionamiento por sacudidas. Centrifugadoras, hormigoneras, etc.
AC-3	Motores asíncronos de jaula de ardilla, corte del motor lanzado. Ventiladores, compresores, etc.
AC-4	Motores asíncronos con inversión en marcha, y marcha con intermitencia, frenado a contracorriente y funcionamiento por sacudidas. Máquinas elevadoras.

Categoría	Condiciones de pruebas de durabilidad					
	Condiciones de cerrar			Condiciones de abrir		
	I/I_e	U/U_e	cosφ	I/I_e	U/U_e	cosφ
AC-1	1.5	1.1	0.95	1.5	1.1	0.95
AC-2	4.0	1.1	0.65	4.0	1.1	0.65
AC-3	8.0	1.1	0.35	8.0	1.1	0.35
AC-4	10.0	1.1	0.35	10.0	1.1	0.35

Tabla 3.7
Categoría de contactores para el control de motores de corriente alterna.

contactor A110 (AC-3) que controla un motor de jaula de ardilla a 400 V con un consumo de 79 A, para obtener 1.5 millones de maniobras.

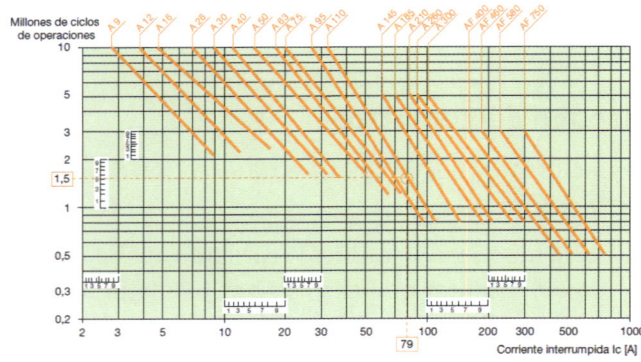

Amplíe la figura aquí

Figura 3.32
Curvas de operación de un contactor comercial
(cortesía de Lovato electric).

Cálculo de sobreintensidad en el arranque

A la hora de elegir correctamente un contactor, un dato importante es el cálculo de la intensidad del receptor, puesto que dicho elemento es el encargado de establecer, soportar e interrumpir dicha corriente. En el caso de motores asíncronos trifásicos, el fabricante en la placa de características suele indicar la potencia útil o mecánica, mientras que, para la elección del contactor, hay que tomar el valor de la potencia absorbida, en función del rendimiento.

También se puede calcular por la tensión, intensidad absorbida y el . Todos estos datos estarán indicados en la placa de características, y las ecuaciones a utilizar se muestran en la tabla 3.8.

Suministro monofásico	Suministro trifásico
$I_n = \dfrac{P_{abs}}{V_L \cdot cos\varphi}$	$I_n = \dfrac{P_{abs}}{\sqrt{3} \cdot V_L \cdot cos\varphi}$

Tabla 3.8 Tabla resumen del cálculo de la intensidad.

Algunos receptores, cuando son conectados a la red, absorben un pico de corriente elevado, por lo que se puede considerar la siguiente intensidad del arranque en función del tipo de receptor, multiplicando el valor nominal por los coeficientes de la tabla 3.9.

Receptor	Coeficiente
Alumbrado lámparas de filamento	15-20·In
Alumbrado lámparas de mercurio	1-1.5·In
Alumbrado fluorescente	15-20·In (no compensados, cosφ=0.5) 1-1.6·In (compensados, cosφ=0.9)
Calefacción por resistencias eléctricas	2-3·In
Motores con rotor en cortocircuito o jaula de ardilla	5-7·In
Motores con rotor bobinado o de anillos	2.5·In
Motores de corriente continua Shunt	2.5·In

Tabla 3.9
Tabla de coeficientes de corrección para el cálculo de la intensidad.

── **EJEMPLO 11** ──

Calcular la intensidad de arranque de un motor de rotor en jaula de ardilla cuya potencia absorbida es de 5.5 kW con un factor de potencia de 0.82 (cosφ), conectada una tensión de alimentación de 400 V.

El proceso consiste en calcular la intensidad nominal a partir de los datos del motor y aplicar el coeficiente de la tabla 3.8 (a falta de datos, se escoge el valor más restrictivo):

$$P_{abs} = \sqrt{3} \cdot V_L \cdot I_n \cdot cos\varphi \Rightarrow I_n = \frac{P_{abs}}{\sqrt{3} \cdot V_L \cdot cos\varphi}$$

$$= \frac{5500}{\sqrt{3} \cdot 400 \cdot 0.82} = 9.68\ A$$

$$I_a = 7 \cdot I_n = 7 \cdot 9.68 = 67.76\ A$$

Ejemplo comercial de contactores

En la figura 3.33, se muestra una tabla comercial para la selección de contactores de categoría AC-3. Para realizar una búsqueda en la tabla, hay que tener en cuenta la tensión de alimentación, donde se indica la potencia en kW en cada fila para dicho valor de tensión, en correspondencia con la intensidad de empleo (Ie). Se elige el valor que mejor se ajuste a las características del motor eléctrico a controlar.

CATEGORÍA DE EMPLEO AC3
CARACTERÍSTICAS DE LOS POLOS
Motor de inducción de jaula de ardilla; interrupción a la corriente nominal del motor.

POTENCIAS MÁXIMAS DE EMPLEO a temperatura ambiente ≤ 55°C.

Tipo contactor	Corriente de empleo (Ue ≤440V) [A]	Potencia de empleo						
		220/230V [kW]	380/400V [kW]	415V [kW]	440V [kW]	500V [kW]	660/690V [kW]	1000V [kW]
BG06	6	1,5	2,2	2,4	2,5	3	3	–
BG09	9	2,2	4,0	4,3	4,5	5	5	–
BG12	12	3,2	5,7	6,2	5,5	5	5	–
BF09	9	2,2	4,2	4,5	4,8	5,5	7,5	–
BF12	12	3,2	5,7	6,2	6,2	7,5	10	–
BF18	18	4	7,5	9	9	10	10	–
BF25	25	7,0	12,5	13,4	13,4	15	18	–
BF26	26	7,3	13	14	14	15,6	18,5	–
BF32	32	8,8	16	17	17	20	22	–
BF38	38	11	18,5	18,5	18,5	20	22	–
BF40	40	11	18,5	22	22	22	30	18
BF50	50	15	22	30	30	30	37	22
BF65	65	18,5	30	37	37	37	45	30

Amplíe la figura aquí

Figura 3.33
Tabla de ejemplo de selección
de contactores (cortesía de Lovato Electric).

ANOTACIÓN

La tabla anterior es de selección, y lo indicado como poder de corte se tiene que consultar en la documentación más detallada sobre características eléctricas de los contactores. También ofrece soluciones específicas para contactores de iluminación o para condensadores de corrección del factor de potencia.

3.10 Dimensionado de elementos de control y protección de arranques de motores asíncronos trifásicos

Introducción

Se incluye este apartado como repaso a conceptos vistos en módulos del curso anterior, para que sirvan de repaso y como refuerzo a un aspecto importante, como es la correcta selección de los elementos de control y protección de un motor eléctrico, así como el proceso de cálculo de secciones.

Esquemas de tipo de arranque directo de motores asíncronos trifásicos

Los esquemas básicos utilizados en el cuadro eléctrico secundario para el control de motores tienen varias configuraciones, en función del número de dispositivos, pero se pueden agrupar en 3 bloques (figura 3.34):

1. Seccionador: secciona o corta la corriente que llega al cuadro secundario. Puede estar formado por: interruptor-seccionador, interruptor automático u otro elemento que permita la función de seccionamiento.

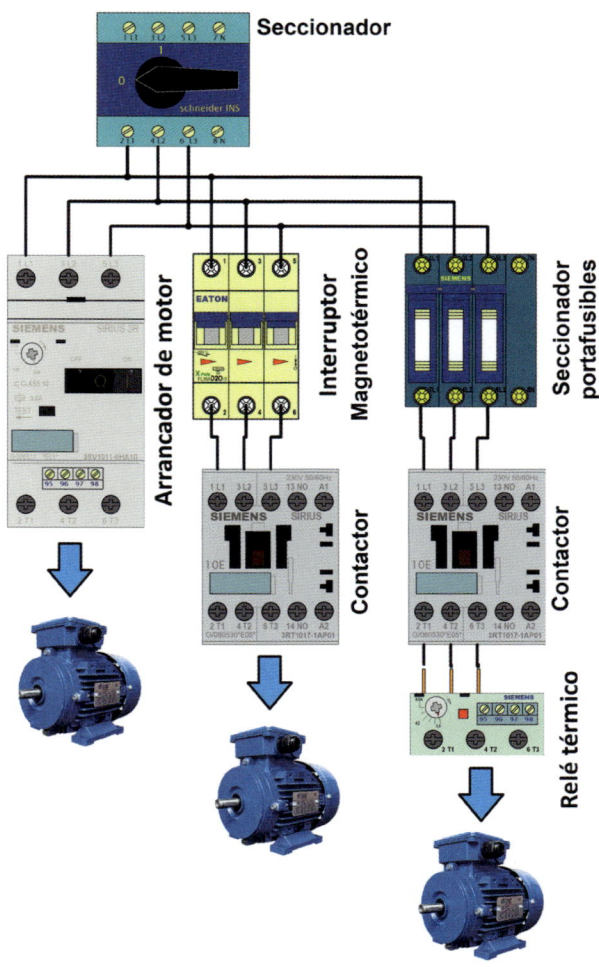

Figura 3.34
Algunos ejemplos de protección y control
de arranque directo de un motor trifásico.

2. Conjuntos de protección: se encargan de la protección de cada circuito que alimenta al motor. Los dispositivos utilizados son:

   a) Conjunto disyuntor magnetotérmico (protección magnética y térmica) + contactor. Este conjunto se llama arrancador directo o arrancador de motor.

   b) Disyuntor magnetotérmico (protección magnética y térmica). Llamado guardamotor.

   c) Interruptor automático curva D (protección magnética y térmica).

   d) Fusible tipo aM (protección magnética) y relé térmico (protección térmica). Los fusibles suelen estar instalados en un seccionador portafusibles.

   e) Interruptor automático curva C (protección magnética y térmica) para proteger el circuito de mando.

3. Elemento de control: dispositivo que controla la marcha del motor. El más utilizado es el contactor, aunque también se pueden utilizar dispositivos electrónicos, como arrancadores o variadores.

4. También se puede añadir a las protecciones anteriores un relé electrónico con sonda PTC para dotar al motor de una mayor protección.

Las 4 configuraciones básicas, como se ha comentado anteriormente para el arranque directo de motores, son las siguientes:

1. Arrancador de motor (disyuntor + contactor en un conjunto)

2. Guardamotor y contactor

3. Interruptor automático curva D y contactor

4. Fusible tipo aM, contactor y relé térmico

ANOTACIÓN

La configuración más utilizada hoy en día es el guardamotor y contactor.

Cálculo de secciones

Para la elección de los conductores se tienen que cumplir las siguientes 3 condiciones:

1. Caída máxima de tensión, teniendo en cuenta una caída de tensión del 5 % (circuito de fuerza para instalaciones interiores según REBT) de la tensión de alimentación (e).

2. Intensidad máxima admisible (I_Z), según tabla ITC-BT-19. En función de las características de la instalación, tipo de aislamiento, se comprueba que la intensidad del circuito es inferior a la del circuito (I_B).

3. Temperatura según aislamiento de los conductores. Para aislamiento de PVC se considera una temperatura máxima de 70 °C y, si es XLPE 90 °C, una opción muy común es utilizar el valor máximo de conductividad en función del tipo de conductor utilizado (principalmente cobre, Cu). Ver tabla 3.10.

	Aislamiento	Temperatura máxima	Conductividad (γ)
Cobre	PVC o poliolefinas Z1	70 °C	48 m/Ωmm²
Cobre	XLPE, HEPR, EPR, poliolefinas o silicona	90 °C	44 m/Ωmm²

Tabla 3.10 Resumen de valores de conductividad.

Los pasos a seguir para realizar el cálculo son:

1. Calcular la intensidad del circuito (tabla 3.8), teniendo en cuenta la potencia absorbida o la intensidad indicada en la placa de características.

2. Aplicar factores de corrección según el Reglamento Electrotécnico de Baja Tensión (REBT), en función del receptor según la tabla 3.11.

Receptor	ITC del REBT	Factor de corrección
Motores solos	ITC-BT-47 apartado 3	1.25
Varios motores	ITC-BT-47 apartado 3	1.25 (motor de mayor potencia)
Motores de elevación y transporte	ITC-BT-47 apartado 6	1.3 (todos los motores)

Tabla 3.11 Coeficientes de corrección de motores según REBT.

3. Calcular la sección mínima (tabla 3.12), teniendo en cuenta: la potencia aplicando el factor de corrección, la distancia del cuadro de control hasta el motor (longitud en metros), la tensión de alimentación (230/400 V), la conductividad según el tipo de aislamiento y la caída de tensión (en %).

Suministro monofásico	Suministro trifásico
$$S = 200 \cdot \frac{L \cdot P}{\gamma \cdot e \cdot V^2}$$	$$S = 100 \cdot \frac{L \cdot P}{\gamma \cdot e \cdot V^2}$$

Tabla 3.12 Resumen del cálculo de sección.

PARA RECORDAR...

Según ITC-BT-19 apartado 2.2.2, para otras instalaciones interiores o receptoras en baja tensión se considera: 3 % para alumbrado y 5 % para los demás usos.

4. Comprobar según la tabla que el valor de intensidad máxima admisible (I_Z) es menor a la del circuito (I_B), teniendo en cuenta los factores de corrección (1.25 · I_B); si no lo cumple, hay que escoger un valor superior hasta que lo cumpla.

5. Comprobar la relación entre protecciones y secciones, puesto que el elemento de protección debe proteger a la instalación.

PARA RECORDAR...

Las tablas que se muestran a continuación (3.13 y 3.14) se encuentran unificadas en una en la ITC-BT-19 del REBT.

El siguiente paso será comprobar la intensidad máxima admisible siguiendo los siguientes pasos:

6. Elegir una letra (tabla 3.13) en función del tipo de instalación (se puede ampliar según lo indicado en la ITC-BT-19, según norma UNE-60364-5-52).

Tipo	Descripción
B1	Conductores aislados en un conducto sobre una pared (montaje superficial o empotrados en obra). Incluyendo canales para la instalación, canaletas y conductos de sección no circular.
B2	Cable multiconductores aislados en un conducto sobre una pared (montaje superficial o empotrados en obra). Incluyendo canales para la instalación, canaletas y conductos de sección no circular.

Tabla 3.13. Tipo de instalación.

Sección mm2	Canalizaciones fijas en superficie			Canalizaciones empotradas		
	Número de conductores					
	2	3	4	2	3	4
1.5	12	16	16	12	16	16
2.5	12	16	16	16	20	20
4	16	20	20	16	20	20
6	16	20	20	16	25	25
10	20	25	32	25	25	32
16	25	32	32	25	32	32

Tabla 3.15 Diámetros de tubos según sección.

7. Elegir la sección (tabla 3.14) cuya intensidad máxima admisible (IZ) sea inmediatamente superior al obtenido (según UNE-HD 60364-5-52), teniendo en cuenta si es trifásica o tripolar 3x, o monofásico o bipolar 2x y el tipo de aislante del cable (policloruro de vinilo, PVC, o polietileno reticulado, XLPE).

B1		PVC 3x		XLPE 3x	XLPE 2x
B2	PVC 3x	PVC 2x	XLPE 3x	XLPE 2x	
1.5 mm₂	12,5	13,5	16,5	17,5	20
2.5 mm₂	17	18	22	24	28
4 mm₂	22	24	330	32	38
6 mm₂	29	31	39	41	49
10 mm₂	40	43	54	57	68
16 mm₂	53	59	72	77	91

Tabla 3.14 Tabla de intensidades máximas admisibles.

En base a las secciones, el número de conductores y el tipo de instalación se determinará el diámetro de la canalización a utilizar. En la tabla 3.15, se muestran los diámetros mínimos a utilizar según las características de la instalación, si se ha realizado en superficie o empotrada, para tubos que alberguen 2, 3 o 4 conductores.

Cálculo de protecciones: disyuntor magnetotérmico (guardamotores) para motores

A partir de la intensidad de cada circuito (alimentación de cada motor eléctrico). Su función es la de proteger contra sobrecargas y cortocircuitos. Ahora bien, como se ha visto, durante el arranque en los motores se produce un pico de intensidad y, por lo tanto, hay que escoger un magnetotérmico que no provoque un disparo no deseado.

En el montaje de cuadros eléctricos, los utilizados para la protección de motores reciben el nombre de disyuntor o guardamotor. Por lo tanto, se debe elegir, de las tablas del fabricante, el inmediatamente superior a la intensidad del circuito.

Hay que comentar que este tipo de dispositivos suelen tener un elemento de regulación y, por lo tanto, dispondrán de un valor mínimo y máximo, que al realizar la instalación se debe ajustar adecuándolo a la intensidad del motor, correspondiente al circuito a proteger. Esta regulación corresponde al disparo térmico, es decir, a la sobrecarga. Además, incluyen la característica de disparo de un relé térmico, que es sensible a la falta de una fase. El ajuste del disparo magnético ya se encuentra diseñado internamente al modelo elegido.

En la figura 3.35, se muestra un ejemplo comercial, donde se pueden apreciar los valores de intensidad correspondiente a guardamotores hasta 40 amperios:

Interruptores guardamotores SM1... hasta 40A. Protección magnética y térmica

SM1P...

Esquemas eléctricos

Código de pedido	Rango de regulación disparo térmico	Poder de corte en cortocircuito a 400V Icu	Ics	Uds. de env.	Peso
	[A]	[kA]	[kA]	n*	[kg]
Mando de pulsador					
SM1P 0016	0,1...0,16	100	100	1	0,280
SM1P 0025	0,16...0,25	100	100	1	0,280
SM1P 0040	0,25...0,4	100	100	1	0,280
SM1P 0063	0,4...0,63	100	100	1	0,280
SM1P 0100	0,63...1	100	100	5	0,280
SM1P 0160	1...1,6	100	100	5	0,280
SM1P 0250	1,6...2,5	100	100	5	0,350
SM1P 0400	2,5...4	100	100	5	0,350
SM1P 0650	4...6,5	100	100	5	0,350
SM1P 1000	6,3...10	100	100	5	0,350
SM1P 1400	9...14	25	12,5	5	0,350
SM1P 1800	13...18	25	12,5	5	0,350
SM1P 2300	17...23	15	5	5	0,350
SM1P 2500	20...25	15	5	5	0,350
SM1P 3200	24...32	10	5	1	0,350
SM1P 4000	30...40	10	5	1	0,350

Amplíe la figura aquí

Figura 3.35
Ejemplo comercial de guardamotores (cortesía de Lovato Electric).

Cálculo de protecciones: fusible y relé térmico

El proceso consiste en escoger un valor de intensidad nominal del relé térmico que sea superior a la intensidad del circuito; estos elementos suelen tener un sistema de regulación, correspondiente a un valor mínimo y máximo.

En la figura 3.36, se muestra un ejemplo comercial, donde se pueden apreciar los valores de intensidad correspondiente a guardamotores hasta 40 amperios. Además, se indica que incluyen la protección ante falta de una fase:

Sensibles al fallo de fase

RF38...

Esquemas eléctricos

-F

Código de pedido	Rango de ajuste	Fusibles de protección aM	gG	Uds. de env.	Peso
	[A]	[A]	[A]	n*	[kg]
REARME MANUAL O AUTOMÁTICO. Montaje directo en contactores BF09...BF38. Montaje independiente con accesorio RFX38 04.					
RF38 0016	0,1...0,16	0,25	—	1	0,160
RF38 0025	0,16...0,25	0,5	—	1	0,160
RF38 0040	0,25...0,4	0,5	1	1	0,160
RF38 0063	0,4...0,63	1	2	1	0,160
RF38 0100	0,63...1	2	4	5	0,160
RF38 0160	1...1,6	2	4	5	0,160
RF38 0250	1,6...2,5	4	6	5	0,160
RF38 0400	2,5...4	4	6	5	0,160
RF38 0650	4...6,5	8	16	5	0,160
RF38 1000	6,3...10	10	20	5	0,160
RF38 1400	9...14	16	32	5	0,160
RF38 1800	13...18	25	40	5	0,160
RF38 2300	17...23	25	50	5	0,160
RF38 2500	20...25	32	50	5	0,160
RF38 3200	24...32	40	63	1	0,160
RF38 3800	32...38	40	63	1	0,160

Amplíe la figura aquí

Figura 3.36
Ejemplo comercial de relé térmico (cortesía de Lovato Electric).

PARA SABER MÁS...

QR de acceso al catálogo comercial de Lovato Electric. Incluidos no solo los elementos de protección, sino también los dispositivos de arranque y control de motores eléctricos.

Aunque, si se observa la tabla de la figura 3.36, se indica el relé térmico a elegir para la combinación de la protección. Se puede observar que se debe elegir un valor superior. Si se trata de fusibles tipo aM, se escoge el inmediatamente superior al valor máximo de regulación; si es de tipo gG, se observa un sobredimensionado.

PARA SABER MÁS...

El sobredimensionado suele ser del 200 % al valor nominal del relé térmico, de tal forma que si hay una sobrecarga, los contactores auxiliares del relé térmico abrirán el circuito de maniobra y provocarán que se detenga el motor al abrir el circuito de alimentación de la bobina del contactor. Es decir, utiliza el circuito de maniobra y, por lo tanto, no se fundirá el fusible ante una sobrecarga, pero sí ante un cortocircuito.

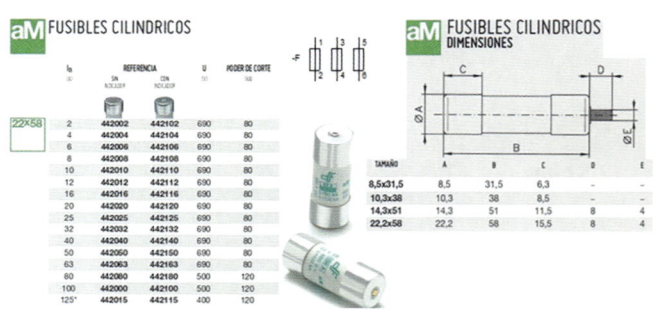

Figura 3.37
Ejemplo comercial de fusible aM (cortesía de DF).

Amplíe la figura aquí

Es común alojar el fusible en un portafusibles seccionador, de tal forma que se permita abrir el circuito y cortar la alimentación del circuito o motor. Su elección dependerá del tamaño del fusible a utilizar y del número de polos a utilizar. En la figura 3.38, se muestra un ejemplo comercial, donde la corriente nominal corresponde a la intensidad máxima que pude soportar; por lo tanto, será el valor máximo del calibre del fusible a utilizar.

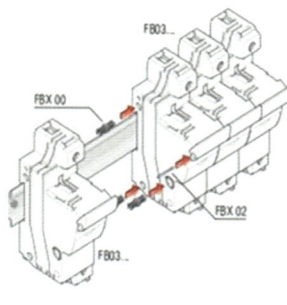

Código de pedido	Compos. polos	Testigo lumin.	Mód. DIN n°	Uds. de env. n°	Peso [kg]
Para fusibles 10x38. Corriente nominal 32A (690VAC).					
FB01 A 1P	1P	—	1	12	0,066
FB01 A 1PL	1P	SI	1	12	0,065
FB01 A 1Mꙩ	1P+N	—	1	12	0,062
FB01 A 1N	1P+N	—	2	6	0,134
FB01 A 2P	2P	—	2	6	0,132
FB01 A 3P	3P	—	3	4	0,188
FB01 A 3N	3P+N	—	4	3	0,260
Para fusibles 14x51. Corriente nominal 50A (690VAC).					
FB02 A 1P	1P	—	1	12	0,113
FB02 A 1PL	1P	SI	1	12	0,114
FB02 A 1N	1P+N	—	2	6	0,237
FB02 A 2P	2P	—	2	6	0,224
FB02 A 3P	3P	—	3	4	0,335
FB02 A 3N	3P+N	—	4	3	0,460

 Amplíe la figura aquí

Figura 3.38
Ejemplo comercial de seccionador portafusibles (cortesía de Lovato Electric).

En la tabla 3.16, se muestra la condición que se tiene que cumplir de utilizar como elemento de protección contra cortocircuito el fusible o el magnetotérmico.

Protección con fusibles	Protección con magnetotérmico
$I_B \leq I_n$ (protección) $\leq 0.91 \cdot I_z$	$I_B \leq I_n$ (protección) $\leq I_z$

Tabla 3.16 Resumen de la relación entre protección y sección.

Cálculo y selección del seccionador

Puesto que se trata de un elemento que tiene que ser capaz de soportar la intensidad máxima que circulará a través de todos los receptores que alimente el cuadro eléctrico, se debe escoger uno cuya intensidad sea superior a la calculada por todos los circuitos.

PARA SABER MÁS…

QR para acceso al catálogo de DF Electric, donde se han clasificado las protecciones en función de su aplicación.

PARA RECORDAR…

Hay que diferenciar entre seccionador e interruptor. El seccionador no puede operar en carga, mientras que el interruptor sí; por lo tanto, si está catalogado como interruptor-seccionador cumplirá las condiciones de aislamiento y podrá: establecer, tolerar e interrumpir corrientes en un circuito en condiciones normales. Lógicamente, no cumple condiciones de protección, puede ser instalado en el exterior (en la puerta) o interior del cuadro.

Concordancia entre protección y sección

Tiene que existir una relación directa entre la protección y la sección, puesto que, una vez elegido el calibre de la protección, este tiene que es lo suficientemente elevado para que no se dispare en el arranque del motor, y que dispare antes de que se pueda producir un deterioro del cableado. Se representa de forma gráfica en la figura 3.39, donde se ha incluido la leyenda correspondiente a los elementos a tener en cuenta en función de la canalización y el dispositivo de protección.

Para calcular la intensidad total hay que tener en cuenta que las intensidades no se suman algebraicamente sino que se trata de una suma vectorial. Por ello, para hacerlo más sencillo, se tienen que sumar algebraicamente las potencias P y Q y obtendremos S y su correspondiente cos(phi) del cuadro eléctrico.

Al obtener estos datos, podemos calcular la intensidad total del cuadro eléctrico:

$$P_{TOTAL} = P_1 + P_2 + P_3 + \cdots + P_n \ [W]$$
$$Q_{TOTAL} = Q_1 + Q_2 + Q_3 + \cdots + Q_n \ [VAr]$$
$$S_{TOTAL} = \sqrt{(P_{TOTAL})^2 + (Q_{TOTAL})^2} \ [VA]$$
$$cos\varphi_{TOTAL} = \frac{P_{TOTAL}}{S_{TOTAL}}$$
$$I_{TOTAL} = \frac{S_{TOTAL}}{\sqrt{3} \cdot V_{TOTAL}} \ [A]$$

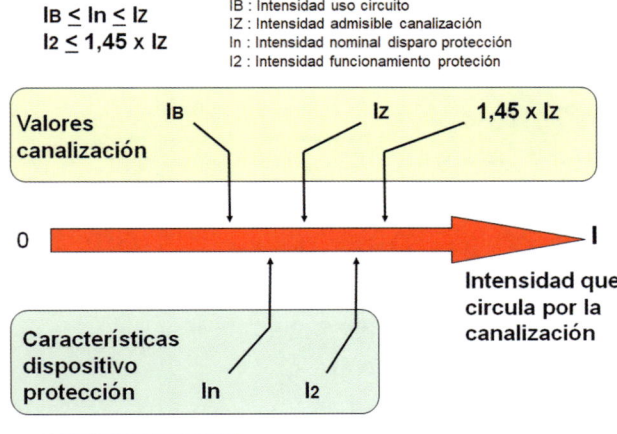

IB ≤ In ≤ Iz
I2 ≤ 1,45 x Iz

IB : Intensidad uso circuito
IZ : Intensidad admisible canalización
In : Intensidad nominal disparo protección
I2 : Intensidad funcionamiento protección

Amplíe la figura aquí

Figura 3.39
Relación entre protección y sección.

PARA RECORDAR…

Se pueden ampliar las anteriores ecuaciones con los conceptos en electrotécnica y la operación con números complejos. Se está operando con los valores eficaces para simplificar el proceso de cálculo.

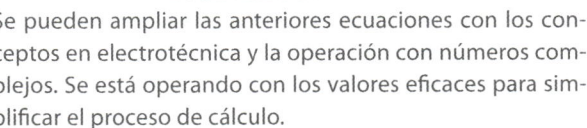

Por lo tanto, la elección irá en función de la intensidad que es capaz de soportar el elemento de conmutación. Es decir, tiene que ser superior al valor calculado, la tensión del circuito y el número de polos.

EJEMPLO 12

Elegir un seccionador para un cuadro eléctrico que alimenta a 3 motores trifásicos de jaula de ardilla con las siguientes características:

Motor 1: 2 kW y cosφ=0.85

Motor 2: 3 kW y cosφ=0.9

Motor 3: 5 kW y cosφ=0.8

Sabiendo que la red eléctrica es de 400/230 V y 50 Hz.

El procedimiento consiste en obtener el valor de la intensidad de cada motor para determinar la potencia reactiva de cada motor; sumando las potencias reactivas y activas determina la potencia total para obtener la intensidad total (valor eficaz). Una vez se conoce ese dato, se elige un valor comercial de la tabla 3.18.

1. Cálculo de intensidades de los 3 motores:

$$I_{B\_m1} = \frac{P_{m1}}{\sqrt{3} \cdot V_L \cdot cos\varphi_1} = \frac{2000}{\sqrt{3} \cdot 400 \cdot 0.85} = 3.40\ A$$

$$I_{B\_m2} = \frac{P_{m2}}{\sqrt{3} \cdot V_L \cdot cos\varphi_2} = \frac{3000}{\sqrt{3} \cdot 400 \cdot 0.9} = 4.81\ A$$

$$I_{B\_m3} = \frac{P_{m3}}{\sqrt{3} \cdot V_L \cdot cos\varphi_3} = \frac{5000}{\sqrt{3} \cdot 400 \cdot 0.8} = 9.02\ A$$

2. Cálculo de la potencia reactiva de los 3 motores:

$$Q_{m1} = \sqrt{3} \cdot V_L \cdot I_{B_{m1}} \cdot sin\varphi$$
$$= \sqrt{3} \cdot 400 \cdot 3.40 \cdot 0.53 = 1248.46\ V\ Ar$$
$$Q_{m2} = \sqrt{3} \cdot V_L \cdot I_{B\_m1} \cdot sin\varphi$$
$$= \sqrt{3} \cdot 400 \cdot 4.81 \cdot 0.44 = 1\ 466.28\ V\ Ar$$
$$Q_{m3} = \sqrt{3} \cdot V_L \cdot I_{B\_m1} \cdot sin\varphi$$
$$= \sqrt{3} \cdot 400 \cdot 9.02 \cdot 0.6 = 3749.54\ V\ Ar$$

3. Cálculo de la potencia total del conjunto de los 3 motores:

$$P_{TOTAL} = P_{m1} + P_{m2} + P_{m3}$$
$$= 2000 + 3000 + 5000 = 10\ 000\ W = 10\ kW$$
$$Q_{TOTAL} = Q_{m1} + Q_{m2} + Q_{m3}$$
$$= 1248.46 + 1466.28 + 3749.54$$
$$= 6464.28\ V\ Ar = 6.47\ k\ VAr$$
$$S_{TOTAL} = \sqrt{(P_{TOTAL})^2 + (Q_{TOTAL})^2}$$
$$= \sqrt{10\ 000^2 + 6464.28^2} = 11\ 907.43\ V\ A = 11.91\ kV\ A$$

4. Determinar la intensidad total del circuito:

$$I_{TOTAL} = \frac{S_{TOTAL}}{\sqrt{3}"V_{TOTAL}} = \frac{11\ 907.43}{\sqrt{3} \cdot 400} = 17.19\ A$$

5. Elegir características del seccionador:

A partir de los datos, se elige un seccionador tripolar (para las 3 fases) de intensidad nominal inmediatamente superior al valor calculado, en este caso 20 A.

Si los valores del (factor de potencia) son iguales o muy similares, se puede tomar la consideración de poder sumar las intensidades como si fuera un circuito paralelo. En el caso de que sean similares, hay que tener en cuenta que habrá un error y, como se escoge un valor ligeramente superior, se puede compensar:

$$I_{TOTAL\_APROXIMADA} = I_1 + I_2 + I_3 + ... + I_n\ [A]$$

EJEMPLO 13

Elegir un seccionador para un cuadro eléctrico que alimenta a 3 motores trifásicos de jaula de ardilla con las siguientes características:

Motor 1: 2 kW y cosφ = 0.85
Motor 2: 3 kW y cosφ = 0.9
Motor 3: 5 kW y cosφ = 0.8

Sabiendo que la red eléctrica es de 400/230 V y 50 Hz, considera la aproximación, puesto que los valores de los factores de potencia son similares; por lo tanto, puedes sumar las intensidades.

A partir de los valores de intensidad calculados en el ejemplo 11 se obtiene la intensidad total aproximada como la suma de los valores de intensidad:

$$I_{TOTAL\_APROXIMADA} = I_{B\_m1} + I_{B\_m2} + I_{B\_m3} = 3.40 + 4.81 + 9.02 = 17.23\ A$$

En base al valor de intensidad se elige un seccionador tripolar (para las 3 fases, 3P) de intensidad nominal inmediatamente superior al valor calculado, en este caso 20 A.

En la tabla 3.17 se muestran los valores normalizados de intensidades máximas que se pueden encontrar en el mercado, así como una representación gráfica y el símbolo eléctrico.

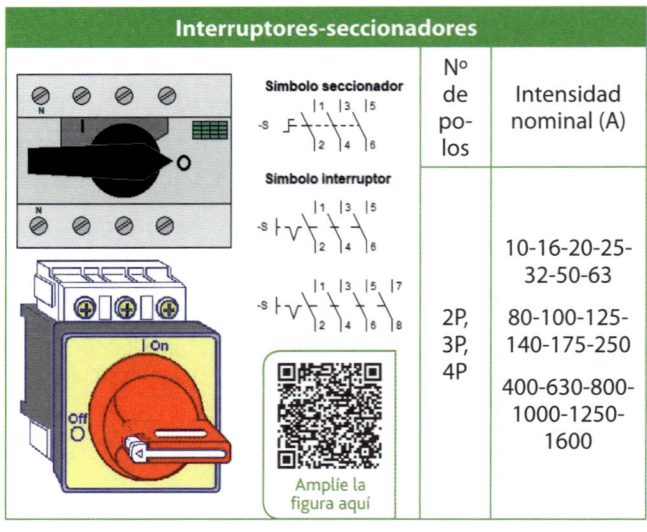

Interruptores-seccionadores		Nº de polos	Intensidad nominal (A)
Símbolo seccionador		2P, 3P, 4P	10-16-20-25-32-50-63
Símbolo interruptor			80-100-125-140-175-250
			400-630-800-1000-1250-1600

Amplíe la figura aquí

Tabla 3.17 Selección de interruptores seccionadores.

Cálculo y selección del magnetotérmico

Si se escoge un magnetotérmico, este se escogerá en función del número de polos, la tensión asignada, la curva de disparo y el poder de corte. En la figura 3.40 se muestra un ejemplo comercial:

☐ **Curva C**: aplicación en el sector residencial y en el terciario, industrial. El disparo instantáneo entre 5 y 10 veces la intensidad nominal (In). Utilizado para cargas inductivas: cargas de resistencia mixtas o inductivas con baja corriente inicial de arranque, como motores de categoría AC-3.

☐ **Curva D**: utilizado en el sector terciario, industrial. El disparo instantáneo entre 10 y 14 veces la intensidad nominal (In). Utilizado para cargas inductivas con alta corriente inicial de arranque, como motores grandes, transformadores o receptores con elevadas corrientes de arranque, para evitar el disparo de puntas de intensidad.

3P - 10kA   3 módulos

P1 MB 3P...

Código de pedido	Curva	In	Icn	Módulo DIN	Uds. de env.	Peso
		[A]	[kA]	n°	n°	[kg]
Interruptores magnetotérmicos – 3P – Curva C.						
P1 MB 3P C01	C	1	10	3	4	0,345
P1 MB 3P C02	C	2	10	3	4	0,345
P1 MB 3P C04	C	4	10	3	4	0,345
P1 MB 3P C06	C	6	10	3	4	0,345
P1 MB 3P C10	C	10	10	3	4	0,345
P1 MB 3P C13	C	13	10	3	4	0,345
P1 MB 3P C16	C	16	10	3	4	0,345
P1 MB 3P C20	C	20	10	3	4	0,345
P1 MB 3P C25	C	25	10	3	4	0,345
P1 MB 3P C32	C	32	10	3	4	0,345
P1 MB 3P C40	C	40	10	3	4	0,345
P1 MB 3P C50	C	50	10	3	4	0,345
P1 MB 3P C63	C	63	10	3	4	0,345

Esquemas eléctricos

Código de pedido	Curva	In	Icn	Módulo DIN	Uds. de env.	Peso
		[A]	[kA]	n°	n°	[kg]
Interruptores magnetotérmicos – 3P – Curva D.						
P1 MB 3P D01	D	1	10	3	4	0,345
P1 MB 3P D02	D	2	10	3	4	0,345
P1 MB 3P D04	D	4	10	3	4	0,345
P1 MB 3P D06	D	6	10	3	4	0,345
P1 MB 3P D10	D	10	10	3	4	0,345
P1 MB 3P D13	D	13	10	3	4	0,345
P1 MB 3P D16	D	16	10	3	4	0,345
P1 MB 3P D20	D	20	10	3	4	0,345
P1 MB 3P D25	D	25	10	3	4	0,345
P1 MB 3P D32	D	32	10	3	4	0,345
P1 MB 3P D40	D	40	10	3	4	0,345
P1 MB 3P D50	D	50	10	3	4	0,345
P1 MB 3P D63	D	63	10	3	4	0,345

Amplíe la figura aquí

Figura 3.40
Ejemplo comercial de interruptor magnetotérmico (cortesía de Lovato Electric).

Interruptor guardamotor

Un guardamotor se utiliza para la protección de motores contra sobrecargas y cortocircuitos. Dispone de un circuito magnético que detecta un cortocircuito de intensidad y una protección térmica que detecta un valor de corriente por encima de la nominal durante un periodo de tiempo (sobrecarga).

Para su selección se tendrán en cuenta las siguientes características:

☐ Corriente nominal del motor: se escogerá un valor ligeramente superior.

☐ Corriente de disparo magnético.

☐ Corriente de disparo térmico: vendrá indicada por un rango de disparo que deberá ser ajustado.

☐ Tipo de accionamiento: botón, palanca o rotativo.

En la figura 3.41 se puede ver un ejemplo comercial, y en la figura 3.42 se muestra el símbolo donde cambia el tipo de accionamiento (ver similitud con el interruptor magnetotérmico).

Interruptores guardamotores SM1... hasta 40A. Protección magnética y térmica

SM1P...

Código de pedido	Rango de regulación disparo térmico	Poder de corte en cortocircuito a 400V		Uds. de env.	Peso
		Icu	Ics		
	[A]	[kA]	[kA]	n°	[kg]
Mando de pulsador					
SM1P 0650	4...6,5	100	100	5	0,350
SM1P 1000	6,3...10	100	100	5	0,350
SM1P 1400	9...14	25	12,5	5	0,350
SM1P 1800	13...18	25	12,5	5	0,350
SM1P 2300	17...23	15	5	1	0,350
SM1P 2500	20...25	15	5	1	0,350
SM1P 3200	24...32	10	5	1	0,350
SM1P 4000	30...40	10	5	1	0,350

Figura 3.41
Ejemplo comercial de interruptor guardamotor (cortesía de Lovato Electric).

Amplíe la figura aquí

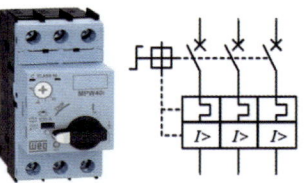
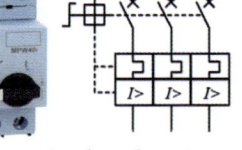

Interruptor Guardamotor de palanca

Interruptor Guardamotor de botón

Figura 3.42
Símbolo del interruptor guardamotor (cortesía de WEG).

Amplíe la figura aquí

EJEMPLO 14

Calcular la sección que se utilizaría para conectar un motor de 5.5 kW con un factor de potencia de 0.79, además de seleccionar un interruptor guardamotor. La tensión de red es de 400/230 V a 50 Hz. Considera una caída de tensión del 2 %.

1. Cálculo de la potencia del motor, según ITC-BT-47.

$$P_{m1\_sección} = 1.25 \cdot P_{m1} = 1.25 \cdot 5500 = 6875 \ W$$

2. Cálculo de la sección del conductor del motor 1, teniendo en cuenta una caída de tensión del 2 %, con conductores unipolares con aislamiento PVC, en instalación tipo B1.

$$S_{m1} = 100 \cdot \frac{L_{m1} \cdot P_{m1\_sección}}{\gamma_{Cu\_PVC} \cdot e \cdot V^2} = 100 \cdot \frac{10 \cdot 6875}{48 \cdot 2 \cdot 400^2}$$
$$= 0.45 \ mm^2$$

3. Comprobamos según el criterio de la intensidad máxima admisible:

$$I_{B\_m1} = \frac{P_{m1}}{\sqrt{3} \cdot V_L \cdot cos\varphi} = \frac{5500}{\sqrt{3} \cdot 400 \cdot 0.79} = 10.05 \ A$$

4. Sobredimensionado según ITC-BT-47:

$$I_{B\_m1\_sección} = 1.25 \cdot I_{B\_m1} = 1.25 \cdot 10.05 = 12.56 \ A$$

5. En función del valor nominal inmediatamente superior al calculado por el criterio de la caída de máxima tensión (1.5mm2), se consultan las tablas 3.14 para tipo B1 con aislamiento PVC trifásico (PVCx3) y se obtiene un valor de intensidad de 13.5 A. Verificamos que se cumple el criterio de la intensidad máxima admisible:

$$I_{B\_m1\_sección} \leq I_{z1.5mm^2} \rightarrow 12.56 \leq 13.5 \rightarrow LO \ CUMPLE$$

*En consecuencia, se escoge una **sección de 1.5 mm²**.*

6. Elegir dispositivo de protección para el motor, consultando la tabla de la figura 3.41 teniendo que cumplir la siguiente condición:

$$I_{B\_m1} \leq I_n (protección) \leq I_{z\_1.5mm^2} \rightarrow 10.05 \ A \leq 9.14 \leq 13.5 \ A$$

*En consecuencia, se escoge el modelo **SM1P 1800** realizando un ajuste de 12 A en el potenciómetro de rango de disparo térmico.*

Características del circuito de mando

Para la protección del circuito de mando se suele utilizar un magnetotérmico, teniendo en cuenta que su alimentación suele ser monofásica, y actualmente se utilizan tensiones de 24 voltios (muy baja tensión de seguridad, MBTS, ITC-BT-36), con alimentación en alterna (conversión mediante transformador) o continua (conversión mediante fuente de alimentación).

La intensidad se calcula sumando las potencias de todos los componentes conectados al circuito: bobinas de los contactores, relés, pilotos, sensores, etc.

Algunos consumos habituales son (aunque se debe verificar según catálogo del fabricante):

- Bobina contactores de alterna (hasta 40A): 7.5 VA
- Bobina contactores: 22 VA
- Bobina contactores de continua: 11-15 W
- Pilotos de señalización: 1-2.5 W
- Temporizador electrónico: 1.5-10 VA
- Fotocélulas y detectores de proximidad: 1-3 VA
- Sirenas: 10-1500 W
- Ventilador: 150 W
- Electroválvula: 8-500 VA

El cable más utilizado para el circuito de mando es H07Z-K de sección de 1.5 mm², y protegido con un magnetotérmico de curva C y calibre 10 A. En casos de menor consumo, se utiliza sección de 1 mm² de designación H05V-K, que también puede ser protegido con un magnetotérmico de curva C y calibre 10 A.

Protección de motores con detectores de temperatura

Los sobrecalentamientos son una de las causas principales del deterioro de motores eléctricos. Por ello, algunos motores incorporan termistores PTC (detectores), además de un ventilador y el aislamiento de los propios bobinados.

Los termistores PTC van intercalados en los devanados y se conectan en serie, dejando dos cables (conexiones) en la caja de bornes del motor trifásico. Así pues, conectando la señal a unos amplificadores, se puede desconectar el motor, activando alguna alarma óptica o acústica.

En la figura 3.43, se muestra un ejemplo comercial, donde se puede apreciar que su selección depende de la tensión de alimentación.

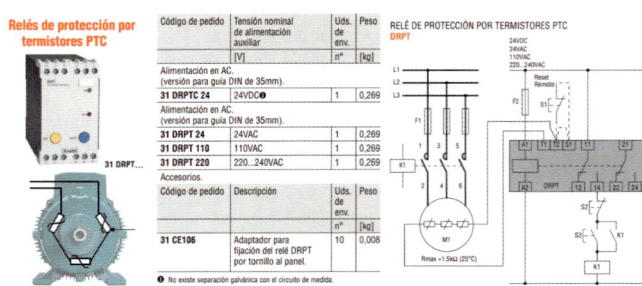

Figura 3.43
Ejemplo comercial de protección por temperatura (cortesía de Lovato Electric).

Amplíe la figura aquí

Arranque estrella-triángulo

Este método de arranque es de los más conocidos, y quizás el más utilizado de los que reducen el consumo reduciendo la tensión, de tal forma que reduce los esfuerzos mecánicos y limita las corrientes durante el arranque, aunque también se reduce el par.

Para el cálculo de las protecciones hay que tener en cuenta las dos etapas; en la primera se realiza la conexión en estrella, y en la segunda se conecta en triángulo a la tensión nominal, de tal forma que en la conexión de triángulo se le aplica la siguiente tensión que afectará a los valores de intensidad en el arranque:

$$V_Y = \frac{V_\Delta}{\sqrt{3}}$$

ANOTACIÓN

Actualmente continúa utilizándose, a pesar de la utilización de otros métodos de arranque electrónicos, sobre todo para la puesta en marcha de motores de potencias elevadas. También es muy adecuado para arranque en vacío o con cargas de par bajo y constante, o ligeramente creciente, como el caso de ventiladores o bombas centrífugas de poca potencia.

3.11 Variación de velocidad en máquinas rotativas de corriente alterna

Introducción a la variación de velocidad de alterna

Los convertidores de frecuencia o variadores nacen ante la necesidad de variar la velocidad de un motor. Anteriormente, si se necesitaba esta variación se recurría a motores de corriente continua que permiten dicha variación ante la variación de la tensión de sus devanados. En la actualidad, tras los avances en electrónica de potencia y las mejoras en los motores, la mayoría de los accionamientos electromecánicos que requieren variación de velocidad utilizan variadores de velocidad con motores asíncronos de jaula de ardilla (son más baratos y requieren menos mantenimiento que los de corriente continua).

La velocidad de un motor asíncrono se regula con la siguiente ecuación (donde se incluye la relación entre la velocidad de giro del eje del motor, n, y el deslizamiento, S, en base al número de pares de polos, p, y la frecuencia, f):

$$n = \frac{60 \cdot f \cdot (1 - S)}{p} \ [rpm]$$

En consecuencia, variando cualquiera de los anteriores parámetros se modifica la velocidad del motor:

☐ Variación de S: para modificar este parámetro se obtiene variando la tensión de alimentación del estator; si disminuye la tensión, el deslizamiento aumenta y, en consecuencia, la velocidad disminuye, puesto que la tensión es menor y, por tanto, la velocidad en el rotor es menor, provocando que la diferencia de la velocidad de sincronismo sea mayor. Los métodos para variar la velocidad son: insertar resistencias rotóricas (en motores de rotor bobinado), autotransformador o resistencias en serie (disminuye la tensión en el estator) o arrancadores suaves.

☐ Variación del número de polos: cuando se dispone de varios bobinados en el estator, se requiere de circuitos de control más complejos y la variación de velocidad es escalonada (vendrá determinada en función del número de polos). El ejemplo más utilizado es el motor Dahlander.

☐ Variación de frecuencia: de la señal de alimentación es el más utilizado y permite una variación de velocidad estable y eficiente. En este método se utilizan convertidores de frecuencia que permiten una variación combinada de variación de frecuencia y tensión.

Motor Dahlander

La modificación del número de polos es un procedimiento complicado y se limita al diseño de los devanados del motor, de tal forma que se adquieren velocidades concretas determinadas por el número de polos, estableciendo el límite de 3 velocidades, puesto que de lo contrario el motor sería muy grande en relación con su potencia. Este tipo de motores se suelen denominar como de dos o tres velocidades.

ANOTACIÓN

La tendencia actual es utilizar métodos electrónicos, por ser más adecuados y económicos, utilizando los arrancadores o los variadores de frecuencia.

Este tipo de motores son los más empleados en la gama de 2 velocidades, y sus características son:

☐ Un solo bobinado trifásico con una conexión intermedia.

☐ La velocidad mayor será siempre el doble que la menor.

☐ Las polaridades serán (la velocidad aumenta al disminuir el número de polos, pero como el número mínimo de pares de polos que se pueden conseguir es 1, la velocidad máxima será de 3000 rpm):

- 1p (p son pares de polos) → 3000 rpm
- 2p → 1500 rpm
- 4p → 750 rpm
- 8p → 500 rpm

La variación del número de polos se tiene que realizar en el proceso de fabricación; en consecuencia, solo se utilizarán cuando esté previsto que la máquina funcione a dos velocidades y el cambio de velocidad se realizará mediante las conexiones en la caja de bornes. Existen dos tipos de motores eléctricos dependiendo de su fabricación: motor de devanados separados o compartidos (toma intermedia); este último recibe el nombre de motor Dahlander.

El conexionado en motores con devanados separados se comporta como dos motores distintos; si se alimenta a través de un devanado, girará a una velocidad, y si se alimenta por el otro devanado girará a otra velocidad. El devanado de menor número de polos se corresponderá con la velocidad más rápida, y no se podrá alimentar por ambos devanados al mismo tiempo (enclavamiento mecánico y eléctrico).

En el conexionado en motores con devanados compartidos (Dahlander) la caja de conexiones dispondrá de 6 puntos de conexión (figura 3.44) y, según como se conecte el motor, girará a una u otra velocidad. Actualmente, puesto que hay un punto común (F), ya se encuentra realizada la conexión en su interior, dejándolo solo en 6 conexiones.

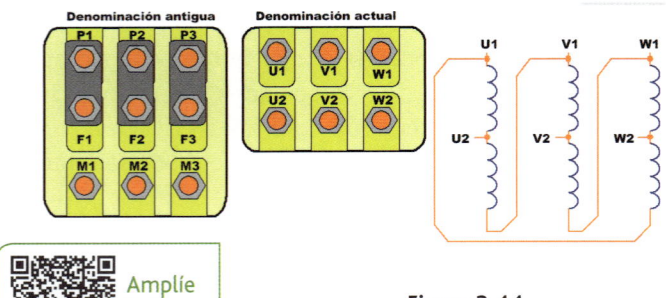

Figura 3.44
Conexionado de motores Dahlander.

En la figura 3.45, se muestra un ejemplo para un motor trifásico de dos velocidades con bobinado único en conexión Dahlander que permite la conexión Δ-YY (triángulo, doble estrella).

Ahora bien, según la conexión interna de los bobinados, se podrá establecer otro tipo de configuración, como es la conexión Y-YY (estrella, doble estrella), tal y como se muestra en la figura 3.46.

En el motor Dahlander, según como se realicen las conexiones en la caja de bornes del motor, se dispondrá

de una configuración u otra y el motor girará a una u otra velocidad. Los acoplamientos que se permiten en este tipo de motores son: estrella o triángulo para la velocidad lenta y la doble estrella para la velocidad rápida.

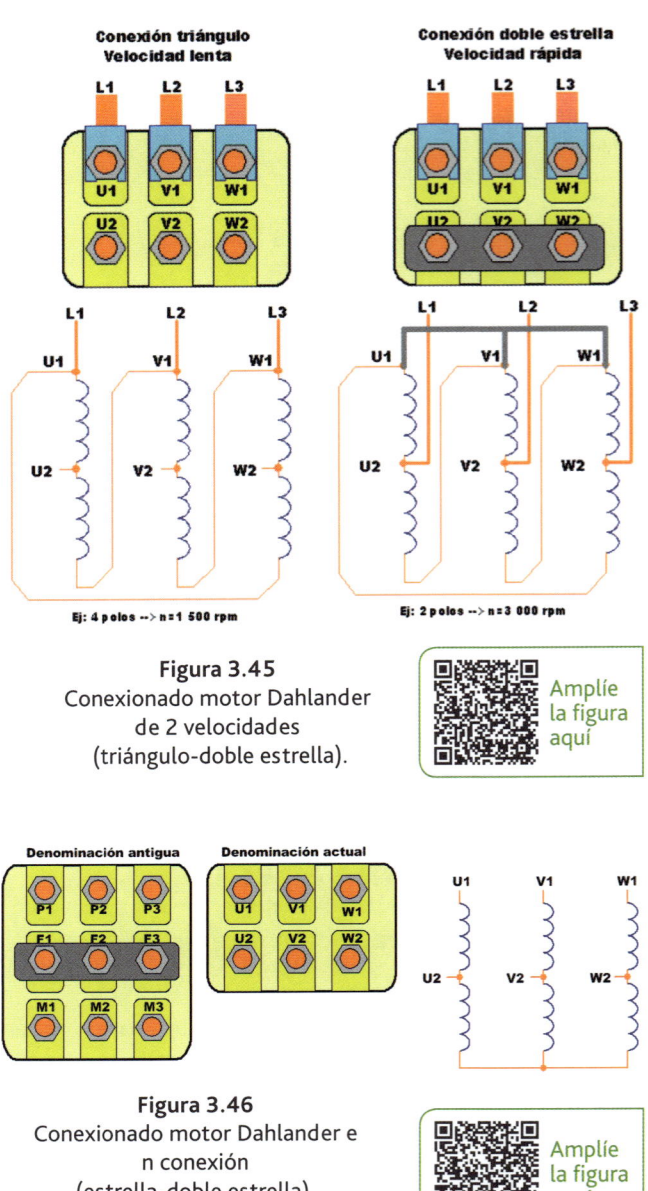

Figura 3.45
Conexionado motor Dahlander de 2 velocidades (triángulo-doble estrella).

Figura 3.46
Conexionado motor Dahlander en conexión (estrella-doble estrella).

En la figura 3.47, se muestra el esquema de potencia en un arranque Dahlander. La velocidad lenta es cuando se conecta a alimentación los bornes U1-V1-W1 (KM1) y se dejan sin conectar los bornes U2-V2-W3; la velocidad rápida es cuando se conecta a alimentación los bornes U2-V2-W2 (KM2) y se cortocircuitan los bornes U1-U2-W2 (KM3). Como en el cambio de velocidad lenta a rápida, hay que asegurarse de que no entran al mismo tiempo los contactores que controlan dichas conexiones (KM1 y KM3). Para que no se produzca un cortocircuito se debe incluir enclavamiento eléctrico y mecánico.

Figura 3.48
Arrancador comercial (cortesía de Danfoss).

El esquema básico (figura 3.49) interno es el que se muestra a continuación, donde se dispone de un dispositivo de control de potencia (relé de estado sólido –SSR—) y de un bloque de control que controla las conmutaciones para ajustar la tensión de entrada a la tensión de salida para ser aplicada al motor.

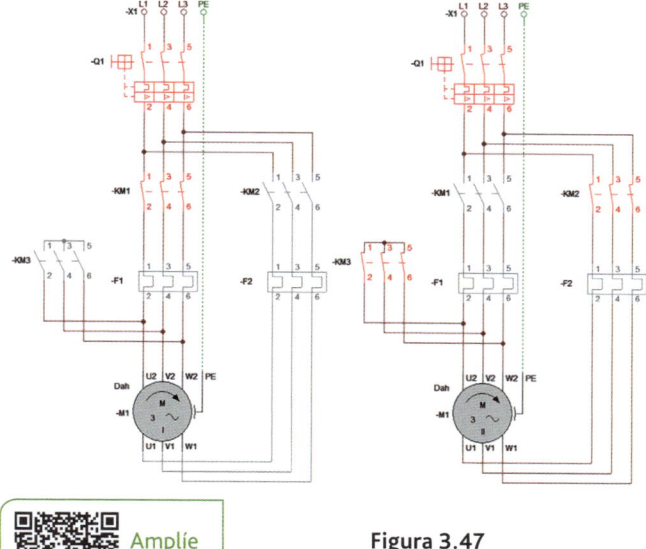

Amplíe la figura aquí

Figura 3.47
Esquema de potencia de un arranque para motor Dahlander.

Las principales características de los motores de polos conmutables o motor Dahlander:

☐ La velocidad mayor siempre será el doble de la menor.

☐ Son de dimensiones mayores que lo motores de una velocidad.

☐ En los motores triángulo/estrella-estrella par accionamiento de par constantes, la relación de potencias P1/P2=1/1.4; por lo que al ser potencias diferentes, se requerirán protecciones diferentes (fusibles, relés de protección y disyuntores).

☐ No es posible elegir una relación de velocidad que no sea 1/2 (el doble la rápida que la lenta).

Arrancador

Los arrancadores progresivos (figura 3.48) o suaves son dispositivos de electrónica de potencia que permiten arrancar los motores de inducción de forma progresiva y sin sacudidas, limitando así las puntas de corriente en el momento del arranque.

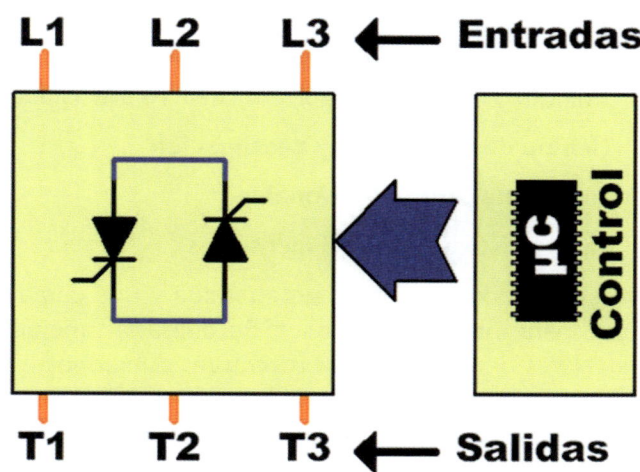

Figura 3.49
Esquema interno de funcionamiento de un arrancador.

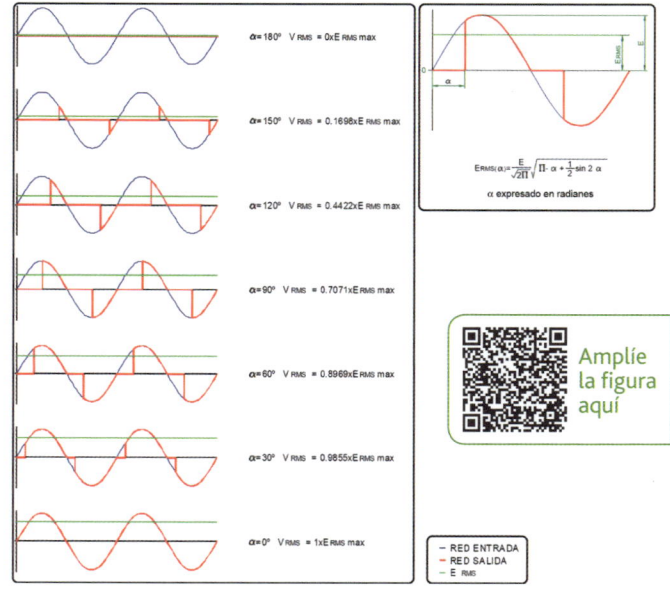

Amplíe la figura aquí

Figura 3.50
Gráficas en un arrancador progresivo.

Los actuales arrancadores pueden añadir más funcionalidades a través de modificaciones o añadidos al circuito de control.

Las curvas de tensión que se aplican al motor se muestran en la figura 3.50, donde se puede apreciar cómo se va deformando la señal senoidal presente en la red eléctrica, lo que puede provocar la aparición de armónicos. Una vez ya se ha realizado el arranque, el sistema se pone en *bypass* (conecta directamente las entradas de potencia a la salida).

Las características que deben tener los arrancadores y que se deben tener en cuenta para su elección son:

- **Carga:** motores monofásicos o trifásicos
- **Tensión de entrada**
- **Potencia del motor**
- **Tensión circuito de control**
- **Tipo de arranque y/o parada:** tensión inicial, par de arranque y rampa de tensión en la marcha o la parada.
- **Tiempo de aceleración y deceleración**
- **Señales de control adicionales**
- **Características físicas:** dimensiones

Los arrancadores permiten un arranque y una parada suave para motores asíncronos. Su utilización mejora los valores de arranque de los motores asíncronos (se reduce el pico de corriente durante el arranque y, en consecuencia, el consumo), realizando un arranque suave sin golpes y controlado, reduciendo los choques mecánicos reduciendo el desgaste y, por tanto, los tiempos de mantenimiento y de detención de la producción.

Algunas aplicaciones son: cintas transportadoras, bombas, ventiladores, compresores, pequeñas puertas automáticas, máquinas a correas, etc.

Los ajustes básicos que tienen todos los arrancadores son:

- Rampa de aceleración: consiste en ajustar el tiempo desde la orden de marcha hasta que se alcanza el 100 % de la tensión de alimentación.
- Par de arranque: consiste en ajustar el valor de tensión inicial cuando se da la orden de marcha.
- Entradas inicio arranque: para el control de puesta en marcha del motor.

Estos ajustes se realizan mediante dos potenciómetros situados normalmente en la parte frontal del dispositivo. Además, pueden incluir un tercer potenciómetro para ajustar la rampa de desaceleración, que consiste en ajustar el tiempo desde que se da la orden de parada hasta que se alcanza el 0 % de la tensión.

En la figura 3.51, se muestra un ejemplo de un arrancador, donde se pueden apreciar los potenciómetros de configuración del arranque: rampa de aceleración, desaceleración y par de arranque.

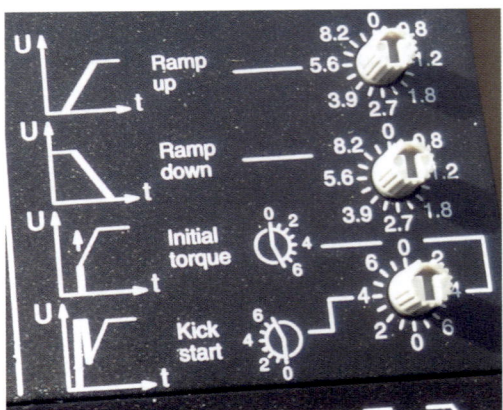

Figura 3.51
Ejemplo comercial de ajuste mediante potenciómetros (cortesía de Danfoss).

Además, se suelen incluir un par de diodos led para indicar el estado en el cual se encuentra durante el arranque. Lo más común es:

- Led verde para indicar que el motor ya ha arrancado.
- Led amarillo para indicar que el arrancador está durante el proceso de aceleración o desaceleración.

También puede disponer de más entradas para realizar más funciones: arranque, parada, salidas (indicar fallo de alimentación, que ya se ha realizado el arranque, etc.). Para ello, habrá que consultar las hojas de características del arrancador. Del mismo modo, permite añadir nuevas funciones, tales como: control de la intensidad de arranque, mejora del factor de potencia del motor, consola de control (configuración de los parámetros antes indicador) y visualización en pantalla LCD.

Teniendo en cuenta que un motor eléctrico asíncrono no empieza a girar al recibir una tensión inferior al 25 % de la nominal, es común situar el potenciómetro de regulación a partir de dicho valor, el tiempo de regulación para el arranque y la parada se realiza en función de la aplicación. En la figura 3.52, se muestra el proceso completo de arranque de un motor, mediante los ajustes básicos del arrancador progresivo.

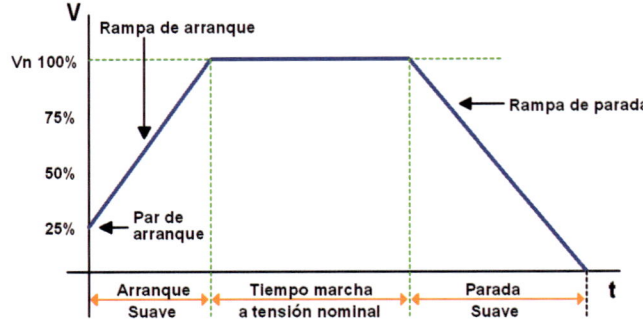

Figura 3.52
Rectas de arranque y parada de un arrancador.

Amplíe la figura aquí

Una vez ya se ha realizado el arranque (se ha alcanzado el 100 % de la tensión nominal), un relé situado en el interior del arrancador actuará para conectar directamente a la red el motor, y evitar que los semiconductores se calienten (aumentando la vida útil de los dispositivos), tal y como se muestra en la figura 3.53.

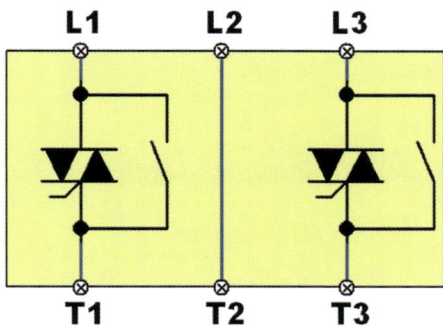

Figura 3.53
Semiconductor con sistema de *bypass*

Puede no disponer de dicho relé interno y utilizar una salida para que actúe sobre un contactor en configuración *bypass* con el arrancador. También puede incluir más opciones, tales como:

- Terminal remoto para su instalación lejos del propio arrancador

- Terminal de control

- *Software* de monitorización

- Bus de datos para ser incluido en una red, para conexión de control con PLC en un sistema automático industrial

ANOTACIÓN

El sistema de bypass responde a las aplicaciones de control de máquinas centrífugas, bombas, ventiladores, compresores y correas transportadoras, que se encuentran principalmente en diversas actividades, como construcción, industria agroalimentaria, química, minera, etc.

En la figura 3.54, se muestra un ejemplo comercial con sistema de *bypass*, donde se aprecian los potenciómetros de ajustes de arranque y parada, así como los bornes de conexión de alimentación para un motor trifásico.

Figura 3.54
Arrancador comercial (cortesía de Siemens).

Para el conexionado del arrancador progresivo, se dispondrá de los contactos de potencias donde se conectarán los cables de fase (entrada) y los contactos que se conectarán al motor (salida). Los bornes de conexión de control pueden depender de modelos y fabricantes, por lo que será recomendable consultar los datos del fabricante.

En la figura 3.55, se muestra un ejemplo de conexionado de un arrancador progresivo para motor trifásico con un interruptor de marcha (cuando se acciona el interruptor se realiza la orden de marcha y si se vuelve a accionar se realiza la orden de parada). Este se corresponde con el modelo de conexionado genérico, pero dependiendo de las características del equipo puede que disponga de un mayor número de conexiones que le añadan funcionalidades.

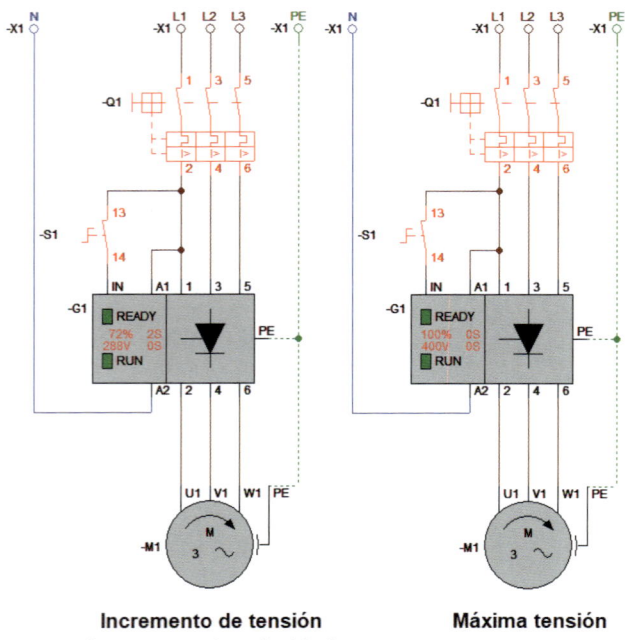

Amplíe la figura aquí

Figura 3.55
Conexionado y funcionamiento
de un arrancador progresivo.

Otra variante del circuito anterior es la de cortocircuitar la entrada de control y controlar la puesta en marcha y parada utilizando un contactor externo (conectado en serie con el arrancador), de tal modo que el motor arrancará y parará controlado por el contactor. Por ejemplo, se muestra el circuito de control con el circuito funcionando a la tensión de 24 voltios de alterna, tal y como se muestra en el esquema de la figura 3.56.

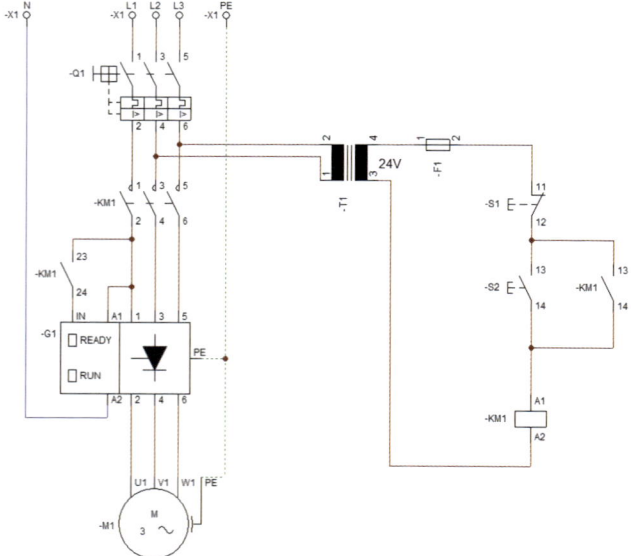

Amplíe la figura aquí

Figura 3.56
Esquema de arrancador con control externo
para la marcha y el paro del motor.

Los fabricantes suelen incluir alguna tabla o guía de selección, que básicamente se centra en la potencia del motor que pueden controlar (valores máximo y mínimo) y las características de la red de alimentación (monofásica, trifásica, etc.). Teniendo en cuenta estas condiciones y que los parámetros de programación disponibles se ajusten a la aplicación concreta donde se vaya a instalar, podremos elegir el variador que se ajuste a nuestras necesidades.

━━━ PARA SABER MÁS... ━━━

QR de acceso a la web de Schneider Electric.

En la figura 3.57, se muestra un ejemplo de tabla de selección comercial de arrancadores progresivos comerciales.

Motor			Altistart 22•••Q, 230/440 V (+10% -15%) - 50/60 Hz (+/-10%)		
Potencia de motor nominal			Intensidad nominal de motor (IPC del motor)	Intensidad nominal arrancador (IPC del arrancador progresivo)	Referencia
230 V	400 V	440 V			
kW	kW	kW	A	A	
4	7,5	7,5	14,8	17	ATS22D17Q
7,5	15	15	28,5	32	ATS22D32Q
11	22	22	42	47	ATS22D47Q
15	30	30	57	62	ATS22D62Q
18,5	37	37	69	75	ATS22D75Q
22	45	45	81	88	ATS22D88Q
30	55	55	100	110	ATS22C11Q
37	75	75	131	140	ATS22C14Q
45	90	90	162	170	ATS22C17Q
55	110	110	195	210	ATS22C21Q
75	132	132	233	250	ATS22C25Q
90	160	160	285	320	ATS22C32Q
110	220	220	388	410	ATS22C41Q
132	250	250	437	480	ATS22C48Q
160	315	355	560	590	ATS22C59Q

Figura 3.57
Ejemplo comercial de arrancadores
progresivos (cortesía de Schneider).

Amplíe la figura aquí

Variador de frecuencia

En la figura 3.58, se muestran los bloques que forman parte de un convertidor de frecuencia. El primer bloque realiza el rectificado para obtener un valor de tensión continua. Al aplicar un condensador (también filtrado LC), se consigue reducir el rizado que se obtiene y, finalmente, se actúa sobre un inversor que convierte el valor de tensión continua en un valor de alterna adecuado para ser aplicado sobre el motor.

Se puede ver el diagrama de bloques de un convertidor de frecuencia, que se ha simplificado representando los bloques principales para comprender mejor su funcionamiento.

El bloque inversor (convertidor DC/AC) está compuesto principalmente con transistores IGBT (aunque, según la potencia, puede estar constituido por transistores de potencia), y el rectificador puede incluir rectificación controlada (tiristores) o no controlada (diodos). Para el control del inversor se utiliza modulación por ancho de pulso (PWM), consiguiendo ajustar la salida a una señal adecuada al motor con distintos valores de frecuencia.

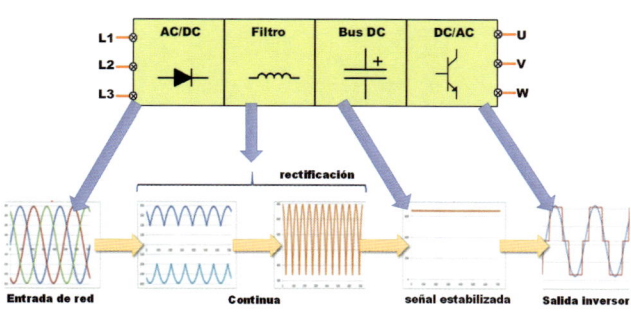

Amplíe la figura aquí

Figura 3.58
Diagrama de bloques de un inversor.

El sistema de control suele estar compuesto por un microcontrolador que ajusta la modulación para el control del motor (frecuencia de salida). Realiza varias funciones como:

- Variación de la frecuencia

- Conmutación de la corriente por los devanados del motor

- Protección del convertidor, para limitar la intensidad de los dispositivos semiconductores del convertidor

- Protección del devanado del motor, para limitar la intensidad admisible por el motor

En la figura 3.59 se muestran ejemplos de variadores de frecuencia disponibles.

Figura 3.59
Ejemplos comerciales de distintos variadores de frecuencia (cortesía de Siemens).

Los variadores de velocidad disponen de un juego de parámetros que es más o menos amplio en función del modelo, y su modificación se puede realizar de varias formas:

- **Panel de control** incorporado en el variador.

- **Terminal externo**, que se adquiere por separado y permite su programación.

- *Software* específico, que requerirá la conexión de un cable de comunicación serie.

Los parámetros característicos que se pueden ajustar y programar en un variador de frecuencia son:

- **Ajustes de fábrica:** pone todos los parámetros del variador a valores de fábrica.

- **Rampa de aceleración:** es el tiempo en segundos que se emplea para que el motor consiga la velocidad programada.

- **Rampa de deceleración:** es el tiempo en segundos que se emplea para que un motor disminuya su velocidad hasta pararse o lograr otra velocidad programada.

- **Velocidad máxima:** velocidad más rápida a la que se desea que gire el motor.

- **Velocidad mínima:** velocidad más lenta a la que se desea que gire el motor.

- **Velocidades preseleccionadas:** conjunto de velocidades que se programan; se cambia entre ellas mediante las entradas lógicas o por el bus de comunicación.

- **Frenado:** permite ajustar el tipo de frenado del motor, que puede ser por inyección de corriente continua o rueda libre.

Modificar la rampa de aceleración y deceleración permite realizar el mismo control que utilizar un arrancador progresivo; con la salvedad de que el arrancador siempre llegará hasta la velocidad nominal al aplicar el 100 % de la tensión nominal, mientras que el variador permite dejar a una velocidad establecida, programada, que, a su vez, se puede ajustar en función de la aplicación —además de poder variarla durante el funcionamiento de la máquina—. En la figura 3.60, se muestra de forma gráfica el ajuste de la rampa de aceleración y deceleración.

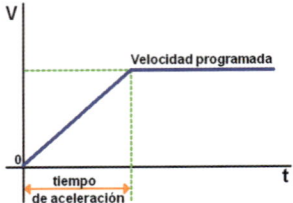
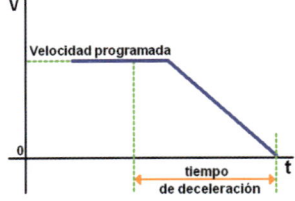

Amplíe la figura aquí

Figura 3.60
Curvas de aceleración y deceleración de un variador de frecuencia.

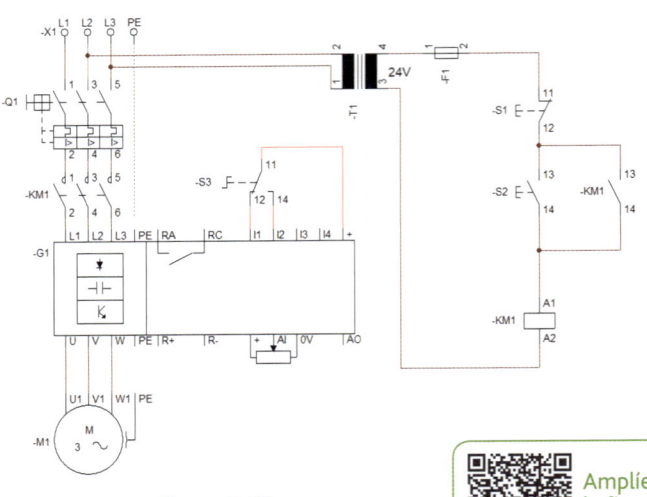

Figura 3.62
Conexionado para marcha y paro desde circuito de control externo.

Amplíe la figura aquí

En el conexionado de variadores, hay dos tipos de conexionados: el de potencia (que consiste en conectar la alimentación al variador y la salida hacia el motor) y el de mando (puede ser a través del panel frontal o a través de elementos externos).

La alimentación puede ser monofásica o trifásica, tal y como se muestra en la siguiente figura 3.61, con control de marcha a través de un interruptor conectado a la entrada de puesta en marcha, con un magnetotérmico de protección que suministra la energía al variador de frecuencia, tal y como se muestra en la figura 3.61. De forma adicional, se puede realizar el control de forma externa para realizar el control de puesta en marcha y parada mediante un contactor (figura 3.62).

Las entradas del variador sirven para conectar sensores, interruptor, contactos de relé aux, y/o pulsador; para controlar la marcha y parada del motor; y también se utilizan para cambiar el sentido de giro. Estas entradas pueden ser programadas y pueden tener un uso diferente de una a otra aplicación, por lo que es recomendable consultar el manual de instrucciones. Suelen utilizar una tensión continua (típico: 24 V) que se dispone en los bornes de conexión del variador de frecuencia.

En la figura 3.63, se muestra una foto del esquema que se puede encontrar en la tapa de las conexiones del inversor.

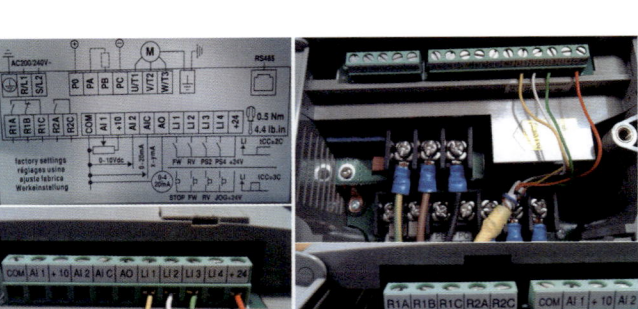

Figura 3.63
Bornes de conexiones reales de un variador de frecuencia.

En la siguiente figura se muestra el panel de control de un variador de frecuencia, donde se dispone de una pantalla de visualización (display) para mostrar la información. Además, se dispone de los pulsadores para poner en marcha (RUN) el motor o pararlo (STOP). A través de los cursores se puede aumentar o disminuir la frecuencia. También mediante el resto de los pulsadores y los cursores se pueden modificar los parámetros de programación (figura 3.64).

Los menús disponibles dependerán del tipo de variador de frecuencia, por lo que será recomendable consultar el manual de instrucciones.

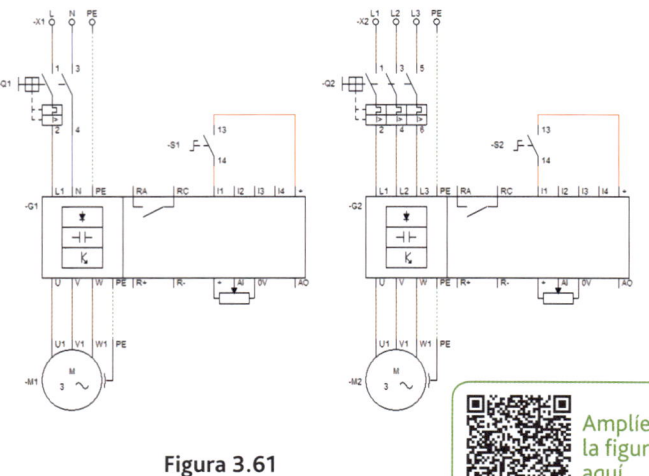

Figura 3.61
Conexionado de un variador de frecuencia.

Amplíe la figura aquí

Figura 3.64
Ejemplo de panel de control en un variador de frecuencia (cortesía de Yaskawa).

Los fabricantes suelen incluir alguna tabla o guía de selección, que básicamente se centra en la potencia del motor que pueden controlar (valores máximo y mínimo) y en las características de la red de alimentación (monofásica, trifásica, etc.). Teniendo en cuenta estas condiciones y que los parámetros de programación disponibles se ajusten a la aplicación concreta donde se vaya a instalar, podremos elegir el variador que se ajusta a nuestras necesidades. En la figura 3.65, se muestra un ejemplo de tabla de selección comercial.

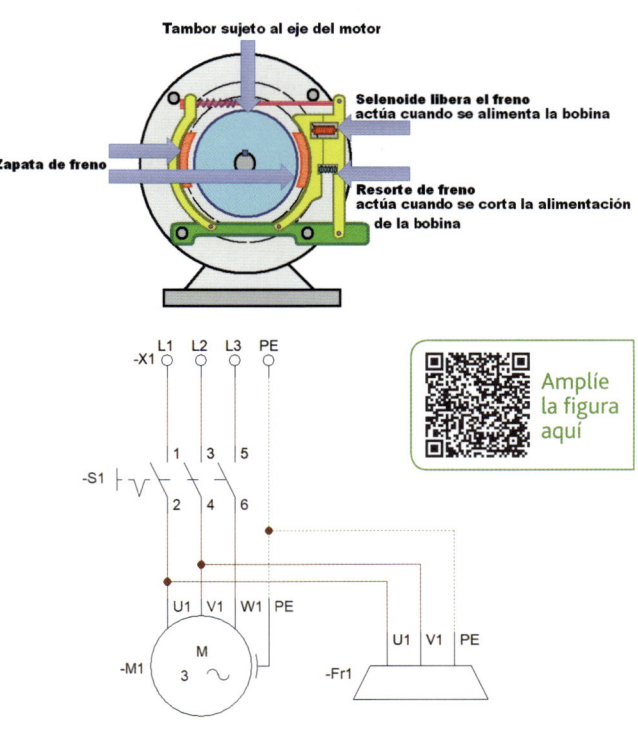

Motor	Red de alimentación			Altivar Machine ATV320				
Potencia indicada en placa de características (1)	Intensidad de red máx (2),(3)	Potencia aparente	Isc de red máx. prevista (4)	Intensidad de salida continua máx. máx. (In) (1)	Intensidad máx. transitoria para 60 s máx. (In) (1)	Potencia disipada (W) a intensidad de salida máx. (In) (1)	Referencia (1)	Peso
	para U1	para U2	para U2					
kW	A	A	kVA	kA	A	A		kg
Tensión de alimentación monofásica: 200…240 V 50/60 Hz, con filtro CEM integrado (3) (5) (6)								
0,18	3,4	2,8	0,7	1	1,5	2,3	25	ATV320U02M2B	2,400
0,37	6	5	1,2	1	3,3	5	38	ATV320U04M2B	2,500
0,55	7,9	6,7	1,6	1	3,7	5,6	42	ATV320U06M2B	2,500
0,75	10,1	8,5	2	1	4,8	7,2	51	ATV320U07M2B	2,400
1,1	13,6	11,5	2,8	1	6,9	10,4	64	ATV320U11M2B	2,900
1,5	17,6	14,8	3,6	1	8	12	81	ATV320U15M2B	2,900
2,2	23,9	20,1	4,8	1	11	16,5	102	ATV320U22M2B	2,900
Tensión de alimentación trifásica: 380…500 V 50/60 Hz, con filtro CEM integrado (3) (5) (6)								
0,37	2,1	1,6	1,4	5	1,5	2,3	27	ATV320U04N4B	2,500
0,55	2,8	2,2	1,9	5	1,9	2,9	31	ATV320U06N4B	2,600
0,75	3,6	2,7	2,3	5	2,3	3,5	37	ATV320U07N4B	2,600
1,1	5	3,8	3,3	5	3	4,5	50	ATV320U11N4B	2,500
1,5	6,5	4,9	4,2	5	4,1	6,2	63	ATV320U15N4B	2,500
2,2	8,7	6,6	5,7	5	5,5	8,3	78	ATV320U22N4B	3,000
3	11,1	8,4	7,3	5	7,1	10,7	100	ATV320U30N4B	3,000
4	13,7	10,5	9,1	5	9,5	14,3	125	ATV320U40N4B	3,000
5,5	20,7	14,5	12,6	22	14,3	21,5	233	ATV320U55N4B	7,500
7,5	26,5	18,7	16,2	22	17	25,5	263	ATV320U75N4B	7,500
11	36,6	25,6	22,2	22	27,7	41,6	403	ATV320D11N4B	8,700
15	47,3	33,3	28,8	22	33	49,5	480	ATV320D15N4B	8,800

Amplíe la figura aquí

Figura 3.65
Tabla de selección de variadores de frecuencia
(cortesía de Schneider Electric).

3.12 Frenado de motores

En algunas ocasiones resulta necesario e imprescindible el paro instantáneo del elemento de rotación (por ejemplo, elevadores o cilindros de laminado), puesto que si el motor eléctrico se desconecta de la línea de alimentación, debido a la inercia continuará girando hasta que se pare. En algunas instalaciones, debido al peso de la carga, incluso puede llegar a acelerarse, por ejemplo en el caso de puentes grúa, montacargas, ascensores, etc. Por lo tanto, hay aplicaciones en las que al motor hay que acoplar algún sistema de frenado.

Las formas de realizar el frenado son las siguientes:

☐ **Freno mecánico** (figura 3.66): frenado por electrofreno, sistemas basados en un sistema de plato móvil solidario en el eje del motor, y de unas zapatas o bandas de frenado que actúan sobre él. A continuación, se muestra el más utilizado con accionamiento eléctrico, aunque existen los electrohidráulicos o los incorporados internamente en el propio motor.

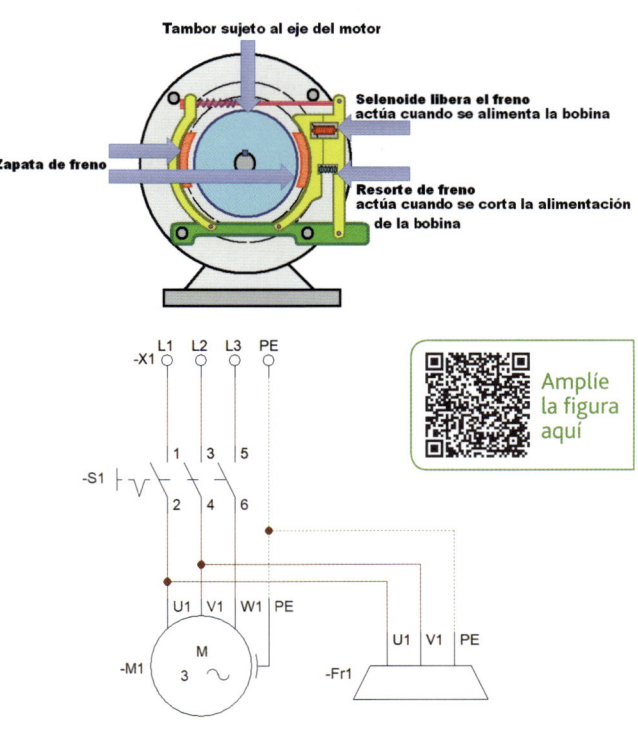

Figura 3.66
Esquema y representación de freno mecánico.

☐ **Freno por contracorriente:** inversión brusca (esquema de la izquierda de la figura 3.67) o inversión suavizada por resistencia (esquema de la derecha de la figura 3.67).

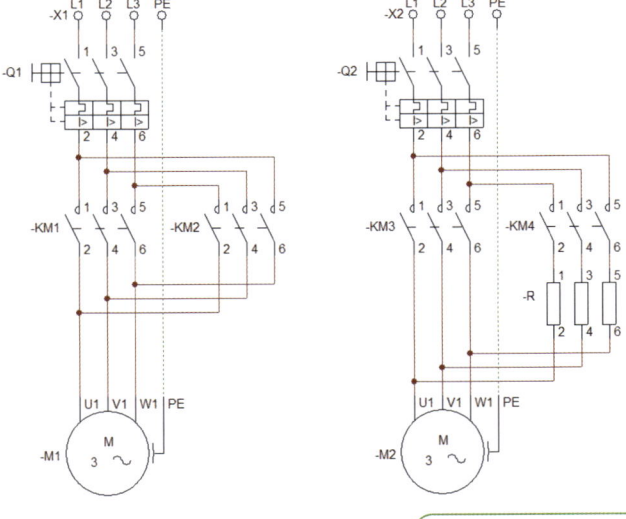

Figura 3.67
Esquemas de potencia con freno por inversión brusca y contracorriente.

Amplíe la figura aquí

Se realiza la inversión del sentido de giro hasta que se para el motor, momento en el cual se puede volver a poner en marcha. En algunas aplicaciones, para reducir los efectos de un cambio brusco, se intercalan unas resistencias con el bobinado del estator y el contactor de inversión de dos fases (parada). Si la inversión dura demasiado, se corre el riesgo de que el motor gire en el sentido contrario, por lo que el motor puede incorporar un interruptor centrífugo que se cierra cuando el motor alcanza cierta velocidad y se abre cuando está en reposo; también puede incluir un temporizador. Este sistema no puede utilizarse en máquinas elevadoras: grúas, montacargas, ascensores, etc.

☐ **Freno por corriente continua** (figura 3.68): este sistema desconecta el motor de la línea de alimentación y conecta inmediatamente dos de las conexiones del estator a una fuente de corriente continua, de tal forma que el campo magnético creado es fijo y crea un par de frenado en el rotor; una vez el rotor está parado, se deja de suministrar corriente continua al estator. El valor de continua será bajo, e irá en función de la resistencia de los bobinados del estator. Suele obtenerse de la red, mediante un transformador reductor y un equipo rectificador. El valor de la corriente de frenado está comprendido entre 1.3 y 1.8 veces la intensidad nominal del motor. A continuación, se muestra un esquema de potencia.

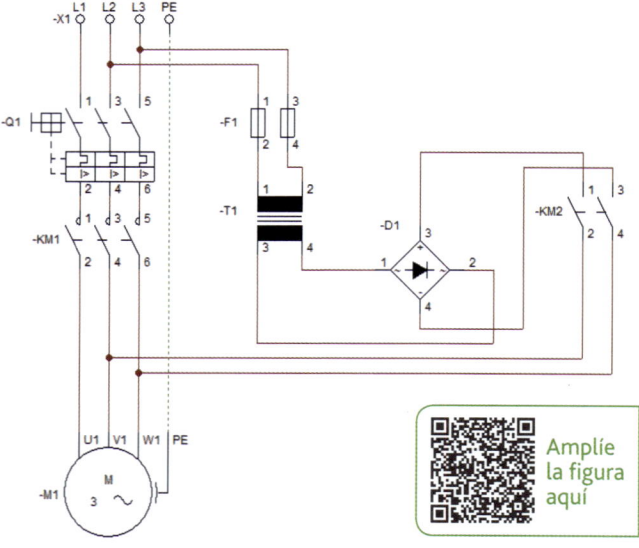

Figura 3.68
Esquema de potencia de un freno por inyección de corriente continua.

Las referencias en los esquemas del apartado 3.12 no se corresponden con la norma UNE 81346, pero su uso continúa siendo el más extendido. Como complemento, dispone en el siguiente QR de las referencias actualizadas.

3.13 Ensayos de máquinas rotativas: motores asíncronos

Introducción

La realización de ensayos sirve para determinar las características de funcionamiento de las máquinas eléctricas. El proceso de ensayo y las herramientas necesarias dependerán del tipo de ensayo y de la máquina.

Se obtienen las curvas de velocidad y de par para los motores de continua, y las principales pérdidas (cobre, hierro y mecánicas) en el motor de alterna (ensayo en vacío y cortocircuito).

Ensayo en vacío

Sirve para obtener las pérdidas mecánicas en hierro, aunque también permite obtener el valor del factor de potencia y deslizamiento en vacío.

Se utiliza el circuito de la figura 3.69 y se anotan las medidas de tensión, corriente y potencia, dejando el eje libre (sin conectar nada), así como la velocidad.

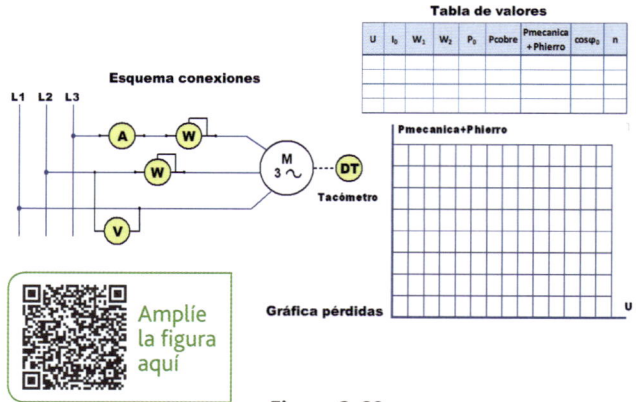

Figura 3.69
Ensayo en vacío de motor trifásico asíncrono.

Aunque se puede realizar a una tensión nominal, es recomendable utilizar una tensión variable, e ir reduciéndola hasta que la velocidad del motor se vea reducida notablemente. A partir de los datos recogidos se pueden ir obteniendo:

☐ Factor de potencia en vacío:

$$cos\varphi = \frac{P_{ca}}{\sqrt{3} \cdot U \cdot I}$$

☐ Deslizamiento:

$$S_0 = \frac{n_s - n}{n_s} \leftrightarrow n_s = \frac{60 \cdot f}{p}$$

☐ Pérdidas:

$$P_{ca} = P_{hierro} + P_{cobre} + P_{mecánica}$$

Las pérdidas en el cobre se pueden obtener por efecto Joule, utilizando la siguiente ecuación, donde se puede medir el valor de la resistencia de los devanados con un óhmetro:

$$P_{cobre} = 3 \cdot R_{devanado} \cdot I_0^2$$

Así pues, se pueden obtener las pérdidas debidas a rozamiento o mecánicas y en el hierro utilizando la siguiente ecuación:

$$P_{ca} - P_{cobre} = P_{hierro} + P_{mecánica}$$

Ahora bien, como el valor resistivo de los devanados es muy pequeño, el valor de las pérdidas en el cobre es muy pequeño sobre todo comparado con las otras pérdidas. Por lo tanto:

$$P_{ca} = P_{hierro} + P_{mecánica}$$

PARA RECORDAR...

La medida de potencia en el ensayo en vacío corresponde a las pérdidas mecánicas y del hierro.

Para la potencia se utiliza el método de Aron o de los dos vatímetros; por lo tanto, las pérdidas son la suma de la medida de ambos vatímetros:

$$P_{ca} = W_1 + W_2$$

Otro aspecto a tener en cuenta con la medida es que, si el motor está conectado en triángulo, la intensidad de línea y de fase son distintas; por lo tanto, la intensidad que circula por cada devanado (intensidad de fase) es:

$$I_{ca\_fases} = \frac{I_0}{\sqrt{3}}$$

Ensayo en cortocircuito

Hay que bloquear el rotor, impidiendo que gire y aplicando al estator una tensión creciente que vaya desde 0 hasta que la medida de intensidad se corresponda con la intensidad nominal.

Se utiliza el montaje que se muestra en la figura 3.70, basado en la medida de potencia del método Aron o de los dos vatímetros. Se suele utilizar un dinamo freno como el ensayo en carga para el bloqueo del motor.

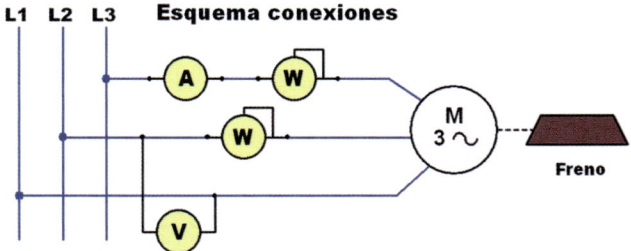

Figura 3.70
Ensayo en cortocircuito.

En este tipo de ensayo, las pérdidas en el hierro son despreciables y no hay pérdidas mecánicas; por lo tanto, la medida de potencia corresponde a las pérdidas en el cobre, tanto en el estator como en el rotor:

$$P_{cc} = P_{hierro} + P_{cobre} + P_{mecánica} = P_{cobre}$$

PARA RECORDAR...

La medida de potencia en el ensayo en cortocircuito corresponde a las pérdidas en el cobre.

Por lo tanto, se puede obtener el valor de la resistencia en el cobre, tanto del rotor como del estator:

$$P_{cc} = 3 \cdot R_{cc} \cdot I_{cc}^2 \rightarrow R_{cc} = \frac{P_{cc}}{3 \cdot I_{cc}^2}$$

Teniendo en cuenta que la resistencia corresponde al conjunto del circuito formado por el rotor y el estator, y sabiendo el valor de la resistencia del estator, que ha realizado en un ensayo anterior (midiendo la resistencia del devanado del estator con un óhmetro), se obtiene la resistencia del rotor:

$$R_{cc} = R_{estator} + R_{rotor} \rightarrow R_{rotor} = R_{cc} - R_{estator}$$

También se puede obtener el valor de la impedancia, teniendo en cuenta que el valor inductivo entre estator y rotor es el mismo:

$$X_{cc} = X_{estator} + X_{rotor} \rightarrow X_{estator} = X_{rotor} = \frac{X_{cc}}{2}$$

$$Z_{cc} = \frac{U_{cc}}{I_{cc}}$$

$$Z_{cc} = \sqrt{R_{cc}^2 + X_{cc}^2} \rightarrow X_{cc} = \sqrt{Z_{cc}^2 - R_{cc}^2}$$

$$X_{estator} = X_{rotor} = \frac{\sqrt{Z_{cc}^2 - R_{cc}^2}}{2}$$

En el cálculo de la impedancia hay que tener en cuenta que se corresponde con la tensión de fase. En consecuencia, si el motor está conectado en triángulo se corresponderá con la lectura del voltímetro (tensión de línea); si no, habrá que dividir el valor por √3.

Ensayo en carga

Sirve para obtener los rendimientos parciales del estator y rotor, rendimiento total, factor de potencia a distintas carga y frecuencia rotórica.

Se realiza montando el circuito de la figura 3.71 y anotando las medidas de tensión, corriente y potencia, dejando el eje libre (sin conectar nada), así como la velocidad. La carga del eje se logra con un acoplamiento de un dinamo que disipe la energía generada en una resistencia variable.

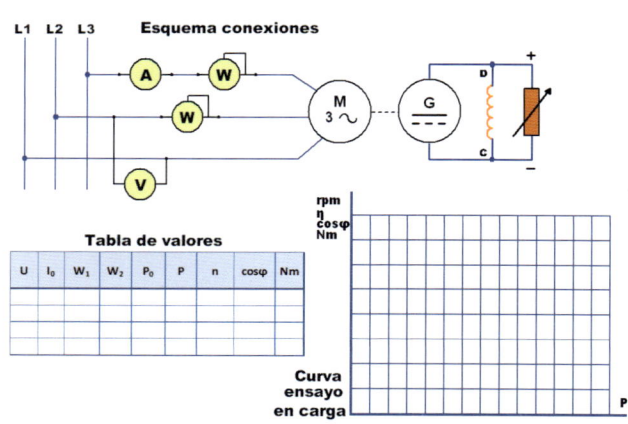

Tabla de valores

U	I_0	W_1	W_2	P_0	P	n	cosφ	Nm

Amplíe la figura aquí

Figura 3.71
Ensayo en carga de un motor trifásico asíncrono.

A partir de los datos medidos se puede obtener:

☐ Rendimiento parcial del estator: a partir de las pérdidas en el estator, en el hierro, por rozamiento y en el cobre debidas éstas últimas al efecto Joule.

$$P_0 = P_{hierro} + P_{mecánica} + 3 \cdot R_{estator} \cdot I_0^2$$

$$P = W_1 + W_2$$

$$\eta_{estator} = \frac{P - P_0}{P}$$

☐ Rendimiento del rotor: se obtiene aplicando la siguiente ecuación:

$$\eta_{rotor} = \frac{(E_2 \cdot I_2 \cdot cos\varphi_2) - (R_2 \cdot I_2^2)}{E_2 \cdot I_2 \cdot cos\varphi_2}$$

☐ Rendimiento total del motor: será igual al producto de los rendimientos del estator y del rotor:

$$\eta = \eta_{estator} \cdot \eta_{rotor}$$

☐ Factor de potencia a distintas cargas: se calcula para distintas cargas utilizando la siguiente ecuación:

$$cos\varphi = \frac{W_1 + W_2}{\sqrt{3} \cdot U_1 \cdot I_1}$$

Material recomendado para realizar los ensayos

El material se debe ajustar al ensayo a realizar, pero se puede utilizar:

☐ Óhmetro de rango: 0-200 Ω.

☐ Dos vatímetros: uno de factor de potencia de valor 0.33 para el ensayo en vacío y otro de factor de potencia de valor 1 para en carga.

☐ Amperímetro y voltímetro de corriente alterna con alcance adecuado.

☐ Máquina de corriente continua con su equipamiento correspondiente. Dinamo freno.

☐ Tacómetro para medida de la velocidad.

☐ Fasímetro.

☐ Analizador de redes.

☐ Osciloscopio, si se desea observar el desfase entre tensión e intensidad.

☐ Termómetro con alcance adecuado.

Calentamiento de la máquina

Durante el ensayo en carga (medida del par) se tiene que hacer un seguimiento de los valores que va tomando la temperatura a lo largo del tiempo. Estos se anotarán en una tabla (figura 3.72) para, posteriormente, llevarlos a una gráfica, mientras se hace funcionar el motor en carga nominal partiendo de la temperatura ambiente.

Los calentamientos a medir son:

☐ Calentamiento local o de un punto determinado:

$$\Delta T = T_{máquina} - T_{ambiente}$$

☐ Calentamiento medio:

$$\Delta T = \frac{R_{caliente} - R_{frío}}{R_{frío}} \cdot (235 + T_{ambiente})$$

La medida se debe realizar con instrumentos adecuados, termómetros; actualmente se utilizan electrónicos digitales con rangos comprendidos entre: 50 y 1300 °C.

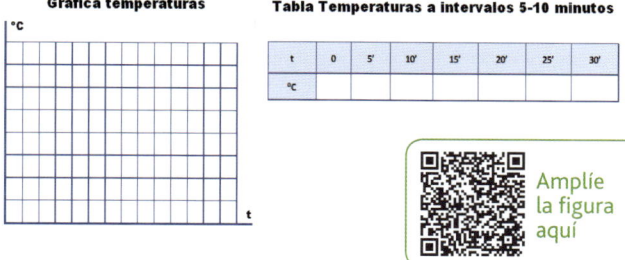

Amplíe la figura aquí

Figura 3.72
Tablas para cumplimentar con las medidas de temperatura.

PARA SABER MÁS...

QR para descargar *software* de gestión de ensayos en máquinas eléctricas vía comunicación ModBUS de Aulamoisan.

Informe de los ensayos realizados
Una vez realizados todos los ensayos, se debe redactar una memoria donde se hace constar:

- Material empleado, con sus características más relevantes.
- Datos obtenidos, reflejados en las tablas y gráficos.
- Cálculos necesarios.
- Conclusiones, realizando todas las observaciones que se estime oportuno.

3.14 Mantenimiento y reparación de máquinas rotativas

Introducción

El mantenimiento es un conjunto de acciones necesarias para asegurar el funcionamiento constante de una instalación con el mejor rendimiento posible, conservando la seguridad del servicio y la defensa del medioambiente.

Los objetivos de un buen mantenimiento son:

- Contribuir a un mejor nivel de servicio, garantizando su seguridad.

- Prolongar la vida de la instalación.
- Evitar gastos inútiles ocasionados por pérdidas y depreciación de la instalación.

En los siguientes subapartados se van a describir las tareas a realizar en el mantenimiento de máquinas eléctricas rotativas.

PARA SABER MÁS...

QR para descargar con conjunto de definiciones sobre los tipos de mantenimiento de forma detallada.

Medidas a realizar en máquinas rotativas

Un motor necesita un seguimiento de su estado (mantenimiento), por lo que será necesario realizar una serie de medidas y comprobaciones.

Las anomalías más frecuentes en las máquinas de corriente alterna son la localización de contactos a masa, cortocircuitos y conductores cortados, así como la determinación de la polaridad correcta.

Localización de contactos a masa

La anomalía debida a un contacto a masa se comprueba mediante la medida de aislamiento. Para la medida se utiliza un megohmio (para realizar la medida entre inducido y masa e inductor y masa).

El resultado debe ser inferior a lo indicado por el fabricante del motor, aunque no será inferior a 1 megohmio (MΩ).

El proceso para realizar la medida es:

1. Desconectar el motor de la alimentación exterior, desde la caja de bornes, y eliminar cualquier puente que pudiera tener la conexión.

2. Proceder a la conexión de los elementos a medir, por ejemplo entre una bobina y masa.

La media de la resistencia de aislamiento en motor de corriente alterna, para detectar esta posible anomalía. hay que tener en cuenta que puede presentarse tanto en estatores como en rotores bobinados, de cualquier máquina de corriente alterna, y la mejor forma de no llegar a esta situación que puede ser peligrosa desde sus comienzos, en cuanto a electrocución se refiere, y degenerar con el tiempo en un cortocircuito y la consiguiente destrucción de los devanados, es la de medir periódicamente el aislamiento a masa de sus devanados, que según la normativa actual ha de ser como mínimo de mil veces la tensión nominal de alimentación ($R_{ais} = U \cdot 1000\ [\Omega]$), con un mínimo de 250 kΩ.

En la figura 3.73 se muestra un esquema de medida en motores de alterna (tanto en el estator como el rotor). El rotor que se muestra en dicha figura es el correspondiente a un motor de rotor bobinado.

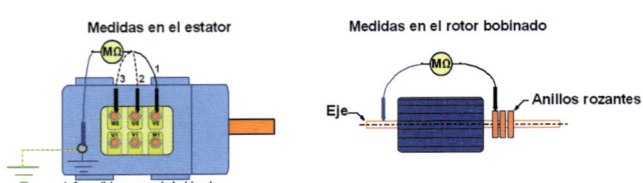

Figura 3.73
Detección de defectos a masa en motor de corriente alterna trifásico.

Localización de cortocircuitos

Los cortocircuitos en los devanados de corriente alterna se suelen producir siempre que los aislamientos fallan, deterioro por sobrecargas frecuentes, o bien debido a un mal aislamiento o de baja calidad, que pueden fallar debido a las vibraciones del propio motor. Los cortocircuitos en el interior de un motor pueden ser de muy distinta magnitud, y se pueden clasificar en:

☐ Cortocircuitos entre dos fases distintas. Suelen ser muy radicales. Siempre que sean directos entre fases, son detectados por las protecciones del motor y este se queda instantáneamente fuera de servicio.

☐ Cortocircuitos entre espiras de una misma fase. Su grado de peligrosidad puede variar, dependiendo de las espiras que queden cortocircuitadas, lo que puede originar desde ningún síntoma apreciable cuando son pocas espiras de una misma fase, hasta una intensidad absorbida exagerada cuando las espiras eliminadas son muchas, lo que se traduce en un calentamiento excesivo (cuando vulgarmente se dice que el motor se ha quemado).

En la figura 3.74, se muestra el esquema de comprobación de un cortocircuito entre espiras de una misma fase, teniendo en cuenta que la medida de los bobinados debe ser igual o muy similar, puesto que se trata de un sistema equilibrado y, por lo tanto, la media se realiza con las chapas quitadas en la caja de bornes.

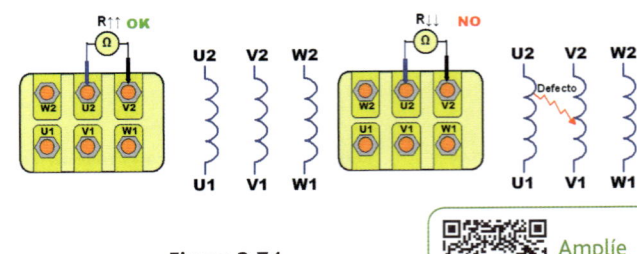

Figura 3.74
Localización de cortocircuitos.

Si el cortocircuito sucede en el devanado del estator puede darse el caso de que el motor no pueda llegar a arrancar; por el contrario, si al aparecer el cortocircuito el motor está en marcha, puede seguir girando, aunque empezará a roncar y aumentará su calentamiento. En este caso también aumentará la corriente de la fase defectuosa, defecto que puede ser suficiente para que un relé de sobrecarga pueda llegar a desconectar el motor.

Localización de conductores cortados o medida de continuidad

Estas anomalías, tanto si el devanado es de rotor como si es de estator, se manifiestan con dificultades en el arranque; incluso puede no arrancar, comportándose como si le faltará una fase. Si arranca, el motor no logrará alcanzar su velocidad nominal, hará un ruido ronco y se frenará con la carga.

En la figura 3.75, se muestra un esquema de comprobación de conductores cortados en el estator (imagen de la derecha) y la misma medida correcta (imagen de la izquierda).

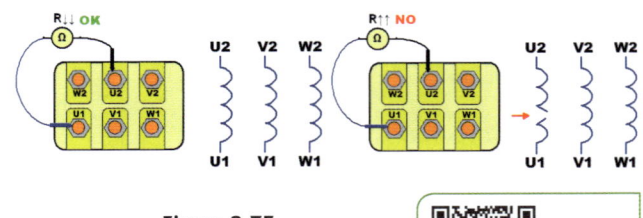

Figura 3.75
Localización de conductores cortados y medida de continuidad.

Se puede realizar una comprobación visual de los conductores que van a la placa de bornes, ya que, con frecuencia, y bien sea debido a las vibraciones, al envejecimiento del aislamiento o de las soldaduras de los terminales, se sueltan o cortan en la propia placa de bornes. También se puede comprobar si las tuercas de conexionado de la placa de bornes se han aflojado, por lo que requerirán un reapriete.

Determinación de la polaridad correcta

Si en el proceso de montaje de los bobinados del estator de una máquina rotórica asíncrona alguna de las conexiones entre grupos de bobinas no se conecta correctamente, o bien se han equivocado algunas entradas (U1, V1, W1) con salidas (U2, V2, W2), el campo magnético no será completamente giratorio y, en consecuencia, la máquina no podrá arrancar o lo hará con mucha dificultad.

Estator

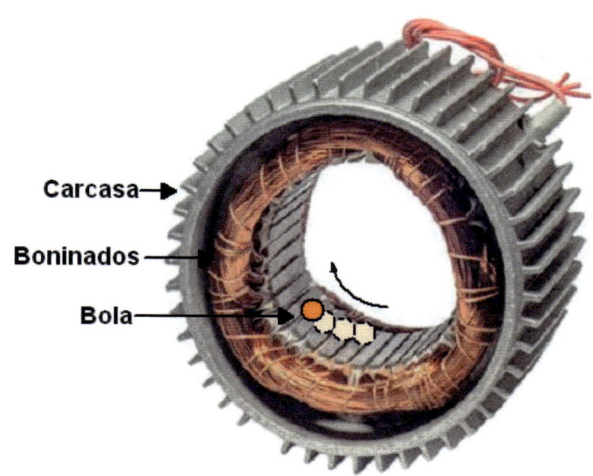

Carcasa →

Boninados —

Bola —

Figura 3.76
Polaridad en el estator de un motor de alterna.

El método de comprobación consiste en alimentar el estator a tensión alterna, estando el estator desmontado, al que se le ha introducido previamente una bola de acero en su interior (obtenidas por ejemplo de un cojinete de bolas). Si las conexiones están correctamente realizadas, la bola rodará por el interior del estator perfectamente, arrastrada por el campo magnético giratorio. Si existiera alguna conexión equivocada, la bola permanecería en reposo u oscilaría, debido a la deformación del campo magnético (figura 3.76).

PARA RECORDAR...

Para realizar esta comprobación en los motores de mediana o gran potencia, es mejor hacerlo con una tensión inferior a la nominal de la máquina, siempre que esta sea alterna, ya que el campo magnético se forma perfectamente y es mucho más segura la prueba.

Operaciones de mantenimiento preventivo

El mantenimiento preventivo debe realizarse en el lugar donde se encuentra la máquina, por lo que se debe requerir de la menor cantidad posible de equipos, y se debe contar con: voltímetro, amperímetro, termómetro, tacómetro y medidor de aislamiento, además de herramienta de mano, material aislante para reparar pequeños desperfectos y equipo de engrase.

La secuencia de operaciones puede ser:

1. Análisis general de la máquina: inspección visual. Por ejemplo: aspecto externo de la máquina, estado de la pintura, posibles zonas recalentadas o quemadas, estados de las conexiones en la placa, estado de los conductores.

2. Revisión de anclajes y elementos móviles. Por ejemplo: si cuando está en marcha se oye un ruido en la bancada, vibraciones, rozamientos, etc. Puede solucionarse mediante un apriete al sistema de anclaje; si el movimiento es del eje puede ser debido a un deterioro de los rodamientos (con el motor parado y tomando el eje o polea con la mano se intenta mover hacia los lados para detectar un posible movimiento), como se muestra en la figura 3.77.

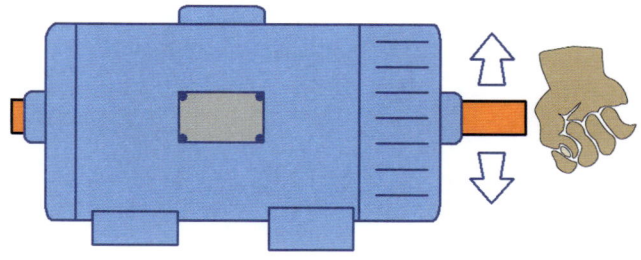

Figura 3.77
Comprobación de rodamientos.

3. Comprobar los circuitos, intentar detectar derivaciones a masa del circuito o cortocircuitos o interrupciones.

   a. Para detectar derivaciones se comprobará el aislamiento de cada parte activa a masa.

   b. Ante un cortocircuito en el inducido la máquina no girará, o lo hará muy lentamente. Presentará un calentamiento excesivo de la zona.

   c. Ante un cortocircuito en el bobinado de excitación, se puede producir un aumento de la velocidad de la máquina acompañado de chispas en el colector (incluso en funcionamiento en vacío), provocando un calentamiento de la máquina.

d. Las interrupciones suelen darse debido al mal contacto de las escobillas, soldaduras o conductores rotos.

Medidas y verificaciones eléctricas

Las principales medidas en un motor son:

- Resistencia de las bobinas y fases del motor
- Aislamiento de las fases o bobinas del rotor
- Intensidad absorbida por cada una de las fases del motor
- Tensión de los bornes del motor

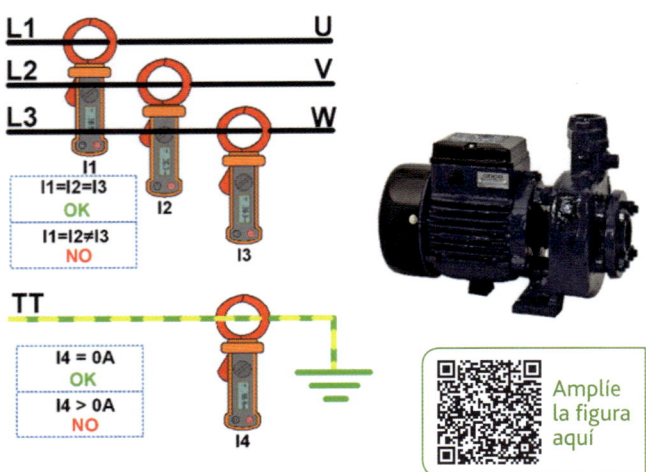

Figura 3.78
Medidas de corriente de línea y de fuga de un motor de corriente alterna trifásico.

A modo de ejemplo, en la figura 3.78 se muestra cómo se realizaría la comprobación de la intensidad absorbida por un motor trifásico con una pinza amperimétrica teniendo en cuenta que se trata de un circuito equilibrado; la medida en cada fase tendrá que ser igual o similar, para la medida de aislamiento la intensidad de derivación deberá ser nula.

Verificaciones mecánicas

El técnico eléctrico puede realizar una serie de medidas y comprobaciones que, a pesar de no ser eléctricas, son importantes:

- Verificar el aspecto exterior del motor.
- Comprobar el apriete de los tornillos de fijación.

- Comprobar la alineación del motor con la aplicación o el reductor.
- Estado del acoplamiento
- Rodamientos
- Vibraciones
- Comprobar el nivel de ruido
- Comprobar el estado y ajuste del freno
- Ambientales: temperatura en las zonas próximas al motor y localización de materias inflamables
- Limpieza: ausencia de humedad y polvo en la carcasa y conductos de ventilación

Mantenimiento eléctrico

A continuación, se indican los elementos a inspeccionar en los equipos eléctricos relacionados con el control de motores:

- **Diferenciales:** pulsador de prueba (mensual), medir corriente diferencial umbral y comprobar el conexionado.

- **Fusibles:** inspección termográfica, apretado de conexiones de los portafusibles, comprobación del buen contacto entre fusibles y portafusibles, y comprobación de tensión y corriente. Magnetotérmicos. Inspección termográfica, apretado de conexiones y comprobación de tensión y corriente.

- **Equipos electrónicos:** observación visual de decoloraciones y deterioros para detectar calentamientos excesivos. Acumulación de polvo (limpieza componentes y placa). Apretado de terminales y verificación de soldaduras. Verificaciones de los ajustes según manual del fabricante.

- **Cuadros eléctricos:** limpieza, estanqueidad, acumulación de polvo. Inspección de los contactos de los contactores y comprobar las lámparas piloto.

- **Cables eléctricos** de potencia: doblados excesivos, tensión mecánica excesiva, deterioro del aislamiento, continuidad del circuito de tierra, y medida de aislamiento.

- **Baterías:** nivel electrolito, ventilación del local, temperatura del local, funcionamiento del cargador, limpieza de suciedad y corrosión de terminales, y medida de la tensión de cada vaso o célula.

PARA SABER MÁS...

QR con acceso a un artículo sobre el uso de las cámaras termográficas para el mantenimiento de motores eléctricos, de la empresa de instrumentación Fluke.

A continuación, se indican una serie de consejos o recomendaciones a la hora de realizar las conexiones que pueden ser de utilidad a la hora de realizar el montaje y, también, el mantenimiento:

☐ Los cables se conectan en el borne superior (contrarios a la entrada de la manguera), de tal forma que si se produce una avería (se queme o deteriore el terminal) puedo cambiar las pletinas de los puentes y aprovechar el cable disponible dentro de la caja de conexiones.

☐ Los cables no deben tocar los bornes de conexión porque se pueden calentar y deteriorar el aislamiento de los conductores, con la posibilidad de que se produzca un cortocircuito.

☐ En la reparación o modificación se pueden romper los bornes de conexión (un reapriete excesivo de la tuerca), entonces se pueden conectar los terminales de los bobinados a otros puntos comunes dentro del bornero de conexión.

A modo de ejemplo, se muestra un conexionado de los bornes de un motor trifásico de jaula de ardilla en la figura 3.79.

Figura 3.79
Ejemplo conexionado de bornes en la caja de conexiones.

Averías típicas en motores de corriente alterna trifásicos

Se incluyen en la tabla 3.18 y 3.19 las principales averías que se pueden producir en los motores de corriente alterna trifásicos, indicando el síntoma que se produce sobre el motor, la posible causa que lo provoca y como solucionarlo.

Síntomas	Causas posibles	Verificación y soluciones
El motor no arranca en vacío y no produce ningún ruido.	No le llega corriente al motor. Si el motor hace un ruido ronco y no llega a arrancar, le falta una fase. Tensión insuficiente o carga excesiva. Si el motor es de anillos y el ruido es normal y no arranca, el circuito rotórico está mal. Circuito exterior o devanado cortado. Devanado a masa.	Verificar tensiones en la red, fusibles, contactos, conexiones del motor - Verificar la correcta conexión, estrella o triángulo, en su placa de bornes y la carga del motor. Verificar tensiones rotóricas, contacto de las escobillas y circuito de las resistencias de arranque (conductores y resistencias). Verificar aislamiento de los devanados.

Tabla 3.18 Averías típicas en motores de CA trifásicos I.

Síntomas	Causas posibles	Verificación y soluciones
El motor arranca, pero no alcanza la velocidad nominal.	Tensión insuficiente o caída de tensión excesiva. Fase del estator cortada. Si el motor es de anillos, han quedado resistencias intercaladas. Si el motor es de anillos ruptura del circuito de arranque rotórico. Cortocircuito o devanado amasa.	Verificar tensión de red y sección de línea. Verificar tensión y devanado. Verificar circuitos de arranque. Verificar conexiones, resistencias, escobillas y devanado. Verificar devanados y reparar.

La corriente absorbida en funcionamiento es excesiva.	Maquina accionada agarrotada o carga excesiva - Si el motor ronco y las intensidades de las tres fases son desiguales, cortocircuito en el estator. Si el motor es de anillos, cortocircuito en el circuito rotórico.	Verificar carga y sustituir motor si este es pequeño. Verificar aislamiento y reparar o rebobinar el motor. Verificar anillos, escobillas y circuito de resistencias. Verificar devanado rotórico y reparar.
La corriente absorbida en el arranque es excesiva.	Par resistente muy grande. Si el motor es de anillos, resistencias rotóricas mal calculadas o corto-circuitadas.	Verificar la carga del motor. Verificar resistencias y posibles cortocircuitos en resistencias y devanado rotórico.

Tabla 3.19 Averías típicas en motores de CA trifásicos II.

3.15 Bobinados de máquinas de corriente alterna trifásicos

Tipología de bobinados de alterna

Los bobinados de corriente alternan se clasifican en (figura 3.80):

□ **Concéntricos**: formadas por bobinas de distintas amplitudes, en dónde una se encuentra dentro de otra.

□ **Excéntricos**: formados por bobinas iguales desplazas.

□ **Separados**: los bobinados no tienes ranuras comunes.

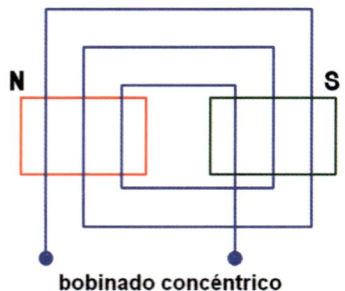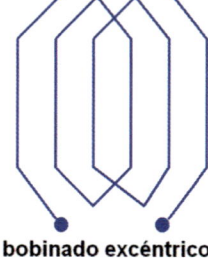

bobinado concéntrico　**bobinado excéntrico**

Figura 3.80
Tipos de bobinados de alterna.

A su vez se clasifican en (figura 3.81):

□ Por **polos**: el final de un grupo de bobinas se conecta con el final del siguiente dejando libre el principio del primero y el principio del segundo. El número de grupos por fase (Gf) es igual al número de polos (p), y

el número total de polos (G) será el número de polos por fases por el número de fases (q):

$$G_f = 2 \cdot p$$

$$G = G_f \cdot q = 2 \cdot p \cdot q$$

□ Por **polos consecuentes**: el final de un grupo de bobinas se conecta con el siguiente dejando libre el principio del primero y el final del segundo. El número de grupos por fase (G) es igual al número de pares de polos (2p) y el número total de polos será el número de polos por fases por el número de fases (q):

$$G_f = p$$

$$G = G_f \cdot q = p \cdot q$$

Figura 3.81
Bobinados por polos y polos consecuentes.

— PARA SABER MÁS… —

En los motores monofásicos (una fase) se suelen realizan por polos y los trifásicos por polos consecuentes.

Bobinados concéntricos para motores trifásicos

Para motores de corriente alterna trifásicos, hay que tener en cuenta que cada una de las fases tienen que ser iguales (mismo: número de espiras, resistencia y fuerza electromotriz). Por lo que solo será posible su ejecución cuando (K_{pq}=número de ranuras por polo) el cociente entre el número de ranuras entre el número de polos (2p, 4 polos, 2p=4, corresponde a 2 pares de polo, p=2) por fase (q) es un número entero:

$$K_{pq} = \frac{K}{2 \cdot p \cdot q} \rightarrow Número\ entero$$

El número de bobinas que componen cada grupo (U) se calcula de la siguiente forma al realizar la conexión por **polos** (tantos grupos como polos):

$$U = \frac{K}{2 \cdot G \cdot q} \rightarrow G = 2pq \Rightarrow U\frac{K}{2 \cdot 2p \cdot q} = \frac{K}{4 \cdot p \cdot q} = \frac{K_{pq}}{2}$$

El número de grupos por fase (G_f) es:

$$G_f = \frac{G}{q} = 2p$$

Y, el número de ranuras libres que quedará en el interior

de un grupo de bobinas (m), que se utilizarán para las fases restantes, se calcula como:

$$m = (q - 1) \cdot 2 \cdot U$$

El número de bobinas que componen cada grupo (U) se calcula de la siguiente forma al realizar la conexión por **polos consecuentes** (tantos grupos como pares de polos):

$$U = \frac{K}{2 \cdot G} \rightarrow G = pq = \frac{K}{2 \cdot p \cdot q} = K_{pq}$$

$$G_f = \frac{G}{q} = p$$

$$m = (q - 1) \cdot U$$

En motores trifásicos si se tiene en cuenta que cada bobina tiene que ser igual pero desfasadas 120º.

$$Y_{120} = \frac{K}{3 \cdot p}$$

Cumplimentado la siguiente tabla denominada de inicio:

U	V	W
1	$1 + Y_{120}$	$1 + Y_{120} + Y_{120}$

EJEMPLO 15

Realizar los cálculos para un motor trifásico (q=3) concéntrico de 24 ranuras (K) formado por 4 polos (2p=4; p=2) y por polos consecuentes:

1. Número de ranuras por polo y fase (K_{pq}):

$$K_{pq} = \frac{K}{2 \cdot p \cdot q} = \frac{24}{4 \cdot 3} = \frac{24}{12} = 2$$

2. Número de bobinas por grupo:

$$U = K_{pq} = 2$$

3. Número de grupos por fase:

$$G_f = \frac{G}{q} = p = 2$$

4. Amplitud:

$$m = (q-1) \cdot U = (3-1) \cdot 2 = 4$$

5. Tabla de inicio:

$$Y_{120} = \frac{K}{3 \cdot p} = \frac{24}{3 \cdot 2} = \frac{24}{6} = 4$$

U	V	W
1	5	9
13	17	24

Para la representación revisar la figura 3.84 inferior.

Esquema de bobinados concéntricos

Previo a la representación se realizaría el cálculo. Por ejemplo, para un bobinado de un motor trifásico por polos de 24 ranuras y 4 polos (2 pares de polos -p-) sería:

$$U = \frac{K_{pq}}{2} = 1$$

$$G_f = \frac{G}{q} = 2p = 4$$

$$m = (q - 1) \cdot 2 \cdot U = (3 - 1) \cdot 2 \cdot 1 = 4$$

$$Y_{120} = \frac{K}{3 \cdot p} = \frac{24}{3 \cdot 2} = \frac{24}{6} = 4$$

A continuación, se pasaría a realizar la representación de los bobinados concéntricos, se parte de incluir todas las ranuras (figura 3.82) iniciando la conexión de la parte superior en función del número de bobinas por grupo según el hueco (figura 3.83), seguido de las conexiones de la parte inferior según si es por polos o por polos consecuentes (figura 3.84), quedando dos conexiones libres que se corresponden con las conexiones de la bobina (figura 3.85). Finalmente, se completa la representación siguiendo los mismos pasos para incluir las otras tres bobinas que falta (figura 3.86)

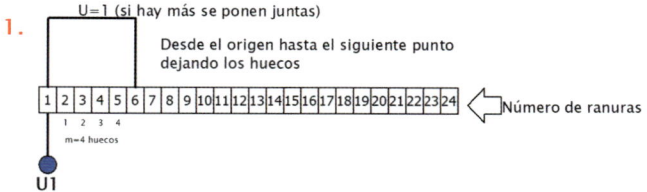

Figura 3.82
Paso 1: incluir ranuras para bobinado concéntrico por polos
(K=24 y 2p=4).

Amplíe la figura aquí

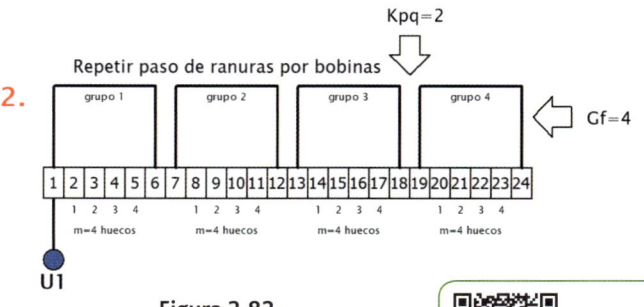

Figura 3.83
Paso 2: realizar conexiones superiores para bobinado concéntrico por polos
(K=24 y 2p=4).

Amplíe la figura aquí

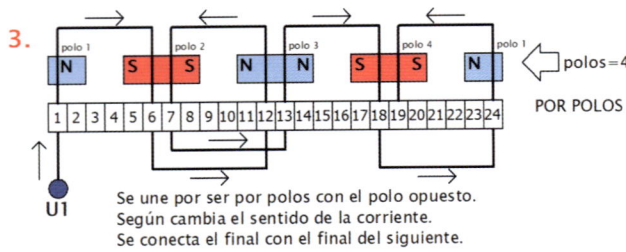

Se une por ser por polos con el polo opuesto.
Según cambia el sentido de la corriente.
Se conecta el final con el final del siguiente.

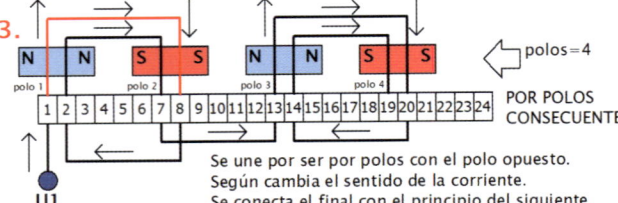

Se une por ser por polos con el polo opuesto.
Según cambia el sentido de la corriente.
Se conecta el final con el principio del siguiente.

Amplíe la figura aquí

Figura 3.84
Paso 3: completar conexiones (ver número de polos) para bobinado concéntrico por polos (K=24 y 2p=4) imagen superior y concéntrico por polos consecuentes (K=24 y 2p=4) imagen inferior.

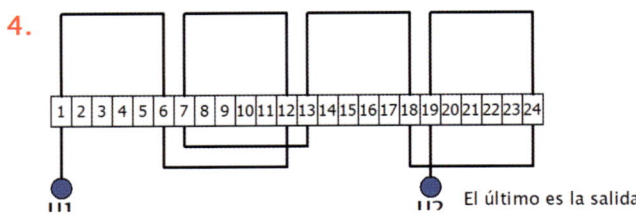

El último es la salida

Amplíe la figura aquí

Figura 3.85
Paso 4: conexiones externas para bobinado concéntrico por polos (K=24 y 2p=4).

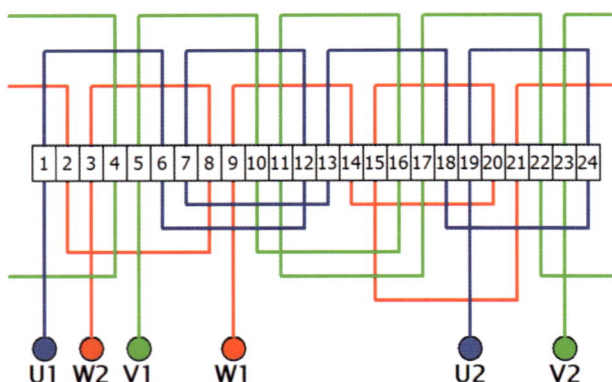

Figura 3.86
Bobinados del motor trifásico concéntrico por polos (K=24 y 2p=4).

Bobinados excéntricos para motores trifásicos

Los bobinados excéntricos normalmente se realizar por polos y se clasifican en (figura 3.87):

- Imbricados: se realizan por bobinados de igual forma y tamaño, obteniendo un grupo polar (mismas bobinas de una misma fase). Son las más utilizadas para la construcción de bobinados de motores trifásicos, ya sea en el ámbito industrial o doméstico.

- Ondulados: formada por bobinados iguales, pero se conectan con otra bobina situada en el siguiente par de polos. No se suele utilizar este tipo de bobinados en motores trifásicos.

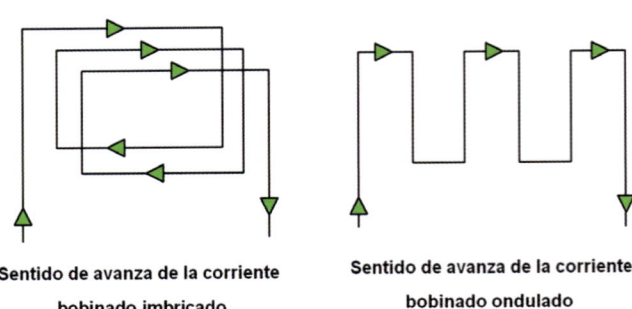

Sentido de avanza de la corriente
bobinado imbricado

Sentido de avanza de la corriente
bobinado ondulado

Figura 3.87
Bobinados de alterna excéntricos.

Para el cálculo de los bobinados excéntricos imbricados hay que tener en cuenta que:

1. El número de bobinas (B) vendrá determinado si se utiliza en una o dos capas:

$$B(una\ capa) = \frac{K}{2} \quad B(dos\ capas) = K$$

2. El número el número de grupos (U) se determina como (teniendo en cuenta que se realiza por polos):

$$U = \frac{B}{2 \cdot p \cdot q}$$

PARA SABER MÁS…

En función del valor de U se catalogan en enteros (por ejemplo, U=2) o fraccionarios (Por ejemplo, U=2,5). Que sean fraccionarios indica que el número de bobinas por grupo sucesivo varían (Por ejemplo, con U=2,5 indica que estará formado por grupos de dos y tres bobinas alternativamente).

3. El paso polar (Y_p) determina la distancia entre los dos lados de la bobina:

$$Y_p = \frac{K}{2 \cdot p}$$

4. El ancho de bobina o paso de ranura (Y_k) tiene que cumplir:

$$Y_k \leq Y_p$$

Mientras, que para el cálculo de bobinados excéntricos ondulados hay que tener en cuenta:

☐ Se fabrican de dos capas.

☐ El número de bobinas es múltiplo del número de polos.

$$Y = \frac{B}{p}$$

☐ El paso de conexión (Y_2) como el punto de conexión de una bobina con la siguiente, recorriendo toda la periferia del bobinado.

$$Y_2 = Y - Y_k$$

☐ No se suele utilizar este tipo de bobinado.

EJEMPLO 16

Realizar los cálculos para un motor trifásico (q=3) imbricado de 24 ranuras (K), formado por 2 pares de polos (p) con 1 capa y por polos:

1. Número de ranuras por polo y fase *(K_{pq})*:

$$K_{pq} = \frac{K}{2 \cdot p \cdot q} = \frac{24}{4 \cdot 3} = \frac{24}{12} = 2$$

2. Número de bobinas por grupo:

$$B(una\ capa) = \frac{K}{2}$$

$$U = \frac{B}{2 \cdot p \cdot q} = \frac{K/2}{2 \cdot p \cdot q} = \frac{24/2}{2 \cdot 2 \cdot 3} = \frac{12}{12} = 1$$

3. El paso polar:

$$Y_p = \frac{K}{2 \cdot p} = \frac{24}{4} = 6$$

4. El paso de ranura es el número de ranuras que hay que saltar para ir de un lado activo de la bobina hasta el otro lado activo::

$$Y_k = 5$$

Nota: un valor de Yk de 5 indica que la bobina va entre las ranuras 1 y 6.

5. Tabla de inicio:

$$Y_{120} = \frac{K}{3 \cdot p} = \frac{24}{3 \cdot 2} = \frac{24}{6} = 4$$

U	V	W
1	5	9
13	17	24

Como solo pueden ser por polos, el número de grupos por fase es:

$$G_f = 2 \cdot p$$

La representación gráfica se corresponde con el esquema de la figura 3.92.

Esquema de bobinado excéntrico imbricado

Para incluir la representación de los bobinados concéntricos se parte de incluir todas las ranuras (figura 3.88) iniciando la conexión de la parte superior en función del número de bobinas por grupo según el paso de ranura (figura 3.89), seguido de las conexiones de la parte inferior según si es por polos o por polos consecuentes (figura 3.90), quedando dos conexiones libres que se corresponden con las conexiones de la bobina (figura 3.91). Finalmente, se completa la representación siguiendo los mismos pasos para incluir las otras tres bobinas que faltan (figura 3.92).

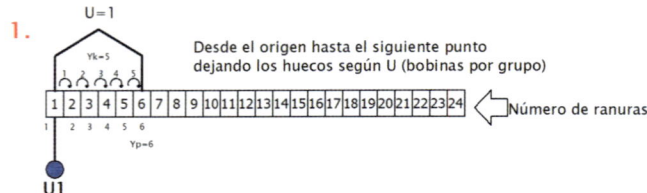

1.

Amplíe la figura aquí

Figura 3.88
Paso 1: incluir ranuras del bobinado imbricado con una capa (K=24 y 2p=4).

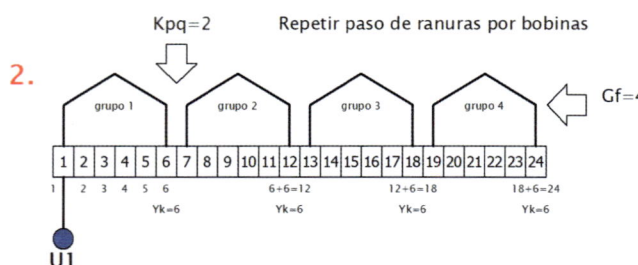

2.

Amplíe la figura aquí

Figura 3.89
Paso 2: realizar conexiones superiores del bobinado imbricado con una capa (K=24 y 2p=4).

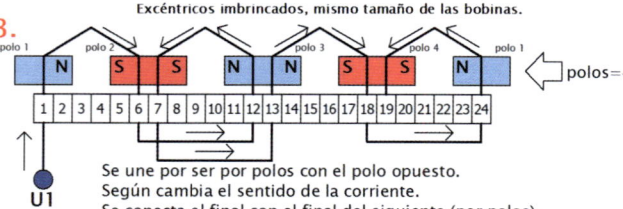

3.

Amplíe la figura aquí

Figura 3.90
Paso 3: completar conexiones por la parte inferior
(ver número de polos) del bobinado imbricado con una capa (K=24 y 2p=4).

4.

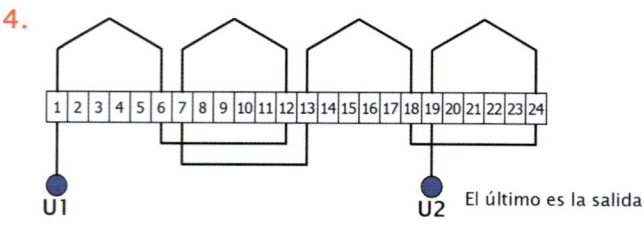

Amplíe la figura aquí

Figura 3.91
Paso 4: conexiones externas del bobinado imbricado con una capa (K=24 y 2p=4).

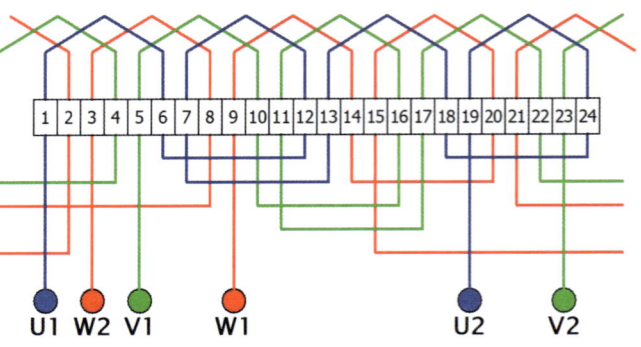

U1 W2 V1 W1 U2 V2

Figura 3.92
Bobinado imbricado completo (3 fases) para motor trifásico con una capa (K=24 y 2p=4).

PARA SABER MÁS...

Para un motor Dahlander hay que tener en cuenta que se trata un bobinado que, según se conecte la toma intermedia, se consigue la modificación del número de pares de polos, por lo que será el cambio para realizar el cálculo del bobinado. En el siguiente QR dispone de un ejemplo.

Mapa conceptual

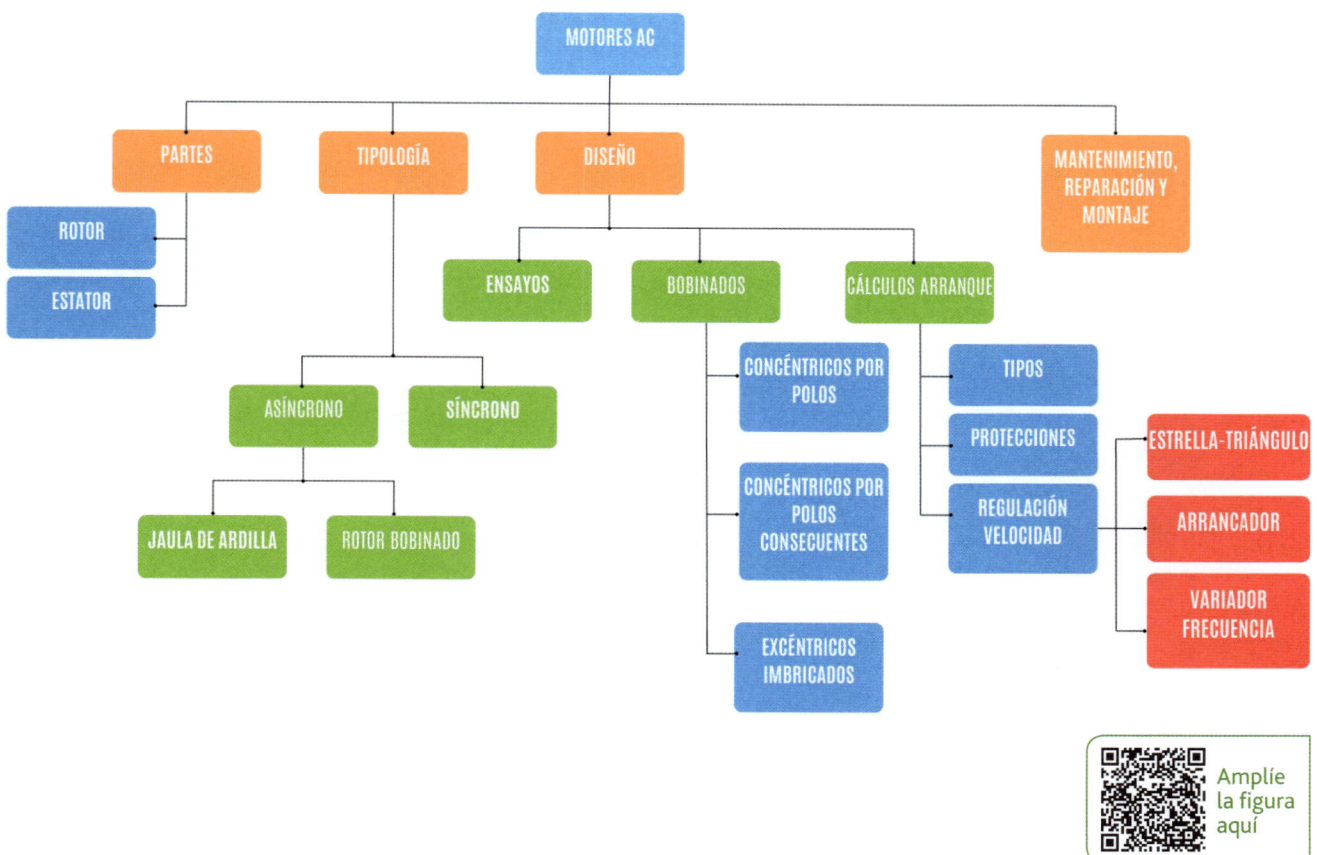

Amplíe
la figura
aquí

1. **Los motores asíncronos giran…**

   a) a una velocidad superior a la de sincronismo.

   b) a la misma velocidad que la de sincronismo.

   c) a una velocidad menor a la de sincronismo.

2. **¿Qué diferencias existen entre un motor trifásico de rotor en cortocircuito y el de rotor bobinado?**

   a) En el motor de rotor en cortocircuito se alimenta eléctricamente el bobinado del estator y del rotor. En el motor de rotor bobinado solo se alimenta el rotor.

   b) En el motor de rotor bobinado se alimenta eléctricamente el bobinado del estator y del rotor. En el motor de rotor en cortocircuito solo se alimenta el estator.

   c) En el motor de rotor en cortocircuito se alimenta eléctricamente el bobinado del rotor. En el motor de rotor bobinado solo se alimenta el estator.

3. **Hemos comprado un motor trifásico de 2 pares de polos (velocidad síncrona = 1500 rpm), cuya placa de características nos indica que alcanza una velocidad en régimen permanente de 1460 rpm a una frecuencia de red de 50 Hz. Calcula el deslizamiento (S) en %. Escoge la respuesta correcta.**

   a) 2.66 %

   b) -2.66 %

   c) 2.74 %

4. **Conectamos a una frecuencia de 50 Hz un motor trifásico de 3 pares de polos (velocidad síncrona = 1000 rpm) y un deslizamiento del 5 %. Calcula la velocidad en rpm que tendrá el motor.**

   a) 1000 rpm

   b) 980 rpm

   c) 950 rpm

5. **Sabiendo que la potencia útil o potencia mecánica del eje de un motor (la que indica la placa de características) es de 37 kW y su rendimiento es del 92.2 %, calcula su potencia absorbida de la red (potencia eléctrica).**

   a) 40.13 kW

   b) 0.4 kW

   c) 34.11 kW

6. **Un motor posee un par motor de 20 Nm. Calcula la potencia útil en CV si se desea que gire a una velocidad de 2920 rpm.**

   a) 6115.18 CV

   b) 8.3 CV

   c) 20 CV

7. **¿Cuál es el principal inconveniente que tiene un motor trifásico cuando lo conectamos a una red monofásica mediante condensador?**

   a) Posibilidad de utilizar un motor trifásico de pequeña potencia en una red monofásica.

   b) Para realizar el sentido de giro del motor, se requiere una instalación eléctrica compleja.

   c) El par nominal se reduce entre un 40 % y un 50 % comparado con el par que tendría al alimentarlo de una red trifásica.

8. **¿Qué motor modifica su velocidad mediante el cambio del número de polos que tiene en su configuración de bobinado?**

   a) Motor síncrono

   b) Motor Dahlander

   c) Motor trifásico de rotor bobinado

9. **¿Qué diferencia principal existe entre un arrancador progresivo y un variador de frecuencia?**

   a) Generalmente, a igual potencia, el arrancador progresivo es más caro que un variador de frecuencia.

   b) El variador de frecuencia es más sencillo de instalar y programar/ajustar que un arrancador progresivo.

   c) El variador de frecuencia permite modificar la velocidad de un motor asíncrono trifásico. En cambio, el arrancador progresivo no permite hacerlo.

10. **¿Qué ensayo de máquinas rotativas de motores asíncronos sirve para determinar las pérdidas en el cobre?**

   a) Ensayo en vacío

   b) Ensayo en cortocircuito

   c) Ensayo en carga

1. **Introducción a los motores de CA**

   a) ¿Cuáles son los dos sistemas principales que componen un motor de corriente alterna?

   b) ¿Qué elementos básicos forman parte de una máquina eléctrica rotativa?

2. **Principios del magnetismo y electromagnetismo**

   a) ¿Qué es un campo magnético y cómo se genera?

   b) Explica la regla de la mano derecha y su aplicación en el electromagnetismo.

3. **Fundamentos de los motores de CA**

   a) ¿Cómo funciona un motor de inducción asíncrono trifásico?

   b) ¿Cuál es la diferencia entre un motor síncrono y uno asíncrono?

4. **Cálculos en motores de CA**

   a) ¿Cómo se calcula la velocidad de un motor de corriente alterna?

   b) ¿Qué fórmula se utiliza para determinar la potencia absorbida por un motor?

5. **Variación de velocidad en motores de CA**

   a) ¿Qué métodos existen para variar la velocidad de un motor de corriente alterna?

   b) ¿Qué es un variador de frecuencia y cómo funciona?

6. **Ensayos en motores de CA**

   a) ¿Qué se mide en un ensayo en vacío y cuál es su propósito?

   b) Describe el procedimiento de un ensayo en cortocircuito.

7. **Mantenimiento de motores de CA**

   a) ¿Qué incluye el mantenimiento preventivo de un motor de corriente alterna?

   b) ¿Cuáles son las anomalías más comunes que se pueden detectar en un motor de CA?

8. **Ejercicios prácticos y ejemplos**

   a) ¿Cómo se calcula el deslizamiento de un motor?

   b) ¿Qué pasos se deben seguir para realizar un bobinado concéntrico en un motor trifásico?

ACTIVIDAD 1

Tenemos un motor asíncrono trifásico con la placa de características que se indica a continuación (el motor se conecta a red trifásica cuya tensión de línea es de 400 V y una frecuencia de 50 Hz).

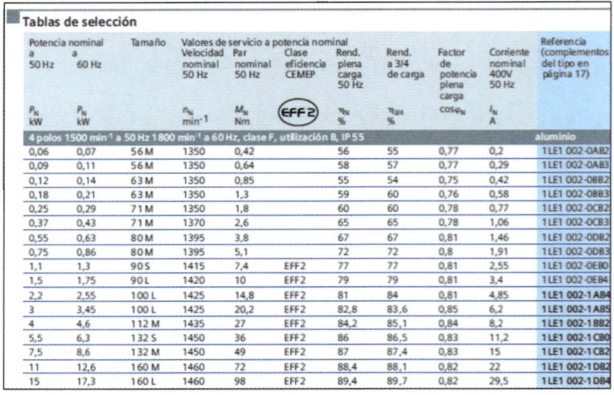

Placa de características de motor asíncrono trifásico (cortesía de WEG).

a) Selecciona la referencia de guardamotor en la tabla que aparece más abajo para proteger el motor contra sobrecargas y cortocircuitos.

Catálogo guardamotores (cortesía de Siemens).

Amplíe la figura aquí

b) Indica la intensidad a la que regularías el guardamotor para que el motor quede bien protegido.

c) Calcula la sección teniendo en cuenta una distancia de 15 metros, con una caída de tensión del 2 % en tipología de instalación B1 y utilizando conductores con aislamiento de PVC.

ACTIVIDAD 2

Necesitamos instalar un motor en una bomba de agua. Necesitamos un par motor nominal de 40 Nm para mover la bomba.

a) Selecciona la referencia del motor que tenemos que comprar.

b) Calcula su intensidad en el arranque (Ia) si accionamos el motor mediante arrancador suave en el cual Ia/In=2.

Catálogo de motores trifásicos (cortesía de Siemens).

Amplíe la figura aquí

ACTIVIDAD 3

Calcula y dibuja el bobinado de un motor trifásico con bobinado concéntrico de 12 ranuras y 4 polos (2p=4, p=2), por polos consecuentes.

ACTIVIDAD 4

Calcula y dibuja el bobinado de un motor trifásico con bobinado excéntrico imbricado de 12 ranuras y 4 polos (2p=4, p=2) de 1 capa y por polos.

ACTIVIDAD 5

Dibuja la conexión de las puntas de medición de estos instrumentos en los siguientes casos:

a) Medición de la resistencia del bobinado B3 con el multímetro.

b) Medición de aislamiento entre el bobinado B1 y el borne de tierra (PE) con el medidor de aislamiento (Megger).

Multímetro

Medidor de aislamiento

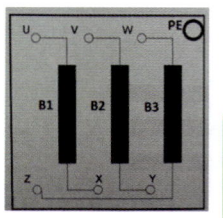
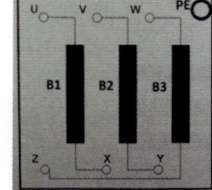

Amplíe la figura aquí

Maniobras y mantenimiento en el alternador

En esta unidad va a estudiar:

- Funcionamiento de máquinas rotativas de generación en corriente alterna (alternador).

- Conexionado de máquinas rotativas de generación en corriente alterna (alternador).

- Mantenimiento de máquinas rotativas de generación en corriente alterna (alternador).

Con su estudio, va a ser capaz de:

- Conocer los elementos en máquinas eléctricas de generación en corriente alterna (alternador).

- Interpretar esquemas en instalaciones de generación en corriente alterna (alternador).

- Conectar instalaciones con máquinas eléctricas de corriente alterna (alternador) verificando su puesta en marcha.

- Clasificar y localizar averías en máquinas rotativas de generación en corriente alterna (alternador).

4.1 Funcionamiento alternador

Un alternador consta de dos partes fundamentales: el inductor (no confundir con inductor o bobina, pues en la figura las bobinas actúan como inducido), que es el que crea el campo magnético, y el inducido, que es el conductor atravesado por las líneas de fuerza de dicho campo magnético (figura 4.1).

• El **inductor** se encuentra en el **rotor** (en estas máquinas coincide), y es el elemento giratorio del alternador, que recibe la fuerza mecánica de rotación.

• El **inducido** o **estator** es donde se encuentran unos cuantos pares de polos distribuidos de modo alterno, en este caso formados por un bobinado en torno a un núcleo de material ferromagnético de característica blanda, normalmente hierro dulce. La rotación del inductor hace que su campo magnético, formado por imanes fijos, se haga variable en el tiempo, y el paso de este campo variable por los polos del inducido genera en él una corriente alterna que se recoge en los terminales de la máquina.

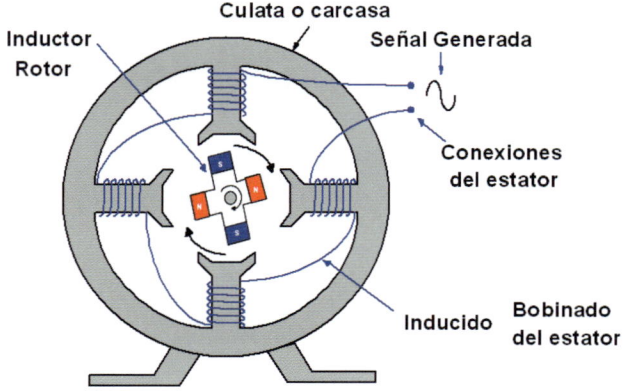

Figura 4.1
Funcionamiento general de un alternador.

4.2 Pequeños generadores

Están incluidos en la clasificación de pequeños generadores los que no sobrepasan las 5000 VA de potencia de salida en servicio continuo. Lo más común es trabajar con tensiones normalizadas de 230 V (400 V si es salida trifásica) de alterna con una salida de 12 V (también puede ser de 24 V); esta última es utilizada para la carga de una batería que se utilizará en el sistema de arranque.

Las principales aplicaciones son:

☐ Utilización esporádica de pequeños consumos, autoventa, cabalgatas, casas de montaña o rurales, autocaravanas y agricultura.

☐ Utilización en construcción y reparaciones (taladros, lámparas portátiles, amoladoras, etc.).

PARA SABER MÁS...

QR de enlace al Alfa Generators, fabricante de grupos electrógenos, con acceso a la documentación de sus equipos disponibles, clasificaciados en función de la potencia (portátiles, monofásicos, industrial, etc.).

En la figura 4.2, se muestra un ejemplo comercial de pequeño generador portátil para uso ocasional, con un diseño compacto y ligero de peso.

Existen de diferentes tipos: generador con transformador de *compound*, alternador autoexcitado por fase auxiliar y condensador y alternador bifásico. El más utilizado (y que se va a comentar *a posteriori*) es el alternador autoexcitado por fase auxiliar y condensador, debido a la simplicidad de sus circuitos y al mínimo mantenimiento. Sus principales características son:

☐ Generalmente monofásicos

☐ Poco coste

☐ Pequeñas potencias

Amplíe la figura aquí

GENERADOR ALFA PORTATIL DE 5 KVA / 5 KW | 1AGM5.7

Información adicional

Datos	
Gama	PORTATIL
KVA	5
Modelo de motor	1AGM5.7
Hz	50
Conexión	MONOFÁSICO
Versión	ABIERTO
Cuadro	AUTOMÁTICO
Marca del motor	ALFA
Refrigeración del motor	AIRE

Figura 4.2
Ejemplo comercial de alternador (cortesía de Alfa).

Alternador autoexcitado por fase auxiliar y condensador

Las partes principales del generador excitado por fase auxiliar y condensador son:

☐ El bobinado del **rotor** está formado por dos bobinas conectadas en paralelo con dos diodos de potencia (masas polares) y dos varistores (para proteger de los picos de corriente a los componentes rectificadores).

☐ El bobinado del **estator** está formado por varios bobinados. Uno tiene un condensador en paralelo, que sirve para obtener más tensión, debido a que en el proceso de carga y descarga el condensador induce más líneas de fuerza en el rotor, y se obtiene un aumento de la corriente inducida en el rotor y así mayor tensión de salida (devanado de autoexcitación). Luego tiene otros dos que, mediante su interconexión (en serie o paralelo), se obtiene mayor o menor tensión de salida (110 o 230 voltios), denominados devanado del estator, y se corresponde con la salida de tensión a la cual se conectarán los distintos receptores. Además, puede disponer de otro denominado bobinado auxiliar que con un circuito rectificador puede servir para la carga de la batería.

En la figura 4.3, se muestra el esquema de un alternador autoexcitado por fase auxiliar y condensador, donde el bobinado del estator se encuentra conectado en serie para obtener los 230 voltios, con bobinado auxiliar para la carga de la batería mediante la conexión de un puente rectificador, de un alternador de potencia igual o inferior a 5000 VA.

en el estator, el cual provoca que el devanado de autoexcitación al cual se conecta un condensador, que se va cargando y descargando, provoca el aumento de líneas de fuerza. Dicho aumento provoca un aumento de la tensión en el bobinado del estator, al mismo tiempo que la tensión a la cual se carga y descarga el condensador también aumenta, y este efecto se produce sucesivamente hasta llegar a la tensión nominal del generador.

Este tipo de generador no genera tensión hasta que se alcanza, aproximadamente, el 50 % de la velocidad nominal en el rotor. En caso contrario, el magnetismo remanente no es suficiente para generar tensión.

Por lo general, en este tipo de generadores el control de la tensión de salida se efectúa en un ±5 %. Además, la salida puede ser distinta si trabaja en vacío o en carga.

El conexionado de las bobinas del estator determinará la tensión, y en dichas conexiones se encuentran las bornas accesibles al quitar la tapa; también se pueden encontrar en forma de conector con las conexiones predefinidas.

En la figura 4.4, se muestra el esquema de conexionado de los devanados del estator o devanado principal. De tal forma que, en función de cómo se vaya a realizar la conexión, se podrá obtener un valor de tensión mayor. Por lo general, esta conexión en los motores de pequeña potencia se encuentra realizada, quedando solo accesible las conexiones de salida de tensión que irán conectadas a las tomas de corriente.

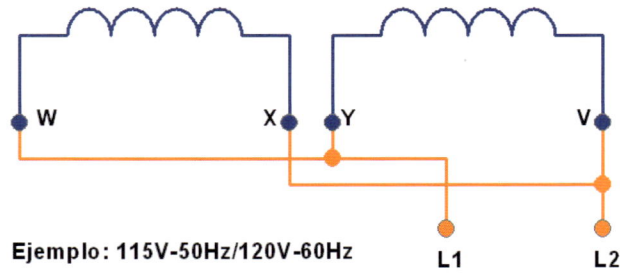

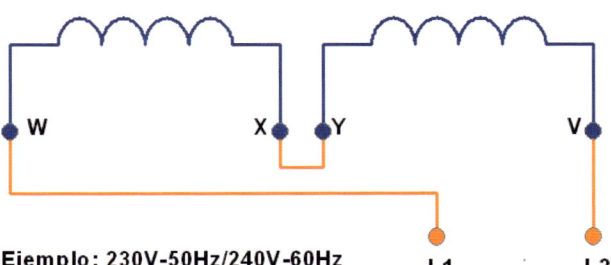

Figura 4.4
Conexión en serie y paralelo de los devanados de un alternador.

Figura 4.3
Esquema de devanados de un alternador de fase auxiliar y condensador.

El funcionamiento del excitado por fase auxiliar y condensador es el siguiente: empieza a girar el rotor al poner en marcha el motor de tracción, normalmente de gasolina, y se crea un campo magnético que se induce

En la figura 4.5, se muestra el despiece de un alternador de 2 polos monofásico, autoexcitado por condensador, sin escobillas, *compound*, sin regulador comercial.

Ref.	Cantid.	Designación
1	1	Estator completo bobinado
4	1	Rotor completo bobinado
13	1	Espárrago de inducido
14	1	Tuerca
15	1	Turbina
22	1	Chaveta
30	1	Contrabrida
48	1	Tapa superior
49	1	Tornillos
50	1	Tapa inferior
51	1	Chapa de entrada de aire
53	1	Tapón
60	1	Rodamiento delantero
70	1	Rodamiento trasero
110	2	Diodo
183	1	Condensador
186	1	Soporte del condensador
197	1	Conector
200	2	Toma monofásica
214	1	Puente rectificador
265	1	Brida de acoplamiento
266	4	Tornillos de fijación
284	1	Circlips
349	1	Junto "O ring"
354	1	Arandela de apoyo
412	1	Circlips

Figura 4.5
Despiece de alternador (cortesía de Leroy-Somer).

PARA SABER MÁS…

QR de acceso a la página web del fabricante Leroy Somer de motores eléctrico y alternadores.

4.3 Alternador autoexcitado controlado por AVR

Este tipo de alternador es una variante del anterior donde el devanado de autoexcitación está controlado por un circuito electrónico, modificando el campo inducido en el estator, tomando como referencia la tensión de salida del devanado principal, y realizando así un control de la tensión de salida. Las siglas AVR corresponden a reguladores automáticos de tensión *(automatic voltage regulators)*.

Normalmente, cada fabricante utiliza sus propios circuitos de regulación, incluso diseñan los circuitos de forma específica para cada marca y modelo de alternador.

Es utilizado principalmente en alternadores trifásicos, tomando como referencia la tensión entre dos fases. Se pueden encontrar con o sin escobillas, en función del sistema de excitación: rotor o estator, respectivamente.

Los alternadores con AVR regulan la tensión de salida para asegurar que se mantenga estable, de acuerdo con los límites especificados a pesar de que cambien las condiciones de funcionamiento (por ejemplo, cuando se produzca un cambio en la demanda de los receptores). Durante el momento de arranque mantiene la tensión baja de salida mientras la frecuencia está fuera del valor nominal, también en la parada, de tal forma que así permite proteger los devanados.

En la figura 4.6 y 4.7, se muestra el esquema interno de un regulador de tensión automático D510C de Leroy-Somer, donde se dispone de alimentación de los devanados (*X1*, *X2*, *Z1* y *Z2*) para la alimentación del devanado de excitación (*F1* y *F2*), la medida de tensión de red (*L1* y *L2*), medida de tensión del (*U*, *V* y *W*) e intensidad (*IU*, *IV* y *IW*) del alternador, entradas analógicas (*AI1* y *AI2*) y digitales (*DI1* y *DI2*) para el control externo, alimentación de continua (*B+* y *B-*), medida de temperatura (*PT100_1*, *PT100_2* y *PT100_3*), y los puertos de comunicaciones *CAN BUS* (*CAN_H* y *CAN_L*) y *USB* (*USB_D+* y *USB_D-*). Y un ejemplo de conexionado.

PARA SABER MÁS…

QR con vídeo de aplicación directa de alternador en la generación renovable, en concreto en aerogeneradores.

En la figura 4.8, se incluye otro esquema donde se puede ver un AVR real. Mientras que en la figura 4.9. se puede ver un alternador real controlado con AVR, donde se pueden observar las conexiones al rotor.

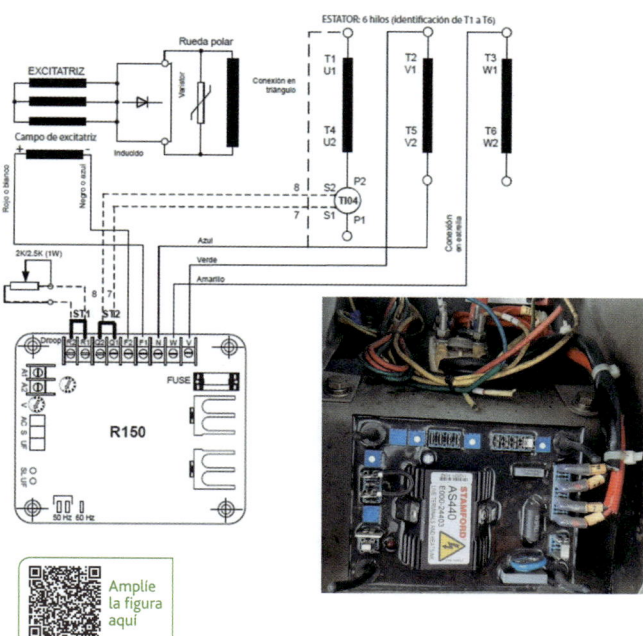

Figura 4.8
Esquema de conexionado y módulo AVR real.

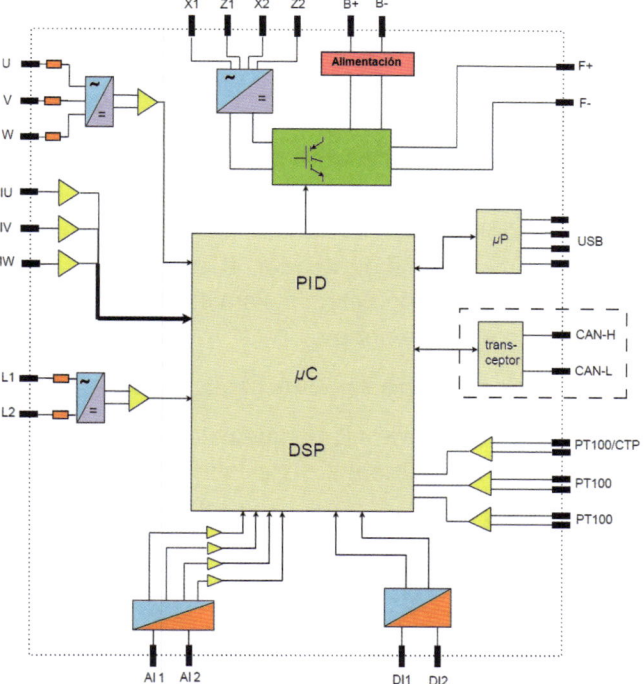

Figura 4.6
Diagrama de bloques del esquema electrónico de un AVR (cortesía Leroy-Somer).

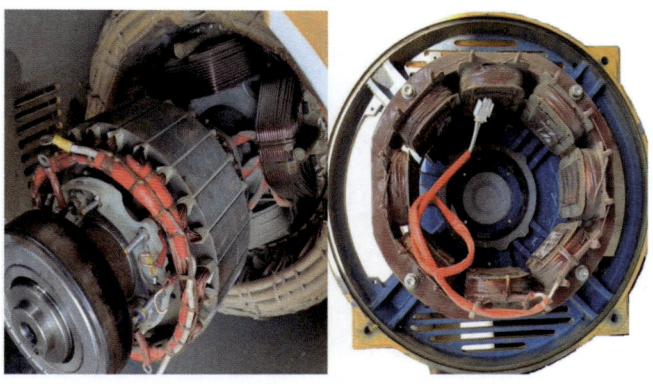

Figura 4.9
Alternador real autoexcitado con control AVR.

4.4 Placa de características del alternador

Al igual que todas las máquinas eléctricas, en un lateral debe incluir la información eléctrica más representativa o característica. Por ejemplo: monofásico o trifásico, tensiones, intensidades, frecuencia, servicio, velocidad, etc. A modo de ejemplo, se muestra en la figura 4.10 un ejemplo para un alternador trifásico de 3000 rpm de 19 kVA.

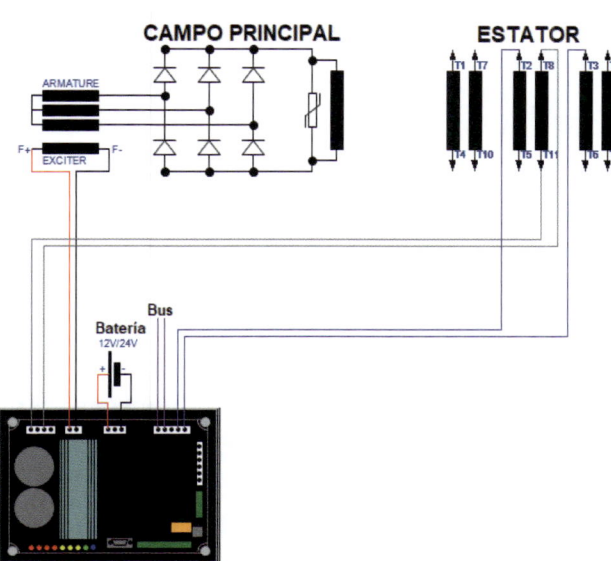

Figura 4.7
Esquema eléctrico de un AVR (cortesía Leroy-Somer).

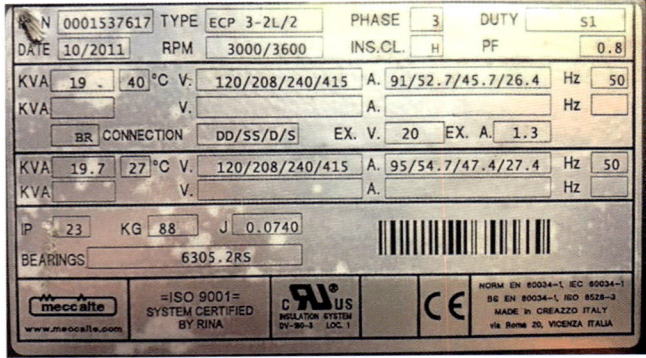

Figura 4.10
Placa de características de alternador (cortesía de Mecc Alte).

4.5 Mantenimiento

Algunas de las acciones o tareas de mantenimiento preventivo que se pueden realizar en el alternador son:

☐ Control de la **puesta en marcha**: comprobar apriete de todos los tornillos de fijación, estado general y de diferentes conexiones eléctricas de la instalación. Al cabo de unas 20 horas de funcionamiento.

☐ Circuito de **ventilación**: comprobar que no se reduzca la circulación de aire debido a una obstrucción parcial de las rejillas de aspiración y descarga, debida a barro, hollín, polvo... (figura 4.11).

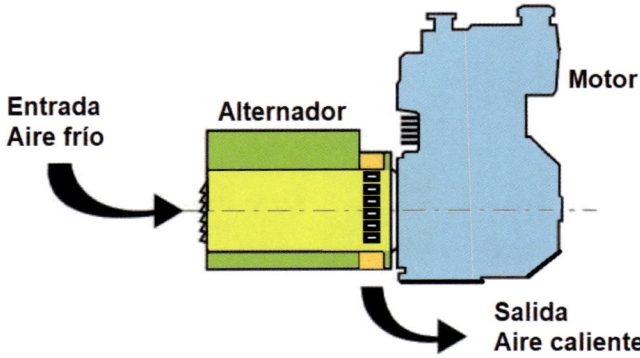

Figura 4.11
Entrada y salida de aire en grupo electrógeno.

☐ **Rodamientos:** hay que tener en cuenta que deben estar estancos. En las tareas de mantenimiento se debe comprobar la presencia de la junta tórica en el cárter del estator. Utilizar extractores adecuados para la extracción de los rodamientos.

☐ Mantenimiento **eléctrico:** para la limpieza del estator y rotor, hay que tener en cuenta que los aislantes e impregnación de los conductores de los devanados no son atacados por disolventes (se pueden utilizar productos desengrasantes y volátiles puros

como gasolina normal sin aditivos, tolueno, benceno o bencina, ciclohexano. No se puede utilizar tricloretileno, percloretileno, tricloretano y otros productos alcalinos). Se debe evitar que el producto de limpieza fluya hacia las ranuras. Para su aplicación, se puede utilizar un pincel repasando con una esponja para evitar acumulaciones, secando los devanados con un trapo seco y, finalmente, antes de montar y cerrar el alternador, hay que dejar que se evapore.

☐ Mantenimiento **mecánico:** prohibido utilizar agua o equipos de alta presión. Para desengrasar, se utiliza un pincel y un producto desengrasante, y para quitar el polvo se debe utilizar aire comprimido. Después de realizar la limpieza hay que comprobar el estado de aislamiento de los devanados.

En el mantenimiento correctivo, hay que tener en cuenta la detección de averías durante la puesta en marcha o funcionamiento del alternador, el cual presenta una anomalía que se debe detectar. Para ello, se realizan las siguientes comprobaciones:

☐ **Protecciones** correctamente conectadas.

☐ **Conexiones** acorde a los esquemas de montaje y conexionado de los manuales del fabricante.

☐ **Velocidad** del grupo adecuada. Valores del orden a 3000 rpm para 50 Hz; a dicha velocidad se obtendrá la tensión nominal. En caso de valor erróneo, se regula la velocidad con un cuentavueltas o con un frecuencímetro.

Antes de la puesta en marcha, tras la reparación, hay que tener en cuenta los siguientes puntos, que serán los mismos a tener en cuenta cuando se ponga en marcha el equipo en otras condiciones:

☐ Verificaciones **aislamiento:** se prohíbe la puesta en marcha si el aislamiento es inferior a 1 MΩ para el estator y 100 000 Ω para el resto de los devanados (sea nuevo o no).

☐ Verificaciones de las **conexiones:** que los cables y los conectores realicen una correcta conexión y, si hay bornes de conexiones, comprobar que la conexión es la adecuada (hay que realizar todas las tareas con la máquina parada).

☐ Verificaciones **mecánicas:** comprobar los tornillos y tuercas de fijación, que el aire de enfriamiento sea aspirado libremente y el acoplamiento con el motor sea correcto.

☐ Verificaciones de la **instalación eléctrica:** debe ser conforme a la normativa vigente en el país de uso. Las conexiones del dispositivo de corte diferencial deben instalarse lo más cercano posible a la salida del alternador. Comprobar que no haya un cortocircuito entre fases, desde la salida del alternador hasta el cuadro de control del grupo electrógeno.

Las tareas de mantenimiento y reparación adecuadas son muy importantes para evitar riesgos de accidentes a los usuarios y a la instalación, manteniendo en correcto estado el estado del grupo electrógeno.

Todas las tareas deben ser realizadas por personal cualificado, tanto la puesta en marcha (en pequeños alternadores se debe encargar el propio usuario) como el mantenimiento y la reparación de los elementos eléctricos y mecánicos.

Como norma general, hay que tener en cuenta que antes de realizar cualquier operación, hay que verificar que el grupo electrógeno no se vaya a poner en marcha, de forma manual o automática, con el consiguiente peligro para el técnico.

En la tabla 4.1 se muestran las averías típicas mecánicas y en la tabla 4.2 las averías típicas eléctricas, incluyendo causas y operaciones a realizar. Del mismo modo, se incluye en la tabla 4.3 comprobaciones a realizar con el alternador funcionando en carga.

	Con el alternador sin carga	
Anomalía	**Causa probable**	**Operación que realizar**
Ausencia de tensión en el arranque	Condensador defectuoso.	Cambiar condensador.
	Diodo rotor abierto o en cortocircuito.	Cambiar los 2 diodos del rotor.
	Cortocircuito del bobinado o conexiones aflojadas.	Verificar las resistencias de los bobinados.
Tensión en vacío inferior al 80 % de tensión nominal.	Velocidad del motor térmico demasiado baja.	Ajustar la velocidad del motor térmico.
	1 diodo del rotor fuera de servicio o en cortocircuito.	Cambiar los 2 diodos del rotor.
	Cortocircuito parcial del bobinado	Verificar las resistencias de los bobinados.

Tabla 4.2
Averías típicas eléctricas con el alternador sin carga (apagado).

	Defecto	Acción y posibles consecuencias
Rodamiento	Calentamiento excesivo de los palieres, temperatura, superior a 80 ºC.	Si el rodamiento se ha vuelto azul o la grasa está carbonizada, cambiar rodamiento. Rodamiento mal bloqueado. Mala alineación del palier, revisar bridas, que pueden estar mal acopladas.
Temperatura anómala	Calentamiento excesivo de la carcasa del alternador, superior a 40 ºC.	Entrada-salida de aire parcialmente obstruida o recirculación del aire caliente desde el alternador o motor térmico. Funcionamiento del alternador a una tensión demasiado alta. Funcionamiento del alternador en sobrecarga.
Vibraciones	Vibraciones excesivas.	Alineamiento incorrecto (ver acoplamiento). Amortiguación defectuosa o juego en el acoplamiento.
	Vibraciones excesivas y zumbido procedente de la máquina.	Cortocircuito en el estátor.
Ruidos anómalos	Choque violento, eventualmente seguido de zumbido y vibraciones.	Cortocircuito en la instalación. Ruptura o deterioro del acoplamiento. Ruptura o torsión del extremo del eje. Desplazamiento y puesta en cortocircuito del bobinado. Ruptura o bloqueo del ventilador. Destrucción de los diodos del rotor.

Tabla 4.1 Averías típicas mecánicas.

	Con el alternador con carga	
Anomalía	**Causa probable**	**Operación que realizar**
Tensión correcta en vacío y demasiado baja en carga.	1 diodo del rotor fuera de servicio o en cortocircuito.	Cambiar los 2 diodos del rotor.
	El motor térmico se viene abajo en velocidad.	Sobrecarga: demasiados equipos conectados al alternador.
		El motor se encuentra mal regulado.
Calentamiento excesivo	Orificios de ventilación parcialmente taponados.	Desmontar y limpiar el estator.
Tensión demasiada alta	Velocidad del motor térmico demasiado alta.	Ajustar la velocidad del motor térmico.

Tabla 4.3 Averías típicas con el alternador en carga.

Las comprobaciones o test eléctricos que se pueden realizar en los alternadores son:

☐ Medida de la **resistencia de los devanados del estator** (figura 4.12): para la medida del devanado auxiliar hay que quitar el condensador, y para la medida del devanado principal hay que desconectar el conector.

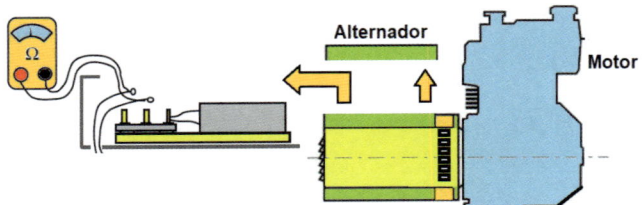

Figura 4.12
Comprobaciones en el devanado del estator.

☐ Medida de la **resistencia de los devanados del rotor** (figura 4.13): hay que desmontar el estator y, desoldando los diodos, se realiza la medida.

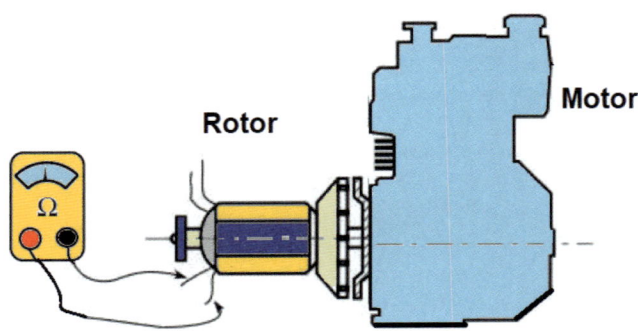

Figura 4.13
Comprobaciones en el devanado del rotor.

☐ Medida de los **diodos** (figura 4.14): desoldados del rotor (acción anterior) se comprueba la continuidad en directo e inverso. Para la realización de las medidas, es suficiente con desoldar uno de los lados del diodo (ver figura 4.15) y comprobar la continuidad de ánodo a cátodo.

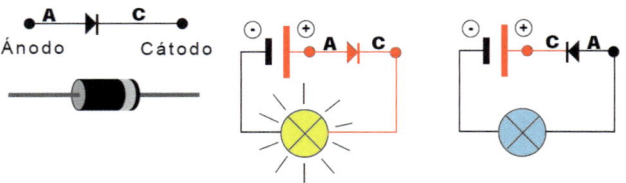

Figura 4.14
Comprobaciones del diodo.

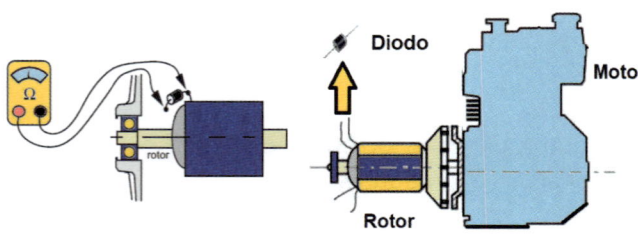

Figura 4.15
Comprobaciones del diodo en el propio grupo electrógeno.

☐ Medida del **condensador** (figura 4.16): conectar el condensador de la tensión de alimentación midiendo la intensidad de carga y, al desconectar de la tensión, el condensador se descargará a través de una resistencia de descarga (5 kΩ, ¾, 20 W, Rd).

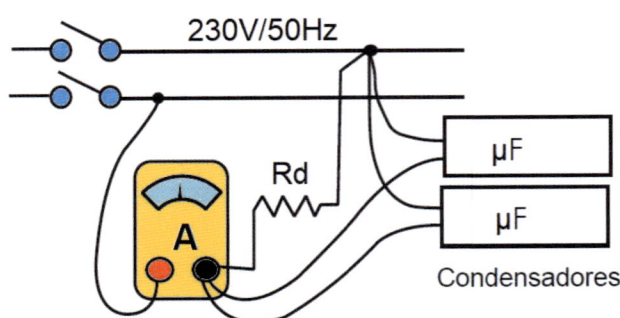

Figura 4.16
Comprobación de los condensadores.

☐ Medida de **aislamiento** (figura 4.17): comprobación del aislamiento en los bobinados del estator, entre cada uno de ellos y la carcasa del alternador, que deberá estar conectado a la toma de tierra de la instalación.

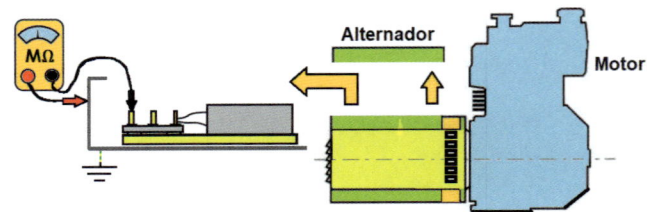

Figura 4.17
Comprobación del aislamiento en el estator.

4.6 Grupo electrógeno

El alternador, cuando es accionado mediante un motor de combustión, se denomina grupo electrógeno. En el ámbito industrial suele ser de tipo diésel de cuatro tiempos, de ignición por compresión, aspiración natural o turboalimentados (figura 4.18).

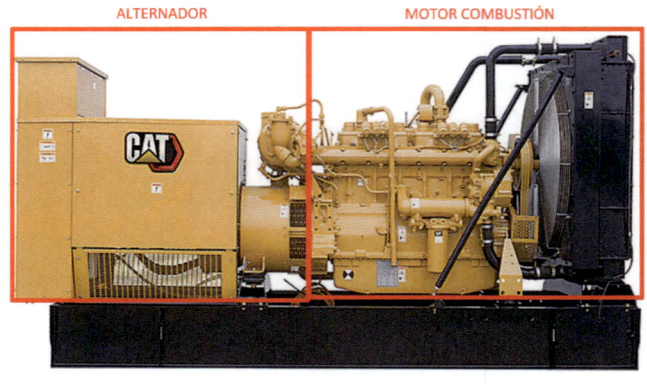

Figura 4.18
Grupo electrógeno industrial (cortesía de Caterpillar).

Tal y como se puede apreciar en la figura 4.18, el motor y el alternador están acoplados y montados sobre la bancada de apoyo o bastidor, formada por una estructura de chapa delgada de acero de gran resistencia, la cual incorpora, a su vez, el sistema de baterías con sus correspondientes herrajes de apriete. Este acoplamiento entre el grupo electrógeno y la bancada incluye unos soportes elásticos (elementos antivibratorios) diseñados para reducir las vibraciones transmitidas por el motor a los cimientos sobre los que está instalado el grupo electrógeno.

Los grupos pueden incluir un cuadro de conmutación como el de la figura 4.19. Este contiene una central de control que gestiona la protección del motor diésel como las alarmas, la gestión de los contactores de conmutación, pulsadores de arranque, manual-automático, lecturas de tensiones e intensidades… En el cuadro también aparecen los contactores de conmutación, cargador de batería del grupo, protección magnetotérmica curva B del alternador y bornes de conexión, entre otros componentes.

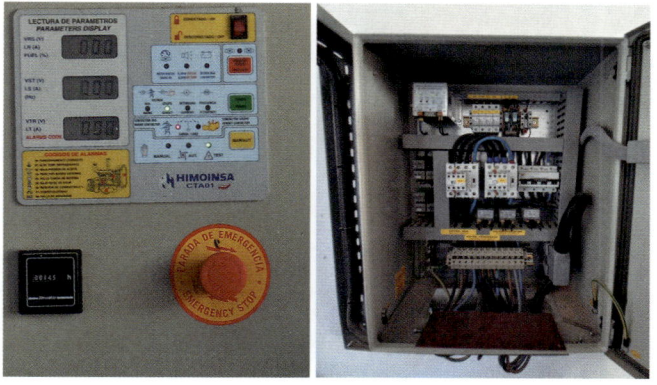

Figura 4.19
Ejemplo real de cuadro de conmutación de grupo electrógeno (cortesía de HIMOINSA).

Los grupos electrógenos se usan para dos tipos principales de servicios:

☐ Grupos de **servicio continuo:** utilizados para la producción de energía eléctrica en zonas donde no se dispone de otra fuente de producción y de aplicación a varias finalidades (fuerza motriz, iluminación, calefacción, etc.).

☐ Grupos de **servicio de emergencia:** empleado para solucionar interrupciones de energía que puedan causar serios problemas a personas, daños materiales, y/o financieros (hospitales, instalaciones industriales, aeropuertos, etc.) o para afrontar picos de consumo.

En la figura 4.20, se muestra un ejemplo simplificado del circuito de potencia del cuadro de conmutación, y en la figura 4.21 se indica un ejemplo tipo de secuencia de arranque y parada del grupo electrógeno.

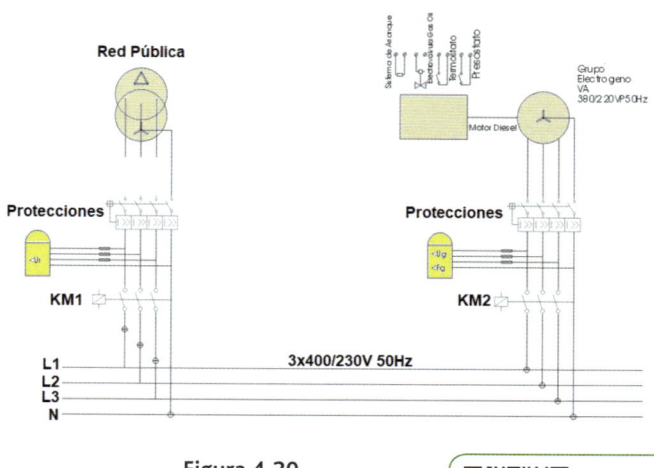

Amplíe la figura aquí

Figura 4.20
Esquema de potencia de cuadro de conmutación entre la red y el grupo electrógeno.

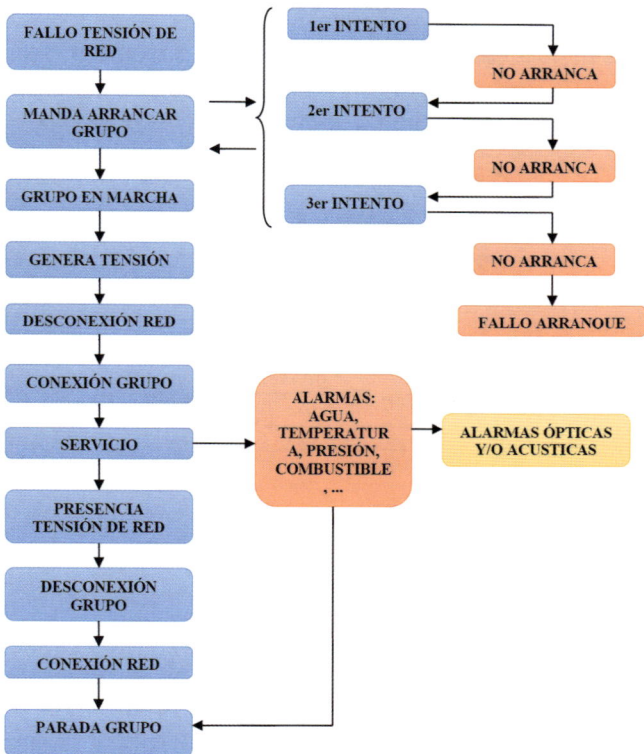

Figura 4.21
Secuencia de arranque y parada de grupo electrógeno.

4.7 Elección grupo electrógeno

Para obtener la potencia necesaria de un generador en función de los equipos conectados, se debe saber la potencia de todos los equipos conectados y se multiplican por un coeficiente (tabla 4.4).

TIPO DE EQUIPO	COEFICIENTE	GRUPO
Resistencias (radiadores, termos, planchas, etc.).	1.0	A
Maquinaria eléctrica portátil (taladradora, amoladora, etc.).	1.5	B
Motores eléctricos (hormigonera, bomba de agua, etc.).	3.0	C

Tabla 4.4

Coeficiente para elección de potencia de grupo electrógeno.

Finalmente, se calcula la potencia del generador realizando la suma total de la potencia de todos los equipos por su coeficiente:

$$P_{generador} = 3 \cdot P_c + 1.5 \cdot P_B + P_A \ [W]$$

Hay que tener en cuenta que el valor del alternador vendrá dado en voltioamperios (VA), es decir, potencia aparente. Se puede calcular:

$$S_{generador} = \frac{P_{generador}}{cos\,(\varphi)} \ [VA]$$

ANOTACIÓN

Hay que comentar que la columna GRUPO de la tabla se ha utilizado como referencia para establecer la relación con los datos de la ecuación: P_A se corresponde con la suma de todas las potencias del grupo A, P_B se corresponde con la suma de todas las potencias del grupo B, P_C se corresponde con la suma de todas las potencias del grupo C, y $P_{generador}$ se corresponde con la potencia mínima que debe tener el generador. Todos los valores de potencia utilizados en este apartado se miden en vatios (W).

EJEMPLO 1

Se desea alimentar un puesto de feria que dispone de un alumbrado formado por 10 lámparas led de 10 W cada una, y una estufa portátil de 1 kW. Calcula la potencia mínima del grupo electrógeno teniendo en cuenta un factor de potencia del 0.8.

$$P_{generador} = 3 \cdot 0 + 1.5 \cdot (1000) + (10 \cdot 10) = 1600 \ W$$

$$S_{generador} = \frac{P_{generador}}{cos\,(\varphi)} = \frac{1600}{0.8} = 2000 \ VA$$

Mapa conceptual

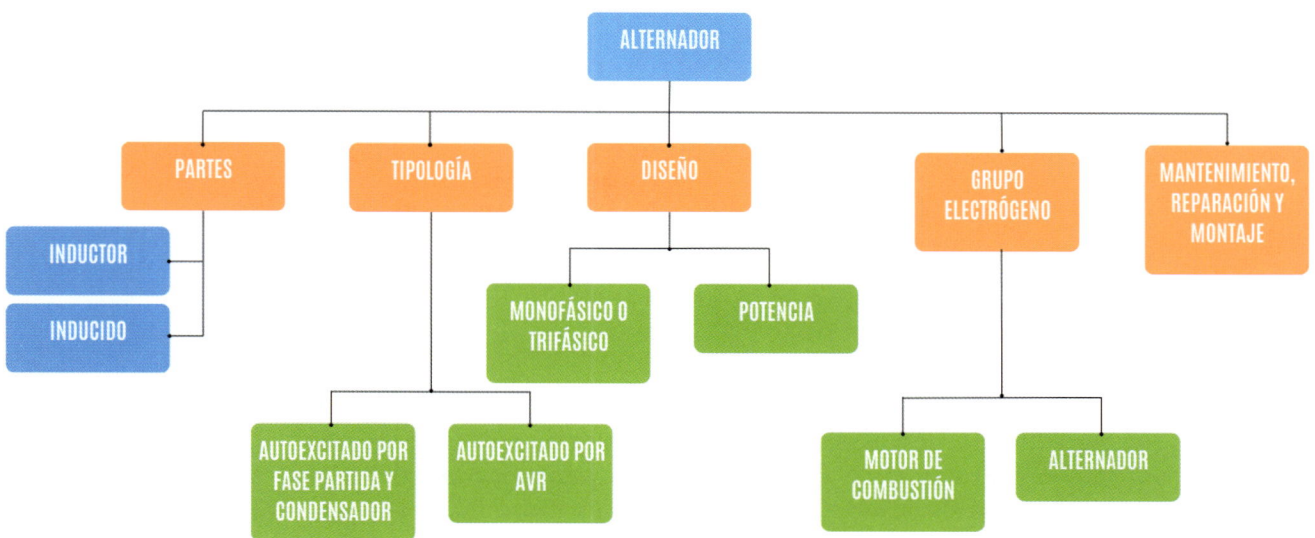

Figura 4.22
Mapa conceptual de maniobras y mantenimiento en el alternador.

1. La corriente generada por un alternador es:

a) Corriente continua

b) Corriente alterna

c) Corriente pulsante

2. En un alternador, ¿qué parte o partes son las encargadas de crear el campo magnético?

a) El inductor, ubicado en el estator

b) El inducido, ubicado en el estator

c) El inductor, ubicado en el rotor

3. En un alternador autoexcitado controlado por AVR, ¿qué medidas eléctricas realiza el circuito de regulación en el estator para poder regular la tensión de salida del alternador?

a) Medidas de tensión solamente

b) Medidas de intensidad solamente

c) Medidas de tensión e intensidad

4. Si tenemos obstruidas las entradas-salidas de aire del alternador debido a que lo hemos instalado en una caseta llena de trastos, ¿qué consecuencias pueden aparecer en el funcionamiento del alternador?

a) Se producirán vibraciones excesivas.

b) La temperatura será más alta de lo normal.

c) Se producirán ruidos anómalos.

5. Un alternador considerado de pequeña potencia suele ser:

a) Monofásico

b) Bifásico

c) Trifásico

6. Tenemos que instalar un grupo electrógeno para suministrar energía eléctrica a una desaladora. Los requisitos de la instalación son los siguientes: P= 430 kW, 400/230 V. Escoge el modelo del alternador que más se ajuste a los requisitos.

Ratings 50 Hz - 1500 R.P.M.				
KVA / kW - P.F. = 0.8				
Duty / T° C	Continuous / 40 °C			
Class / T° K	H / 125° K			
Phase	3 ph.			
Y	380V	400V	415V	440V
Δ	220V	230V	240V	
YY (*)		200V		220V
TAL 0473 A	kVA	390	410	410	400
	kW	312	328	328	320

TAL 0473 D	kVA	525	550	550	540
	kW	420	440	440	432
TAL 0473 E	kVA	600	600	600	550
	kW	480	480	480	440
TAL 0473 F	kVA	645	660	660	630
	kW	516	528	528	504

Cortesía de Leroy-Somer.

a) TAL 0473 B

b) TAL 0473 D

c) TAL 0473 E

7. Instalamos un generador monofásico para alimentar un puesto de un mercadillo. Cuando está funcionando el generador en carga, vemos que el generador baja la velocidad y baja demasiado la tensión. ¿Cuál puede ser la causa de esta anomalía?

a) Hay una sobrecarga al haber demasiados receptores conectados al generador.

b) Hay un alineamiento incorrecto entre alternador-motor térmico del generador.

c) Hay un cortocircuito en la instalación.

8. La comprobación del diodo del rotor disponible en un alternador monofásico se realiza con la medida de continuidad del multímetro…

a) Sin necesidad de desoldarlo.

b) Desoldándolo del rotor previamente.

c) Desoldándolo del estator previamente.

9. Se denomina grupo electrógeno cuando:

a) El motor es accionado por el viento (energía eólica).

b) El motor es accionado por el mar (energía mareomotriz).

c) El motor es accionado por un motor de combustión.

10. Si medimos el aislamiento del alternador, ¿cuándo no debemos ponerlo en marcha?

a) Cuando es inferior a 1 MΩ en el estator y superior a 100 kΩ en el resto de los devanados.

b) Cuando es inferior a 1 MΩ en el resto de los devanados e inferior a 100 kΩ en el estator.

c) Cuando es inferior a 1 MΩ en el estator e inferior a 100 kΩ en el resto de los devanados.

PREGUNTAS DE COMPRENSIÓN

1. Funcionamiento del alternador

a) ¿Cuáles son las dos partes fundamentales de un alternador?

b) ¿Qué función tiene el inductor en el alternador?

c) ¿Dónde se encuentra el inducido y cuál es su función?

2. Pequeños generadores

a) ¿Cuál es la potencia máxima de salida de los pequeños generadores en servicio continuo?

b) ¿Qué tensiones de salida son comunes en los pequeños generadores?

c) Menciona dos aplicaciones típicas de los pequeños generadores.

3. Alternador autoexcitado por fase auxiliar y condensador

a) ¿Qué componentes principales forman el bobinado del rotor en este tipo de alternador?

b) ¿Cómo se obtiene una mayor tensión de salida en el bobinado del estator?

c) ¿Qué sucede si el generador no alcanza el 50 % de la velocidad nominal del rotor?

4. Alternador autoexcitado controlado por AVR

a) ¿Qué significan las siglas AVR?

b) ¿En qué tipo de alternadores se utiliza principalmente el AVR?

c) ¿Cómo regula el AVR la tensión de salida del alternador?

5. Mantenimiento

a) ¿Qué se debe verificar en el mantenimiento preventivo del circuito de ventilación?

b) ¿Qué productos se pueden utilizar para la limpieza del estator y rotor?

c) ¿Qué se debe comprobar antes de la puesta en marcha tras una reparación?

6. Grupo electrógeno

a) ¿Qué es un grupo electrógeno?

b) ¿Cuáles son los dos tipos principales de servicios para los grupos electrógenos?

c) ¿Qué componentes incluye el cuadro de control de un grupo electrógeno?

7. Elección del grupo electrógeno

a) ¿Cómo se calcula la potencia necesaria de un generador?

b) ¿Qué coeficiente se utiliza para calcular la potencia de un grupo electrógeno para maquinaria eléctrica portátil?

c) ¿Cuál es la potencia mínima necesaria para un grupo electrógeno que debe alimentar un puesto de feria con 10 lámparas LED de 10 W cada una y una estufa portátil de 1 kW?

ACTIVIDAD 1

Tenemos la siguiente placa de características de un alternador:

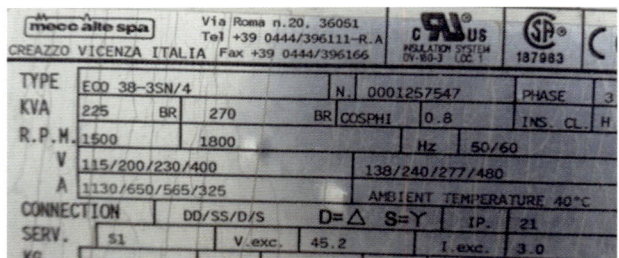

Cortesía de Mecc Alte.

Responde a las siguientes preguntas:

a) ¿Qué intensidad nominal se podrá generar en el alternador a 1500 rpm, 50 Hz y con un cos(phi)=0.8 a plena carga y conectado en estrella (400 V)?

b) ¿Qué potencia eléctrica (máxima) se producirá a 1500 rpm, a 50 Hz y un cos φ de 0.8 a plena carga?

c) ¿Qué intensidad y tensión de excitación tendrá que suministrar la placa electrónica AVR al alternador para poder sacar la máxima potencia a plena carga?

ACTIVIDAD 2

Para la instalación de unos módulos fotovoltaicos en el campo se necesita un grupo electrógeno de pequeña potencia para realizar las tareas de montaje de la estructura. Las herramientas de mano que se van a utilizar son:

- ☐ 2 taladros de 600 W

- ☐ 1 amoladora de 500 W

- ☐ 3 lámparas portátiles de 50 W

Calcula la potencia mínima que debe disponer del grupo electrógeno en kW.

ACTIVIDAD 3

De forma temporal se requiere suministrar energía eléctrica a una fábrica mediante un grupo electrógeno debido a una avería en el transformador de alimentación. Para su elección hay que tener en cuenta las siguientes cargas instaladas en fábrica:

- ☐ Motores eléctricos de 3.7 kW

- ☐ 1 motor de 5.5 kW

- ☐ 1 motor de 7.5 kW

- ☐ 1 resistencia de caldeo de 10 kW

Calcula la potencia total que debería tener como mínimo el grupo electrógeno en kW y en kVA considerando un cos(phi)=0.8.

Montaje y maniobras de motores de corriente continua

En esta unidad va a estudiar:

- Principios de funcionamiento de máquinas rotativas de corriente continua (motores).

- Cálculos en instalaciones con máquinas rotativas de corriente continua (motores).

- Variación de velocidad de máquinas rotativas de continua (motores).

- Ensayos en máquinas rotativas de corriente continua (motores).

- Mantenimiento de máquinas rotativas de corriente continua (motores).

Con su estudio, va a ser capaz de:

- Conocer los elementos en máquinas eléctricas de corriente continua (motores).

- Interpretar esquemas de una instalación con máquinas eléctricas de corriente continua (motores).

- Montar instalaciones con máquinas eléctricas de corriente continúa verificando su puesta en marcha (motores).

- Clasificar y localizar averías en máquinas rotativas de corriente continua (motores).

5.1 Introducción

Tal y como se vio en el capítulo 3, las máquinas rotativas se dividen en dos grandes grupos (mecánico y eléctrico) e incluyen los siguientes elementos: inductor, inducido, escobillas, carcasa, entrehierro y cojinetes. En este capítulo se verán de forma específica las máquinas rotativas de corriente continua, es decir, los motores de corriente continua.

PARA SABER MÁS...

El uso de un generador de corriente continua, denominado dinamo, esta en desuso en el ámbito industrial, por lo que no está incluido en el libro. No ocurre lo mismo con el generador de alterna, al que se le ha dedicado un capítulo. De todas formas, dispone de un documento complementario en el siguiente enlace por QR.

- □ L: longitud del conductor en metros (m)
- □ B: densidad de campo magnético o densidad de flujo teslas (T)
- □ φ: ángulo que forma la intensidad con la densidad de campo magnético

En la figura 5.1, se muestra el comportamiento de una espira alimentada por una corriente continua a través de escobillas y colector. En ella se crea un campo magnético que, afectado por el campo magnético de cada polo que genera la parte fija, provoca un desplazamiento (giro de la espira).

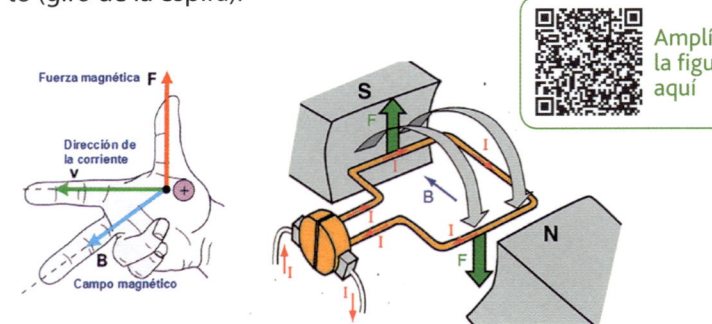

Amplíe la figura aquí

Figura 5.1
Funcionamiento básico de los motores de corriente continua.

Fundamentos de los motores de corriente continua

Los primeros motores eléctricos fueron de corriente continua, aunque después se empezaron a utilizar los de corriente alterna. No obstante, los de continua se continuaban utilizando porque era más fácil su variación de velocidad. Actualmente, en el campo industrial son los menos utilizados, y si se requiere la variación de velocidad se recurre a los convertidores de frecuencia (variadores) para motores trifásicos con rotor en cortocircuito.

Se utilizan en: aplicaciones industriales, tracción (trenes, tranvías, etc.), pequeños motores (juguetes), electrodomésticos, modelismo, arranque de vehículos, carretillas eléctricas y en vehículos automóviles eléctricos.

A continuación, se indica el funcionamiento básico electromagnético que se produce en el interior de un motor de corriente continua.

Cuando un conductor, por el que pasa una corriente eléctrica, se sumerge en un campo magnético, el conductor sufre una fuerza perpendicular al plano formado por el campo magnético y la corriente (el carácter vectorial de las fuerzas queda reflejado en la ley de Laplace o de la mano derecha), de acuerdo con la fuerza de Lorentz, tal y como se indica en la siguiente expresión:

$$F = B \cdot L \cdot I \cdot sin\varphi$$

- □ F: fuerza en Newtons (N)
- □ I: intensidad que recorre el conductor en amperios (A)

En la figura 5.2, se muestra el esquema del funcionamiento de un motor de corriente continua elemental de dos polos con una sola bobina y dos delgas en el rotor. Se muestra el motor en tres posiciones del rotor desfasadas 90° entre sí.

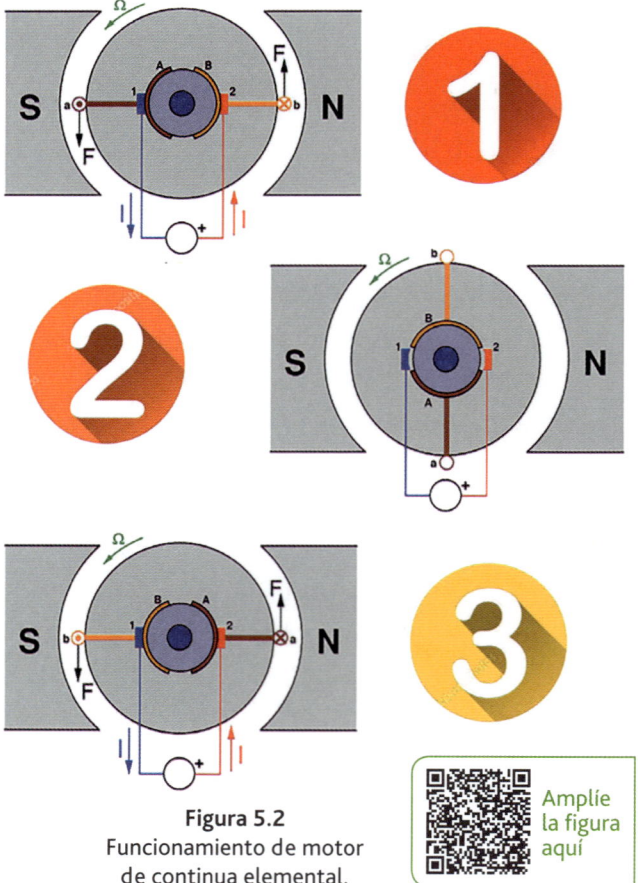

Amplíe la figura aquí

Figura 5.2
Funcionamiento de motor de continua elemental.

La descripción de cada punto de la figura 5.2 se muestra a continuación:

☐ Los puntos 1 y 2 se corresponden con las escobillas que alimentan (tensión a corriente continua) desde el exterior.

☐ Los puntos A y B se corresponden con las delgas, que son las conexiones de la parte móvil que gira en su interior. Estas conexiones permitirán invertir el sentido de la corriente y mantener el movimiento rotatorio.

☐ Los puntos a y b se corresponden con los lados de la bobina conectados respectivamente a las delgas A y B. De esta forma, modifica el sentido de la corriente en una u otra posición y, al mantener constante el campo magnético exterior (parte fija), mantiene la fuerza que provoca el movimiento rotatorio en la parte interior (parte móvil).

PARA SABER MÁS...

QR para ver el vídeo sobre los efectos electromagnéticos y entender el funcionamiento de un motor eléctrico.

Partes de un motor de corriente continua

1	Conjunto Estator
2	Conjunto Inducido
3	Tapa polea
4	Tapa colector
5	Conjunto Caja Bornes
6	Ventilador
7	Conjunto de Protecciones
8	Conjunto dínamo
-	Escobillas

Figura 5.3
Partes de un motor de corriente continua (cortesía de VASCAT).

Amplíe la figura aquí

PARA SABER MÁS...

QR para acceso a la página web de máquinas eléctricas VAS-CAT. Dispone de motores de corriente continua para aplicaciones industriales de 1 hasta 250 kW.

En la figura 5.3, se muestran las partes que constituyen a un motor de corriente continua y que se describirán a continuación:

☐ **Inductor o estator** (figura 5.4.): es una de las dos partes fundamentales que forman una máquina eléctrica, se encarga de producir y de conducir el flujo magnético. Se llama también estator por ser la parte fija de la máquina. El inductor consta de los siguientes elementos: la pieza polar (sujeción a la carcasa del núcleo), el núcleo (circuito magnético y donde se encuentran los bobinados inductores), el bobinado inductor (conjunto de espiras prefijado según tipo de máquina) y la expansión polar (parte ancha de la parte polar). En motores de pequeña potencia, el inductor estará formado por imanes permamentes; en consecuencia, no necesita una alimentación de excitación.

Figura 5.4
Inductor o estator de un motor de corriente continua.

☐ **Inducido o rotor:** el inducido constituye el otro elemento fundamental de la máquina. Se denomina también **rotor** por ser parte giratoria (figura 5.5). El inducido (figura 5.6) consta, a su vez, de núcleo del inducido (chapas magnéticas, con ranuras para alojar los hilos de cobre del bobinado inducido), bobinado inducido (hilos de cobre) y colector (conjunto de láminas de cobre, denominadas delgas, para conexión al rotor a través de las escobillas).

Figura 5.5
Inducido o rotor de un motor de corriente continua.

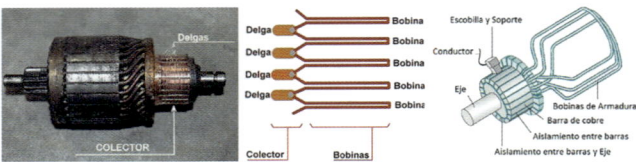

Amplíe
la figura
aquí

Figura 5.6
Elementos de un inducido o rotor
de un motorde corriente continua.

☐ **Escobillas** (figura 5.7): utilizadas para las conexiones al rotor, se deslizan sobre las delgas del colector y mediante un conductor flexible se unen al inducido. Para su colocación se utilizan portaescobillas. Se fabrican de carbón o de grafito.

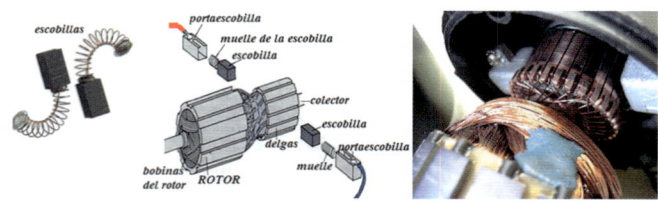

Amplíe
la figura
aquí

Figura 5.7
Escobillas de un motor
de corriente continua.

☐ **Culata o carcasa** (figura 5.8): envoltura de material ferromagnético de la máquina eléctrica, cuya función es la de conducir el flujo creado por el bobinado inductor.

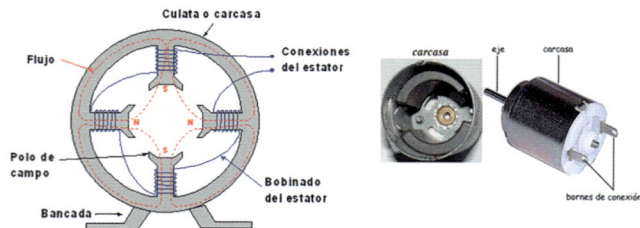

Amplíe
la figura
aquí

Figura 5.8
Carcasa de cuatro polos
de un motor de corriente continua.

☐ **Entrehierro**: corresponde al espacio entre la parte fija (expansiones polares) y la parte móvil (rotor) de la máquina, para evitar el rozamiento entre ambos.

☐ **Cojinetes** (figura 5.9): apoyo del eje del rotor de la máquina a la carcasa. Se suelen utilizar rodamientos.

Figura 5.9
Cojinetes o rodamientos en un motor de corriente continua.

PARA SABER MÁS...

QR de acceso a la página web del fabricante de motores ABB. En concreto, al acceso a los motores de corriente continua y a sus equipos registrados de bastidor redondo y cuadrado.

5.2 Cálculos básicos en motores de corriente continua

Introducción

En este apartado se verán una serie de definiciones y cálculos básicos para conocer el funcionamiento de los motores de corriente continua:

☐ Fuerza contraelectromotriz

☐ Tensión y caída de tensión en los bobinados

☐ Corriente de arranque

☐ Potencia eléctrica

☐ Rendimiento

También se deberán tener en cuenta algunos de los conceptos comunes con los motores de corriente continua vistos en el capítulo anterior.

☐ Par motor

ANOTACIÓN

Antes de ver ejercicios resueltos se verán las ecuaciones de forma general y, después, encontrará ejercicios resueltos en función del tipo de motor de corriente continua. Apartado 4.3.

Fuerza contraelectromotriz

En todo motor de corriente continua se induce una fuerza contraelectromotriz (*E*), debida a la ley de Lenz, cuyo sentido es opuesto a la tensión en bornes del motor.

Esta fuerza es directamente proporcional al flujo inductor y al número de revoluciones del motor según la siguiente igualdad:

$$E = K \cdot n \cdot \phi \, [V]$$

donde:

☐ *n*: velocidad de la máquina en revoluciones por minuto (rpm)

☐ *φ*: flujo magnético en vacío, en webers (Wb)

☐ *K*: es una constante que dependerá de las características constructivas de la máquina. Dependerá de: número total de conductores del inducido (*N*), número de pares de polos de la máquina (p) y número de pares de ramas en paralelo (a, imbricados a=p y ondulados a=1), tal y como se muestra en la siguiente ecuación:

$$K = \frac{N \cdot p}{a \cdot 60}$$

Tensión en bornes y caídas de tensión

El valor de tensión en bornes (*V$_p$*) de un motor de continua será igual a la suma de la fuerza contraelectromotriz y la caída de tensión en el inducido (figura 5.10):

$$V_b = E + \sum R \cdot I \; [V]$$

El término $\sum R \cdot I$ es diferente según el tipo de motor: derivación, serie, etc.

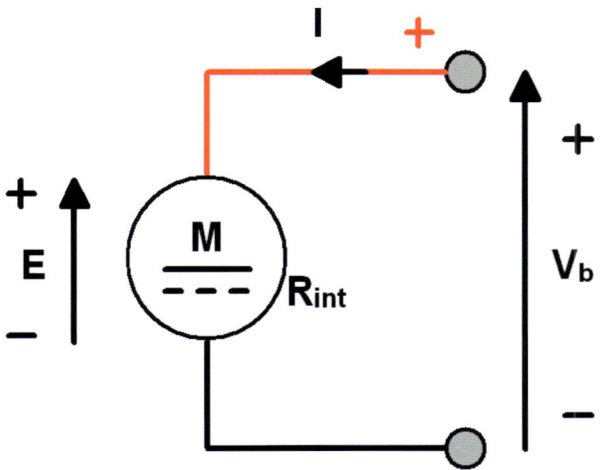

Figura 5.10
Tensión en bornes de un motor de corriente continua.

Corriente de carga

De la expresión del apartado anterior y, teniendo en cuenta que:

$$\sum R \cdot I = I \sum R \; [\Omega]$$
$$R_{int} = \sum R \; [\Omega]$$

se despeja el valor de la intensidad:

$$I = \frac{V_b - E}{R_{int}} \; [A]$$

Teniendo en cuenta que *V$_b$* y *R$_{int}$* son términos constantes, la corriente dependerá de *E*. Además, teniendo en cuenta que el flujo será constante, *φ*, esta dependerá de la velocidad del motor, *n*.

Así pues, al conectar una carga al motor, este disminuirá su velocidad y, por lo tanto, disminuirá su fuerza contraelectromotriz, lo que provocará un aumento de la intensidad, lo preciso para vencer las resistencias mecánicas.

Corriente de arranque

En el momento de arrancar, el inducido está parado y no hay fuerza contraelectromotriz (*E*), por lo que la intensidad en el arranque será:

$$I_A = \frac{V_b}{R_{int}} \; [A]$$

A medida que el motor va adquiriendo velocidad, la E va aumentando hasta que llega a la velocidad nominal del motor, adquiriendo su intensidad nominal. Es decir, hasta que se alcanza la velocidad nominal, la corriente será superior a su valor nominal.

La corriente que absorben los motores durante el arranque se denomina corriente de arranque, y el tiempo que transcurre hasta adquirir su velocidad nominal se llama periodo de arranque.

Para evitar que durante el arranque se alcancen valores elevados, se intercala una resistencia en serie con inducido, denominada resistencia (reóstato de arranque) de arranque (R$_A$), provocando una caída de tensión en bornes del motor. El valor de la corriente de arranque será:

$$I_A = \frac{V_b}{R_{int} + R_A} \; [A]$$

En la figura 5.11, se muestra el esquema de conexionado del reóstato de arranque de un motor de corriente continua. Una vez haya arrancado el motor, se desconecta esta resistencia.

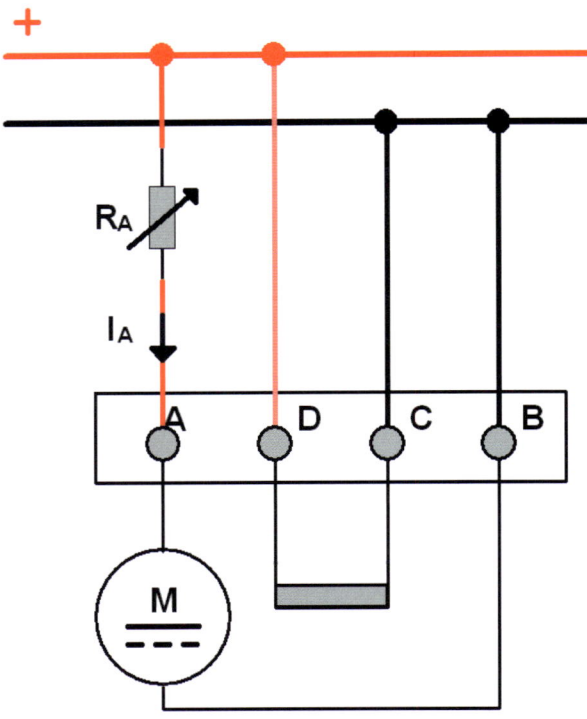

Figura 5.11
Conexionado de arranque de motor de continua con reóstato.

Según la ITC-BT-47, los motores de potencia superior a 0.75 kW deben estar provistos de reóstatos de arranque o dispositivos equivalentes que no permitan que la relación de corriente entre el periodo de arranque y el de marcha normal que corresponda a su plena carga según características del motor supere los valores indicados en la tabla 5.1.

Potencia nominal del motor (kW)	Relación máxima entre la corriente de arranque y la de plena carga
0.75 a 1.5	2.5
1.5 a 5.0	2.0
>5.0	1.5

Tabla 5.1
limitaciones de corrientes de carga en función de la potencia según ITC-BT-47.

En la figura 5.12, se puede ver un ejemplo de reóstato rotativo variable con sus características eléctricas y sus medidas para ser montando en el cuadro eléctrico.

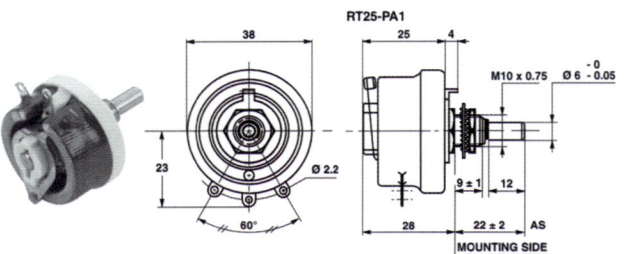

Figura 5.12
Reóstato variable (cortesía de Vishay).

 Amplíe la figura aquí

─── PARA SABER MÁS... ───

QR para ver el enlace sobre Vishay con ejemplos de reóstatos de distintas potencias: 12, 25 y 55 W.

Potencia de un motor de corriente continua

La potencia absorbida (P_{abs}) de la red por un motor de corriente continua es el producto de la tensión aplicada en sus bornes (voltios, V) y la intensidad que circula por los bobinados (amperios, A):

$$P_{abs} = V_b \cdot I_{abs} \ [W]$$

Pero esta potencia no será la que se aplique en el eje del motor (potencia útil,), el cual deberá tener en cuenta las pérdidas en el proceso de rotación (P_{per}):

$$P_{abs} = P_u + P_{per} \ [W]$$

Las pérdidas pueden ser debidas a:

☐ Pérdidas en el **cobre** por efecto Joule en el bobinado **inductor** (P_{Cu}). Debida a la resistencia que ofrecen los conductores de las bobinas inductoras ($R_{inductor}$) al paso de la corriente que pasa por las mismas (I).

$$P_{Cu\_inductor} = R_{inductor} \cdot I^2 \ [W]$$

☐ Pérdidas en el **cobre** en el bobinado del **inducido** ($P_{inducido}$), debidas a la resistencia que presenta ($R_{inducido}$) al paso de la corriente (I).

$$P_{Cu\_inducido} = R_{inducido} \cdot I^2 \ [W]$$

☐ Potencia **mecánica** (P_{mec}), debida a rozamientos en los rodamientos, resistencia al aire, etc.

$$P_{mec} = E \cdot I \ [W]$$
$$P_{mec} = K \cdot n \cdot \phi \cdot I \ [W]$$

☐ Pérdidas de **hierro** (P_{Fe}), debidas a causas mecánicas, comportamiento de los materiales ante el magnetismo (histéresis) y a las corrientes parásitas de Foucault.

$$P_{per} = P_{Cu\_inductor} + P_{Cu\_inducido} + P_{mec} + P_{Fe} \ [W]$$

Por lo tanto, se puede calcular la potencia mecánica útil, que será la que se proporcione al eje del motor, como:

$$P_u = P_{abs} - P_{per} \ [W]$$

Al cómputo de potencias indicadas se lo denomina balance energético y queda representado en la figura 5.13, desde la potencia eléctrica que consume el motor hasta la potencia útil que realmente será utilizada en el eje del motor.

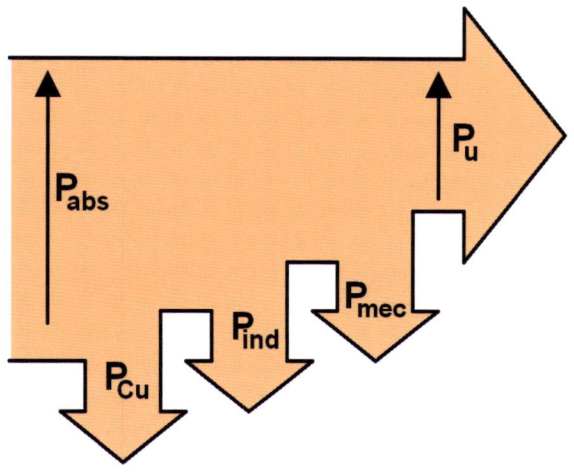

Figura 5.13
Balance energético en motor de corriente continua.

Rendimiento del motor de corriente continua

Los motores eléctricos suelen indicar la relación entre la potencia útil (realmente la que cede, P_u) y la absorbida (la que consumen de la red, P_{abs}) mediante el rendimiento (η):

$$\eta = \frac{P_u}{P_{abs}}$$

Suele venir indicado en tanto por cien (%):

$$\eta = \frac{P_u}{P_{abs}} \cdot 100 \ [\%]$$

En el caso de que se indique un porcentaje de pérdidas, se podría calcular la potencia absorbida:

$$P_{abs} = P_u + P_{per} \ [W]$$

Las pérdidas se calculan:

$$P_{per} = \frac{Pédidas \ [\%] \cdot P_u}{100} \ [W]$$

5.3 Tipos de motores de corriente continua

Los bobinados inducido e inductor se conectan a circuitos independientes. La inversión del sentido de rotación se obtiene por inversión de la tensión del inducido, lo cual queda representado en la imagen derecha de la figura 5.14 y su esquema eléctrico en la imagen izquierda de la figura 5.14.

Según como se conecte el inducido y la bobina excitadora (inductor), se distinguirá la tipología de motor de corriente continua, que se describirá en los siguientes subapartados:

☐ En derivación

☐ En serie

☐ Compuesta

☐ Independiente

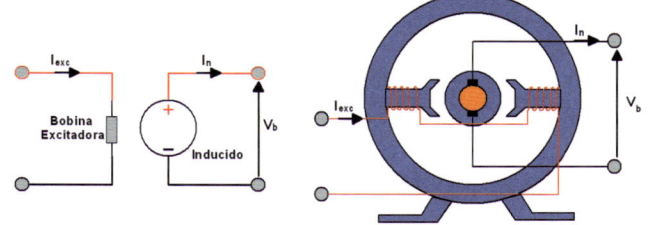

Figura 5.14
Balance energético en motor de corriente continua.

Amplíe la figura aquí

Motor de continua con shunt o derivación

El circuito de un motor de corriente continua en derivación es el que se muestra en la figura 5.15, y se cumple que la corriente absorbida (I_n) es igual a la corriente de excitación o inductor (I_{exc}) y la del inducido (I_{in}).

$$I_n = I_{in} + I_{exc} \ [A]$$

En el arranque la velocidad es: =0, y la tensión de alimentación es: =0, por lo que la intensidad en la bobina del inductor será:

$$I_{in} = \frac{V_b - E}{R_{in}} \Rightarrow I_{in} = \frac{V_b}{R_{in}} \ [A]$$

Entonces, la intensidad de arranque será:

$$I_A = \frac{V_b}{R_{in}} + I_{exc} \ [A]$$

En el circuito de la figura 5.15 no se incluye la resistencia de arranque.

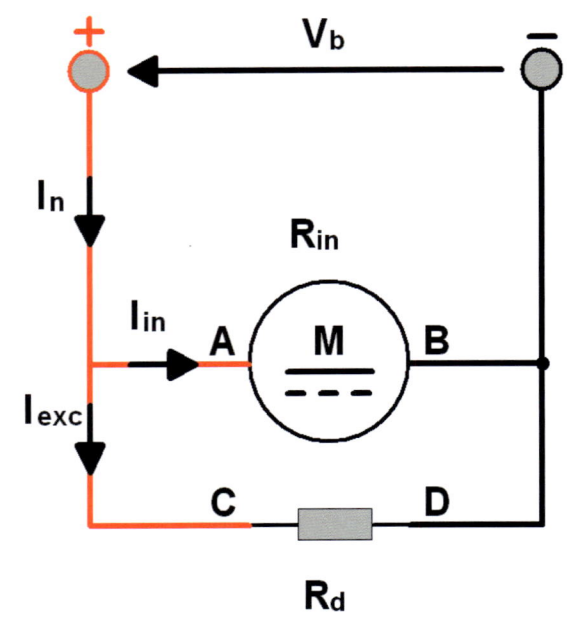

Figura 5.15
Conexionado de un motor en derivación.

Un motor de corriente continua de excitación en derivación tiene una potencia de 40 CV, y se sabe que:

- Las pérdidas del motor son del 5 % de la potencia del eje.

- La tensión de alimentación de 400 V (Vb).

- La resistencia de derivación o excitación (Rd) es de 400 Ω.

- La resistencia del inducido (Rin) es de 0.1 Ω.

Calcula:

a) Intensidad de línea.

La intensidad de línea (In) se obtiene a partir de la potencia útil en CV que se convierte a W y se le añaden las pérdidas, obteniéndose la intensidad absorbida como el cociente entre la tensión y la resistencia:

$$P_u = 40 \ CV = 40 \cdot 736 = 29\,440 \ W$$

$$P_{per} = \frac{P\acute{e}didas\ [\%] \cdot P_u}{100} = \frac{5 \cdot 29\,440}{100} = 1472 \ W$$

$$P_{abs} = P_u + P_{per} = 29\,440 + 1472 = 30\,912 \ W$$

$$P_{abs} = V_b \cdot I_{abs} \ [W]$$

$$I_{abs} = \frac{P_{abs}}{V_b} = \frac{30\,912}{400} = 77.28 \ A$$

b) Intensidad de excitación.

Dicho valor se corresponde con la intensidad que pasa por el inductor, y se calcula utilizando la ley de ohm:

$$V_b = R_d \cdot I_{exc} \Rightarrow I_{exc} = \frac{V_b}{R_d} = \frac{400}{400} = 1 \ A$$

c) Intensidad de arranque.

A partir de la ecuación vista, y teniendo en cuenta que la velocidad inicial es una velocidad y la tensión en el inducido es nula:

$$I_A = \frac{V_b}{R_{in}} + I_{exc} = \frac{400}{0.1} + 1 = 4001 \ A$$

d) Valor del reóstato de arranque para que en ese régimen no se supere el valor de intensidad 15·In (tabla 5.1).

A partir de la ecuación vista (donde: Rint=Rin, ver figura 5.11) y sabiendo que la intensidad de cortocircuito no puede ser la calculada en el apartado anterior de 4001 A sino de 1.5·Iabs del apartado a:

$$I_A = \frac{V_b}{R_{in} + R_A} \Rightarrow R_A = \frac{V_b}{I_A} - R_{in}$$

$$= \frac{400}{1.5 \cdot 77.28} - 0.1 = 3.35 \ \Omega$$

e) Par del motor si gira a 1500 rpm.

Se cumple lo mismo que se vio en la unidad 3:

$$w = \frac{2 \cdot \pi \cdot n}{60} = \frac{2 \cdot \pi \cdot 1500}{60} = 157 \ \frac{rad}{s}$$

$$M_a = \frac{P_u}{w} = \frac{29\,440}{157} = 187.42 \ N/m$$

Las propiedades eléctricas de los motores de corriente continua en excitación en derivación son:

☐ Intensidad de arranque: I_A=hasta 10·I_n (sin reóstato), y $I_A \geq$ 1.8·I_n (con reóstato).

☐ Puesta en marcha: arranque sin carga, hasta 0.75 kW sin reóstato, y para mayores de 0.75 kW con reóstato.

☐ Par de arranque: $M_a \leq$ 1.5·Mn.

☐ Características principales: velocidad constante independiente de la carga, lo que lo hace propicio para el accionamiento de máquinas/herramientas.

Las características principales de motores de continua en excitación en derivación son:

- Velocidad bastante estable con la carga.

- Velocidad controlada a través de la tensión de inducido.

- Excelente para el accionamiento de máquinas.

- Par de arranque mediano.

- Velocidad constante de carga.

Su utilización se centra en aplicaciones tales como: accionamiento de máquinas/herramientas o accionamiento de cintas transportadoras.

Excitación serie

El circuito de un motor de corriente continua en excitación serie es el que se muestra en la figura 5.16, y se cumple que:

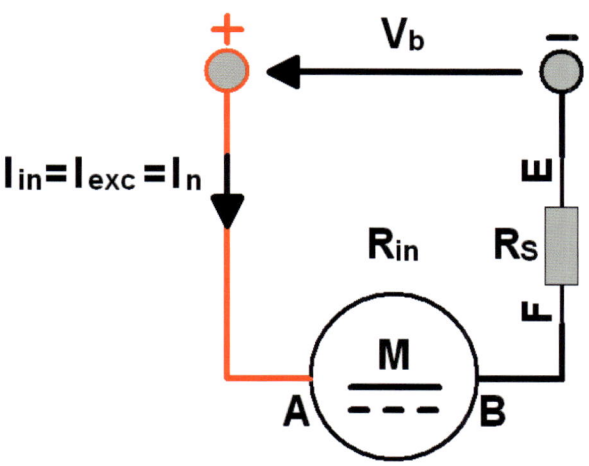

Figura 5.16
Conexionado de un motor en serie.

En el arranque la velocidad es: =0, y la tensión de alimentación es: =0, por lo que la intensidad en la bobina del inductor será:

$$I_{abs} = I_n = I_{in} = I_{exc} = \frac{V_b - E}{R_{in} + R_s} \Rightarrow I_n = I_{in} = I_{exc}$$

$$= \frac{V_b - 0}{R_{in} + R_s} \ [A]$$

Entonces, la intensidad de arranque será:

$$I_A = \frac{V_b}{R_{in} + R_s} \ [A]$$

EJEMPLO 2

Un motor de corriente continua de excitación en serie, si se alimenta a una tensión de 230V (Vb), gira a una velocidad nominal de 1200 rpm. Los datos del motor son:

- Resistencia del inducido (Rin) de 0.3 Ω.

- Resistencia del bobinado de excitación (RS) de 0.2 Ω.

- Resistencia de los polos auxiliares (Raux) de 0.02 Ω (debida al conexionado para la resistencia serie de excitación, se sumaría a esta).

- Fuerza electromotriz (E) de 220 V.

- Pérdidas en el hierro (PFe) de 50 W.

Calcula:

a) Corriente en el momento de arranque.

A partir de la ecuación vista en el apartado, teniendo en cuenta que la velocidad inicial es una velocidad y la tensión en el inducido es nula:

$$I_A = \frac{V_b}{R_{in} + R_s + R_{aux}} = \frac{230}{0.3 + 0.2 + 0.02} = 442.3 \ A$$

b) Intensidad absorbida de línea.

Si se observa el circuito de la figura 5.16 se puede apreciar que la corriente en el inducido es la misma que la de excitación (la que atraviesa la resistencia serie) y, a su vez, la misma que es absorbida de la red. Por lo tanto, se calcula aplicando la ley de ohm sabiendo que la diferencia de potencial se corresponde a la tensión de alimentación menos la fuerza electromotriz, y la resistencia es la suma de todas las resistencias:

$$I_{abs} = \frac{V_b - E}{R_{in} + R_s + R_{aux}} = \frac{230 - 220}{0.3 + 0.2 + 0.02} = 19.23 \ A$$

c) Potencia absorbida de la red.

Para el cálculo de la tensión absorbida hay que tener en cuenta la tensión de alimentación y la intensidad absorbida calculada en el apartado anterior:

$$P_{abs} = V_b \cdot I_{abs} = 230 \cdot 19.23 = 4422.9 \ W$$

d) Pérdida de potencia en los bobinados.

A partir de la ecuación vista en el apartado 4.2.6, donde la resistencia es la suma de todas las resistencias del circuito y la intensidad se corresponde con la intensidad absorbida:

$$P_{Cu} = (R_{in} + R_s + R_{aux}) \cdot I^2_{abs}$$

$$= (0.3 + 0.2 + 0.02) \cdot 19.23^2 = 192.29 W$$

e) Rendimiento del motor.

Descartando las pérdidas mecánicas y en el hierro se calcula la potencia útil:

$$P_u = P_{abs} - P_{per} = P_{abs} - P_{Cu} - P_{Fe}$$

$$= 4422.9 - 192.29 - 50 = 4180.6 \ W$$

Obteniendo el rendimiento en tanto por ciento:

$$\eta = \frac{P_u}{P_{abs}} \cdot 100 = \frac{4180.60}{4422.9} \cdot 100 = 94.52 \ \%$$

Las propiedades de los motores de corriente continua en excitación serie son:

- Intensidad de arranque: I_A=hasta 2.5·I_n (sin reóstato), y $I_A \geq$ 1.8·I_n (con reóstato).

- Puesta en marcha: arranque en carga hasta 0.75 kW sin reóstato, y para mayores de 0.75 kW con reóstato.

- Par de arranque: $M_a \leq$ (2 a 4) ·M_n (es un valor elevado).

- Características principales: elevado par de arranque, peligro de embalamiento y precisa de control.

Las características principales de motores de continua en excitación serie son:

- La velocidad depende de la carga.

- Se embala en vacío.

- Precisa de control.

- Elevado par de arranque.

Su utilización se centra en aplicaciones tales como: equipos elevadores, vehículos eléctricos o motor para el arranque de automóviles.

Excitación serie-paralelo o compound (compuesta)

Las conexiones más utilizadas son las de derivación corta (figura 5.17) y derivación larga (figura 5.18). Según el conexionado de los bobinados el flujo de ambos tiende a sumarse o a restarse, por lo que se denomina aditivo o sustractivo, respectivamente.

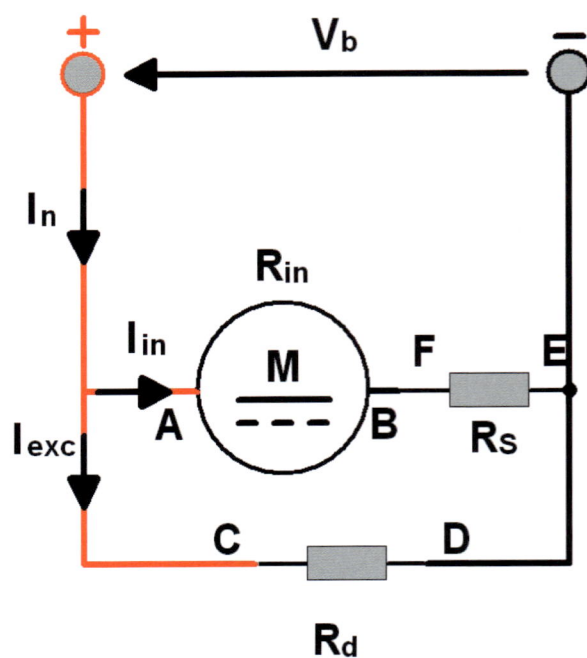

Figura 5.18
Conexionado de un motor en configuración compuesta montaje largo.

Por un lado, el circuito de un motor de corriente continua en derivación corta es el que se muestra en la figura, y se cumple que:

$$I_n = I_{in} + I_{exc} \ [A]$$

La intensidad en el inducido será:

$$I_{in} = \frac{V_b - E - (R_S \cdot I_n)}{R_{in}} \ [A]$$

La intensidad de excitación será:

$$I_{exc} = \frac{V_b - (R_S \cdot I_n)}{R_{exc}} \ [A]$$

La tensión en bornes del motor será:

$$V_b = E + (R_S \cdot I_n) + (R_{in} \cdot I_{in}) \ [V]$$

Por otro lado, el circuito de un motor de corriente continua en derivación larga es el que se muestra en la figura, y se cumple que:

$$I_n = I_{in} + I_{exc} \ [A]$$

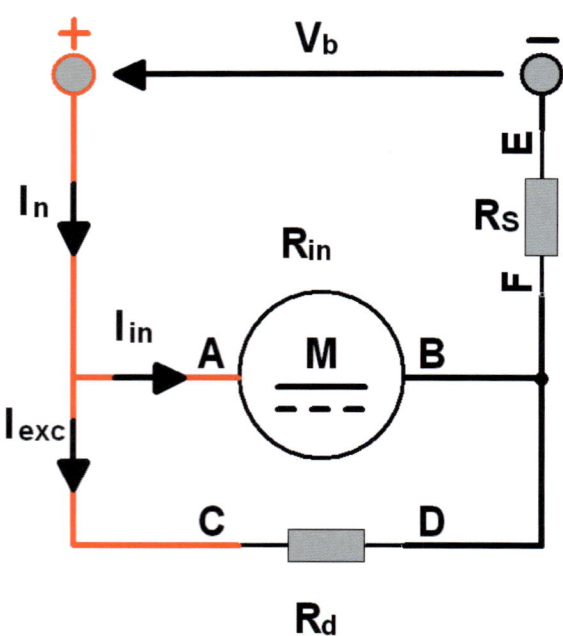

Figura 5.17
Conexionado de un motor en configuración compuesta montaje corto.

> **PARA RECORDAR...**
> In es lo mismo que la intensidad absorbida (I_{abs}), utilizada en la ecuación de la potencia absorbida.

La intensidad en el inducido será:

$$I_{in} = \frac{V_b - E}{R_{in} + R_S} \ [A]$$

La intensidad de excitación será:

$$I_{exc} = \frac{V_b}{R_d} \ [A]$$

La tensión en bornes del motor será:

$$V_b = E + (R_{in} + R_S) \cdot Ii_n \ [V]$$

EJEMPLO 3

Dispone de un motor de corriente continua compuesto en montaje largo (figura 5.18) con las siguientes características:

- Tensión de alimentación de 200 V (V_b).

- Resistencia del inducido (R_{in}) de 0.2 Ω.

- Resistencia de excitación en derivación (R_d) de 30 Ω.

- Velocidad nominal (n) de 1000 rpm.

- Fuerza electromotriz (E) de 170 V.

- Potencia absorbida (P_{abs}) de 4800 W.

- Rendimiento (η) del 80 %.

Calcula:

a) Intensidad de corriente en bobinado del motor (I_{in}).

El proceso de cálculo consiste en obtener la intensidad absorbida de la red de alimentación y la intensidad que circula por la resistencia en derivación, para obtener la diferencia que se corresponde con la intensidad en el inducido:

$$P_{abs} = V_b \cdot I_{abs} \Rightarrow I_{abs} = \frac{P_{abs}}{V_b} = \frac{4800}{200} = 24 \ A$$

$$I_{exc} = \frac{V_b}{R_d} = \frac{200}{30} = 6.67 \ A$$

$$I_n = I_{abs} = I_{in} + I_{exc} \Rightarrow I_{in} = I_{abs} - I_{exc}$$

$$= 24 - 6.67 = 17.33 \ A$$

b) Calcula la resistencia de excitación serie (R_s).

A partir de la ecuación vista en este apartado, se calcula el valor de la resistencia en función de la caída de tensión y la intensidad que circula:

$$I_{in} = \frac{V_b - E}{R_{in} + R_S} \Rightarrow R_S = \frac{V_b - E}{I_{in}} - R_{in}$$

$$= \frac{200 - 170}{17.33} - 0.2 = 1.53 \ Ω$$

EJEMPLO 1 (CONTINUACIÓN)

c) Caída de tensión en la resistencia de excitación serie.

Para el cálculo de la tensión absorbida hay que tener en cuenta la tensión de alimentación y la intensidad absorbida calculada en el apartado anterior:

$$P_{abs} = V_b \cdot I_{abs} = 230 \cdot 19.23 = 4422.9 \ W$$

d) Potencia útil (Pu) y pérdidas en el motor (P_{per}).

A partir de las ecuaciones se realiza el cálculo de ambos parámetros:

$$\eta = \frac{P_u}{P_{abs}} \Rightarrow P_u = P_{abs} \cdot \eta = 4800 \cdot 0.8$$

$$= 3840 \ W$$

$$P_{abs} = P_u + P_{per} \Rightarrow P_{per} = P_{abs} - P_u$$

$$= 4800 - 3840 = 960 \ W$$

e) Par del motor.

Se cumple lo mismo que en la unidad 3:

$$w = \frac{2 \cdot \pi \cdot n}{60} = \frac{2 \cdot \pi \cdot 1000}{60} = 142.5 \ \frac{rad}{s}$$

$$M_a = \frac{P_u}{w} = \frac{3840}{142.5} = 26.95 \ N/m$$

f) Indica la potencia ejercida en el eje en caballos de vapor (CV).

La potencia útil en W se convierte a CV siguiendo la relación indicada:

$$P_u = 3840 \ W = \frac{3840}{736} = 5.22 \ CV$$

Las propiedades de los motores de corriente continua en excitación serie-paralelo son:

☐ Intensidad de arranque: I_A (entre 1.8 y 6 de la In), e I_n (según sea el tipo de conexión).

☐ Puesta en marcha: se puede realizar en carga, según predomine la excitación serie o *shunt*.

☐ Par de arranque: $M_a \leq 2 \cdot M_n$; según predomine la excitación serie o *shunt*.

☐ Características principales: motor apropiado para grandes inercias, par muy variable según aplicación, buen par de arranque y no precisa peligro de embalamiento.

Las características principales de motores de continua en excitación serie-paralelo son:

☐ Puede conectarse con comportamiento preferente como motor de excitación serie o *shunt*.

☐ Buen par de arranque.

☐ Motor adecuado para accionar grandes inercias.

Su utilización se centra en aplicaciones tales como: accionamiento de máquinas/herramientas, accionamiento de prensas, cizallas, máquinas de troquelar y otras con fuerte inercia, o accionamiento de tres de laminación.

Excitación independiente

Los motores de corriente continua en excitación independiente indican que la tensión de excitación y la del inductor pueden ser de distintos niveles de tensión.

Las propiedades de los motores de corriente continua en excitación independiente son:

- Intensidad de arranque: I_A=hasta $10 \cdot I_n$ (sin reóstato), y $I_A \geq 1.8 \cdot I_n$ (con reóstato).

- Puesta en marcha: características similares a los motores de excitación *shunt*.

- Par de arranque: $M_A \leq (1.4$ a $1.8) \cdot M_n$.

- Características principales: gran flexibilidad de mando y control, amplia gama de velocidades.

Las características principales de motores de continua de excitación independiente:

- Velocidad estable con la carga.

- Velocidad controlada a través de la tensión del inducido.

- Pueden utilizarse tensiones diferentes para los bobinados inducido e inductor.

- Muchas posibilidades de mando y control.

Su utilización se centra en aplicaciones tales como: aplicaciones industriales en el accionamiento de máquinas.

Imán permanente

Constituido por un rotor bobinado, la excitación producida por el estator está constituida por imanes permanentes. Muy utilizado en aplicaciones de pequeña potencia.

Figura 5.19
Corte transversal de un motor de imán permanente
(cortesía de Metoree).

5.4 Caja de bornes en motores de corriente continua

Una correcta identificación de los bobinados es fundamental; de lo contrario, no solo puede que no arranque el motor, sino que se podría deteriorar alguno de los bobinados por circular una corriente superior a la que pueda soportar. En la figura 5.20, se muestra un ejemplo de bornes de conexionado de un motor de corriente continua compuesta *(compund)* con la designación antigua de los bobinados.

Figura 5.20
Ejemplo de conexionado de motor de corriente continua
didáctico (cortesía de Alecoop)

La caja de bornes de una máquina de corriente continua tiene unas designaciones específicas según la designación de sus bobinados. Todas las referencias se muestran en la tabla 5.2., apoyadas en la representación gráfica del conexionado de la figura 5.21.

Actual	Antigua	Tipo de bobinado o circuito
A1-A2	A-B	Bobinado inducido
E1-E2	C-D	Bobinado *shunt* o derivación
D1-D2	E-F	Bobinado serie
F1-F2	J-K	Bobinado independiente

Tabla 5.2
Designación de los bornes de conexionado de motores
de corriente continua.

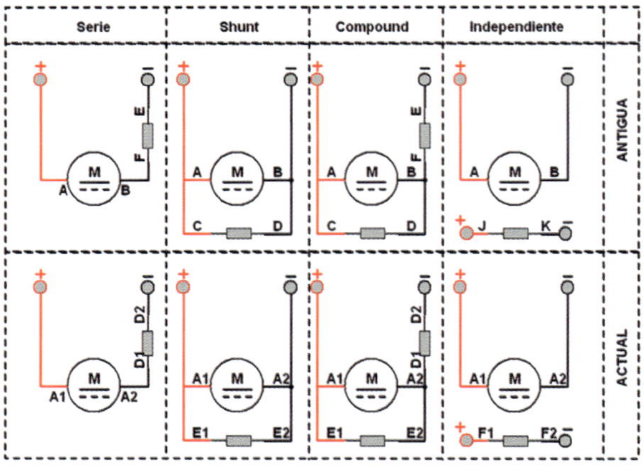

Figura 5.21
Designación de los bornes de conexionado de motores
de corriente continua.

En el caso de que un motor de excitación compuesta disponga de dos bobinados inductores diferentes, como uno serie (D1-D2) y otro paralelo (E1-E2), se representa el conexionado como en la figura 5.22.

Figura 5.22
Bornes de conexionado de motores de corriente continua de excitación compuesta con acceso a los bobinados de excitación: serie y paralelo.

5.5 Curvas características de motores de corriente continua

Introducción

Las curvas características de los motores sirven para relacionar dos variables entre los parámetros: velocidad, par motor, intensidad de inducido, tensión en bornes e intensidad de excitación, considerando la otras como constantes.

Las más importantes son:

☐ Características de velocidad: $n=f(I_{in})$; para V_b y I_{exc} constantes.

☐ Característica mecánica: $n=f(M)$; para V_b y I_{exc} constantes.

☐ Características de par motor: $M=f(I_{in})$; para V_b y I_{exc} constantes.

PARA RECORDAR...

I_{in}, corriente en el inducido.

Se van a ver las curvas del motor de excitación serie y derivación *(shunt)*, puesto que el de excitación independiente presenta características similares al *shunt* y el compuesto *(compound)* combina las características del motor serie y derivación *(shunt)*.

Motor de excitación *shunt* o derivación

Los motores de excitación en derivación presentan una velocidad prácticamente constante (apenas disminuye al aumentar la carga, y se mantiene prácticamente constante, a pesar de estar trabajando en vacío). Son motores muy estables y de gran precisión, por lo que son muy utilizados en máquinas herramientas: fresadoras,

tornos, taladradoras, etc. En la figura 5.23, se muestran las gráficas en dichos motores para la velocidad (izquierda) y el par (derecha).

Tienen el inconveniente de que su par de arranque es más bajo que el de los motores serie. La velocidad se puede ver afectada al conectar la carga que tenga que arrastrar produciéndose un aumento de la intensidad (gráfica derecha de la figura 5.23).

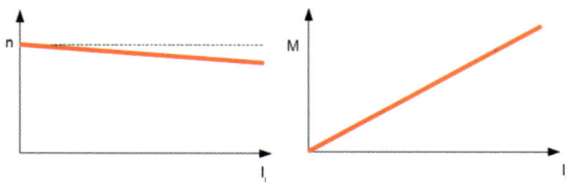

Figura 5.23
Curva del motor de corriente continua con excitación en derivación.

Motor de excitación en serie

La curva de velocidad de los motores de excitación en serie es una hipérbola (gráfica izquierda de la figura 5.24). En el caso del par (gráfica derecha de la figura 5.24), la curva es una parábola, ya que las intensidades de inducido y excitación son las mismas.

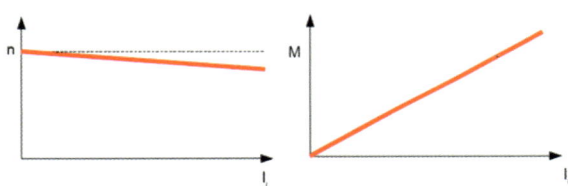

Figura 5.24
Curva del motor de corriente continua con excitación en serie.

Presentan un gran par de arranque, lo que les permite arrancar estando en carga, aunque su velocidad no se mantiene constante, sino que varía mucho dependiendo de la carga que deba arrastrar (disminuye al aumentar la carga y aumenta al disminuir). Esto los convierte en muy peligrosos en aquellos trabajos en que puedan quedarse sin carga, ya que corren grave riesgo de embalsamiento; por ejemplo, en caso de grúas. Por su gran par de arranque son los utilizados en tracción eléctrica, y se emplean en ferrocarriles, funiculares y tranvías.

En la figura 5.25 y la 5.26 se muestra un ejemplo de placa de características de un motor de corriente continua. Se puede apreciar que no siempre será necesario incluir toda la información indicada anteriormente en la placa de características, pero sí la más relevante, como valores de tensión en los bobinados, intensidades y velocidades.

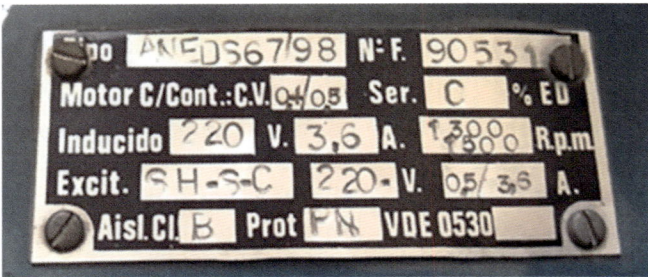

Figura 5.25
Placa de características de motor en corriente continua
de excitación compuesta.

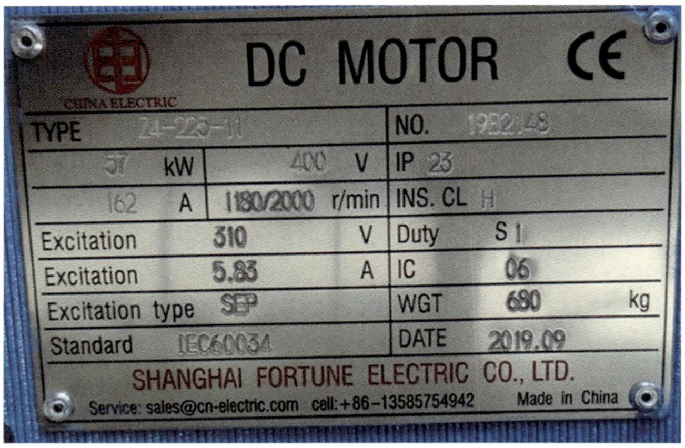

Figura 5.26
Placa de características de motor de corriente continua
de excitación independiente (cortesía de CHINA ELECTRIC).

5.6 Esquemas básicos de arranque

En este apartado se mostrarán los esquemas básicos o más utilizados para el control de motores de corriente continua para arranque directo:

☐ Arranque **directo** para motor **con excitación en serie** o **derivación**. A modo de ejemplo, en la figura 5.27 se muestra el ejemplo de arranque en derivación con reóstato de arranque (resistencia variable) y arranque progresivo de 3 velocidades (resistencia fijas).

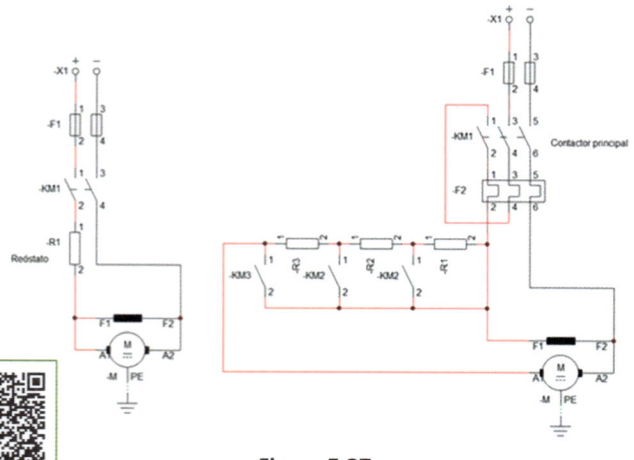

Amplíe la figura aquí

Figura 5.27
Esquema básico de arranque de un motor
de corriente continua a una velocidad y a tres
velocidades con excitación en derivación (*shunt*).

☐ Arranque con **variador de velocidad** (figura 5.37), que se verá en mayor detalle en el apartado de variación de velocidad.

☐ **Inversión del sentido de giro:** se realiza cambiando el sentido de giro de la corriente en uno de los bobinados, ya sea en el bobinado del inducido o en el inductor. Es recomendable invertir las conexiones del inducido en vez del inductor (figura 5.28). En motores de imán permanente, la inversión del sentido de giro se consigue invirtiendo la polaridad de los cables de alimentación, puesto que el inductor es un imán y no dispone de conexión eléctrica.

PARA SABER MÁS…

QR para acceso al vídeo de realización de esquema eléctrico con CADeSIMU de un esquema de inversión del sentido de giro de un motor de corriente continua.

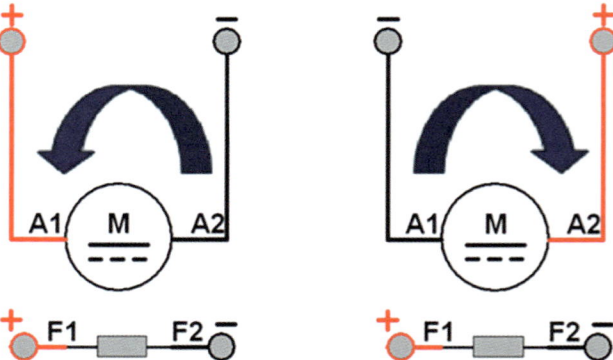

Figura 5.28
Inversión del sentido de giro de un motor de corriente continua
con excitación independiente.

5.7 Elementos de maniobra y protección de motores de corriente continua

Introducción

Una vez se ha visto cómo se conectan los motores de corriente continua y los esquemas eléctricos utilizados para su control (puesta en marcha e inversión del sentido de giro), hay que seleccionar los elementos que constituyen dichos esquemas:

☐ **Elemento de control:** son los contactores y adecuarán la señal eléctrica de los dispositivos de accionamiento disponibles en la máquina: pulsadores, selectores, etc. a la tensión de los bobinados del motor de corriente continua.

☐ **Elementos de protección:** principalmente se utilizan fusibles en los circuitos de corriente continua, por ser dispositivos de protección más económicos que el uso de magnetotérmicos, puesto que en ambos casos se dispone de protección contra sobrecargas y cortocircuitos.

En los siguientes subapartados se verán las características de cada uno de ellos en detalle, así como los criterios para su elección. Finalmente, se incluye un ejemplo resuelto utilizando hojas de características disponibles en el mercado.

Contactores para motores de corriente continua

El principal elemento de control para el accionamiento de motores es el contactor. Así pues, hay que tener en cuenta las siguientes condiciones para su elección:

☐ Categoría

☐ Valores de tensión e intensidad (parámetros de selección)

☐ Ciclo de vida

☐ Número de polos

En función de la norma IEC 60947-4-1, se establecen las categorías de empleo de los contactores dependiendo de la naturaleza del receptor a controlar (tabla 5.3) y las condiciones de cierre y apertura para cada categoría (tabla 5.4).

Categoría	Características
DC-1	Cargas no inductivas o ligeramente inductivas, hornos de resistencia.
DC-3	Motores de excitación *shunt* o derivación: al arrancar, frenados, cierres rápidos, desconexión de motores cc.
DC-5	Motores de excitación en serie: al arrancar, frenados, cierres rápidos, desconexión de motores cc.

Tabla 5.3
Categorías para los contactores en corriente continua.

Categoría	Condiciones de pruebas de durabilidad					
	Condiciones de cerrar			Condiciones de abrir		
	I/Ie	U/Ue	L/R (ms)	I/Ie	U/Ue	L/R (ms)
DC-1	1	1	1	1	1	1
DC-2	2.5	1	2	2.5	1	2
DC-3	2.5	1	7.5	2.5	1	7.5

Tabla 5.4
Condiciones de cierre y apertura de los contactores en función de su categoría.

Los factores a tener en cuenta en la selección de los contactores son:

☐ Corriente de empleo, I_e

☐ Tensión de empleo, U

☐ Categoría de empleo y constante de tiempo L/R.

☐ Eventual comprobación de la vida eléctrica

☐ Frecuencia de maniobra:

    ☐ Hasta 120 ciclos/hora y factor de marcha del 60 %

    ☐ Hasta 250 ciclos/hora y factor de marcha del 30 %

Según la tensión de empleo, es necesario utilizar los contactores con la cantidad de polos indicada según el fabricante, interconectándolos en serie (figura 5.29).

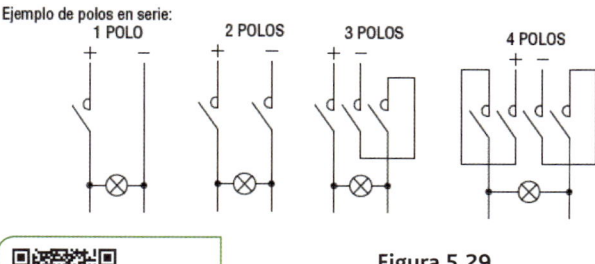

Amplíe la figura aquí

Figura 5.29
Conexionado de polos en serie para un contactor.

Los polos en serie pueden conectarse indiferentemente en una sola polaridad o repartirse entre las dos polaridades. Para tensiones inferiores a 30 V no es recomendable el conexionado en 3 y 4 polos; en dicho caso, es preferible el uso de polos en paralelo.

Para el empleo de tensiones donde se necesite 1 o 2 polos en serie, es posible aumentar la vida eléctrica conectando los polos en paralelo.

En la figura 5.30, se muestran una serie de ejemplos de conexionado de polos en paralelo, que dependerá de las características indicadas en las hojas de características del contactor.

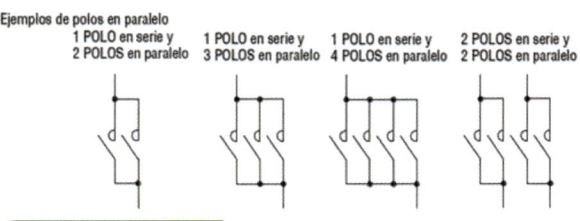

Amplíe la figura aquí

Figura 5.30
Conexionado de polos en paralelo para un contactor.

Hay que tener cuidado porque aumentar el número de polos en paralelo no aumenta la corriente máxima de empleo (por ejemplo, si acepta 8 amperios, ello no indica que al conectarlo en paralelo sea capaz de soportar 16 amperios).

Al conectar en paralelo, es posible aumentar la intensidad térmica de los contactos, en el caso de abrir y cerrar el contactor sin carga, o cuando se conecta en paralelo con unas resistencias (configuración *shunt*). En esos casos, se puede aumentar la intensidad, multiplicando por un coeficiente K.

Por ejemplo, algunos fabricantes utilizan los siguientes valores para dicho coeficiente:

- 2 polos: K=1.6
- 3 polos: K=2.2
- 4 polos: K=2.8

PARA RECORDAR...

En concreto, los valores se han obtenido del catálogo general de Lovato Electric.

PARA SABER MÁS...

QR de acceso al catálogo comercial de Lovato Electric. Incluidos no solo los elementos de protección, sino también los dispositivos de arranque y control de motores eléctricos. Las referencias a contactores de continua son más fáciles de localizar en el catálogo general.

En el mercado profesional, los fabricantes ofrecen tablas que permiten la selección de los elementos a utilizar. Para el caso de los contactores de control de motores eléctricos de continua, se debe tener en cuenta: número de polos, tensión de alimentación e intensidad que circulará.

PARA RECORDAR...

Los valores típicos que se pueden encontrar al consultar las tablas para los valores de corriente continua son: ≤24, 48, 75, 110, 220, 330 y 460 V.

A modo de ejemplo, se muestra una tabla comercial en la figura 5.31.

CATEGORÍA DE EMPLEO DC...
CARACTERÍSTICAS DE LOS POLOS

CORRIENTE MÁXIMA DE EMPLEO

Tensión Ue	Contactor Tipo	Corriente máxima Ie [A] en las categorías DC1 con L/R ≤ 1ms con polos en serie				DC3 - DC5 con L/R ≤ 15ms con polos en serie			
		1	2	3	4	1	2	3	4
75V	B145	220	220	220	220	160	160	160	160
	B180	260	260	260	260	180	180	180	180
	B250	350	350	350	350	280	280	280	280
	B310	375	375	375	375	310	310	310	310
	B400	400	400	400	400	350	350	350	350
	B500	650	650	650	650	550	550	550	550
	B630	800	800	800	800	800	800	800	800
110V	B145	110	150	150	150	80	120	140	140
	B180	120	170	170	170	90	140	160	160
	B250	160	300	300	300	150	250	280	280
	B310	195	350	350	350	170	290	310	310
	B400	250	400	400	400	200	350	350	350
	B500	320	550	600	600	320	550	550	550
	B630	460	800	800	800	460	800	800	800
220V	B145	-	130	150	150	-	90	120	140
	B180	-	150	170	170	-	100	140	160
	B250	-	250	300	300	-	200	250	280
	B310	-	300	350	350	-	230	290	310
	B400	-	350	400	400	-	280	350	350
	B500	-	450	600	600	-	450	550	550
	B630	-	700	800	800	-	700	800	800

Figura 5.31
Ejemplo de tabla de selección de contactor para uso en corriente continua (Cortesía de Lovato Electric).

 Amplíe la figura aquí

EJEMPLO 4

Realiza la selección de un contactor para un motor de corriente continua de 1000 W con una tensión de alimentación de 200 V, de los disponibles en la figura 5.31. Hay que tener en cuenta los siguientes aspectos:

- Se escoge un valor de tensión inmediatamente superior en el caso de que sea distinto al disponible.

- La mayoría de los contactores están pensados para el control trifásico, por lo que la mayoría son de 3 polos. Por ello, serán más fáciles de encontrar en el mercado ajustando la configuración de conexionado a las recomendaciones del fabricante (conexionado según la figura 5.29).

El procedimiento a seguir consistirá en realizar el cálculo de la intensidad del circuito y seleccionar en la tabla el modelo que se ajuste a las condiciones de funcionamiento:

$$P_{motor} = V_b \cdot I_{motor} \Rightarrow I_{motor} = \frac{P_{motor}}{V_b} = \frac{1000}{200} = 5\ A$$

A partir de los contactores disponibles en la figura 5.31, hay que ir al último bloque de columnas (DC3-5), con 3 polos en serie. Se obtiene que se pueden utilizar los modelos BF09, BF12 y BF18. La elección entre los tres puede ser por disponibilidad o por precio.

Para su conexionado se utilizarán las dos configuraciones recomendadas por el fabricante, tal y como se muestra a continuación (la más utilizada es la de la izquierda):

Wiring diagrams
Three-pole contactors

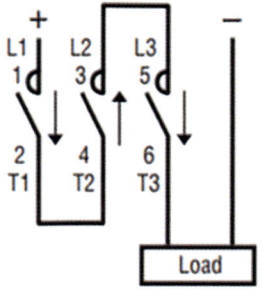
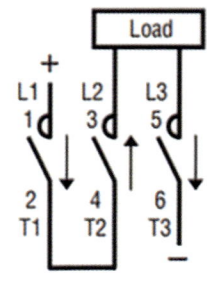

Protecciones en los motores de corriente continua

Para la protección de los dispositivos de los motores de corriente continua, se pueden utilizar las siguientes opciones:

☐ **Fusibles:** se intercalan en serie con los elementos de mando, y se suelen utilizar para que corten solo el cable de alimentación positivo (figura 5.32). También se intercalan con la combinación de la protección por relé térmico, pero modificando su conexionado, como se muestra en la figura 5.33 para el motor con excitación en serie y derivación.

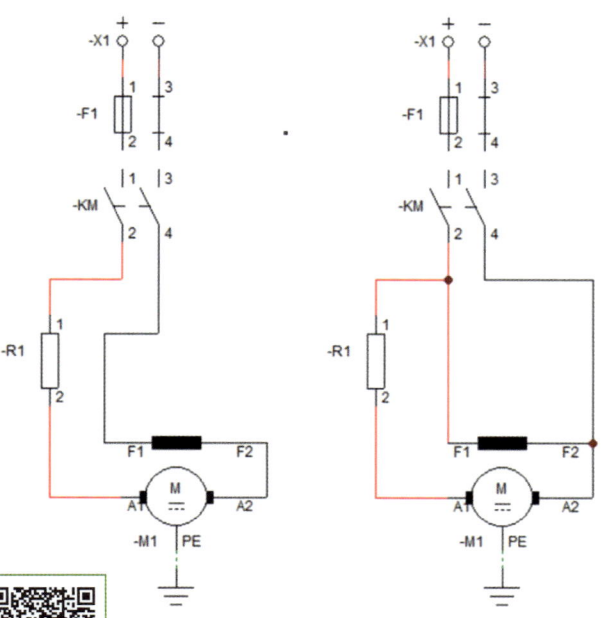

Figura 5.32
Motor de continua en excitación en serie y derivación con protección por fusible y limitación de corriente por reóstato.

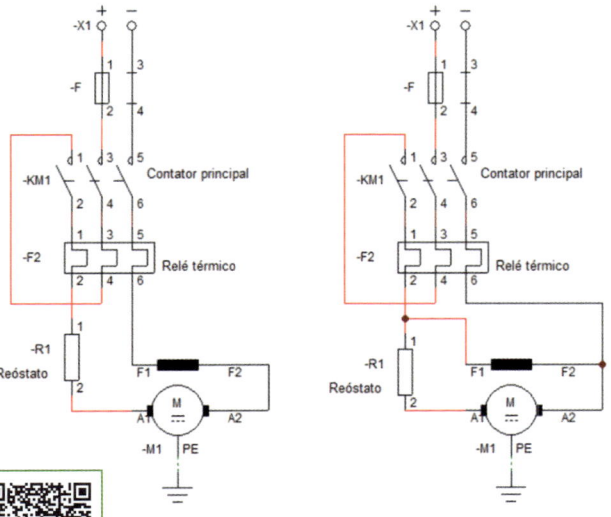

Figura 5.33
Esquema con combinación de protección de fusible y relé térmico para motor de corriente continua con excitación en serie y derivación. Incluye limitación por reóstato.

☐ **Guardamotores:** incluyen la protección contra sobrecargas y cortocircuitos. En los dispositivos actuales se pueden encontrar equipos que sirven para corriente continua y alterna (como los vistos en el capítulo anterior), con la diferencia de que se realiza el conexionado de forma diferente. En la figura 5.34 se muestra un ejemplo de conexionado en un guardamotor trifásico para un motor de corriente continua en excitación en serie y derivación.

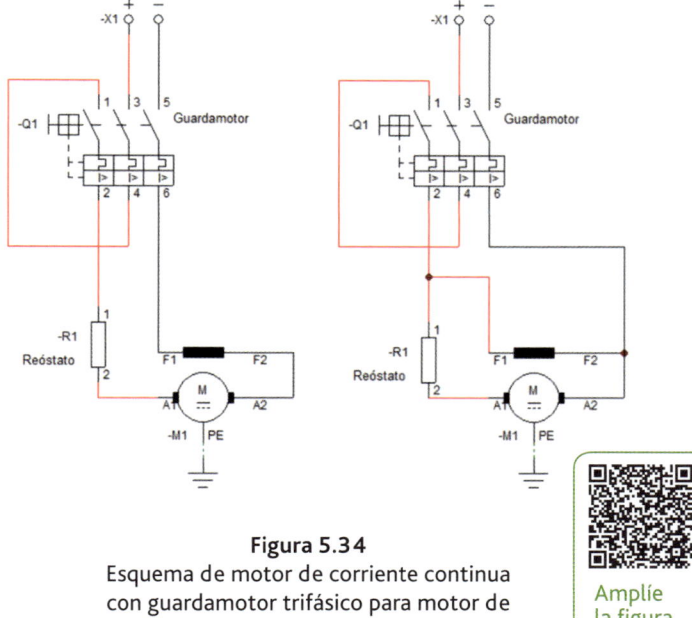

Figura 5.34
Esquema de motor de corriente continua con guardamotor trifásico para motor de continua con excitación en serie y derivación. Incluye limitación por reóstato.

PARA RECORDAR...

El esquema de la figura 5.34 también es utilizado para el conexionado de motores monofásicos.

Cálculo de los calibres de los fusibles en motores de corriente continua

El cálculo de la protección, es decir, del calibre del fusible, se determina sobredimensionando la intensidad nominal ($I_{nominal\ motor}$) en función del factor de arranque. El factor de arranque ($I_{arranque\ motor}$) es la relación entre la corriente nominal y la corriente pico que se produce durante el arranque, tal y como se indica en la siguiente ecuación:

$$F_{arranque} = \frac{I_{arranque\ motor}}{I_{nominal\ motor}}$$

Para el calibre del motor se escoge el valor inmediatamente superior al producto entre la intensidad nominal y el factor de arranque ($F_{arranque}$), para evitar desconexiones indebidas. La ecuación utilizada es la que se muestra a continuación:

$$I_{fusible} \geq I_{nominal\ motor} \cdot F_{arranque}$$

Es recomendable consultar las especificaciones técnicas del fabricante del motor de continua, por si indica el factor de arranque a considerar.

EJEMPLO 5

Escoger un fusible para un motor cuya corriente nominal es de 10 A y cuya intensidad de arranque es de 15 A.

El procedimiento a seguir consistirá en realizar el cálculo de la intensidad del circuito y seleccionar en la tabla el modelo que se ajuste a las condiciones de funcionamiento:

$$P_{motor} = V_b \cdot I_{motor} \Rightarrow I_{motor} = \frac{P_{motor}}{V_b} = \frac{1000}{200} = 5\ A$$

Se calcula el factor de arranque:

$$F_{arranque} = \frac{15}{10} = 1.5$$

Se debe escoger una intensidad igual o superior a 15 A:

$$I_{fusible} \geq 10 \cdot 1.5 = 15\ A \longrightarrow I_{fusible} = 15\ A$$

Cálculo del relé térmico en motores de corriente continua

El relé térmico tiene un rango de regulación que depende de la intensidad nominal del motor de corriente continua, por lo que se deberá consultar la placa de características del motor y, al consultar en la tabla del fabricante, se escoge un valor que se encuentre dentro del rango de disparo térmico.

La diferencia radica en el conexionado, como se muestra en la figura 5.35, para que la intensidad pase por todas las láminas internas del relé térmico (porque están pensadas para un sistema trifásico), que se deformarán ante una sobrecarga, que accionará los contactos auxiliares.

EJEMPLO 6

Elegir el relé térmico para un motor de corriente continua con una intensidad nominal de 10 A.

Al consultar la tabla de ajuste, se escoge un valor donde en el rango de regulación del relé térmico esté el valor de 10 A. Es decir, se escoge el rango de 9 a 14 A, según la tabla de la figura 5.35, con un fusible de 16 A tipo aM, que se complementaría con el modelo BF12 de la tabla de la figura 5.31 con 2 polos en serie, de tipo DC-3.

En el montaje práctico se deberá ajustar al valor nominal.

EJEMPLO 6

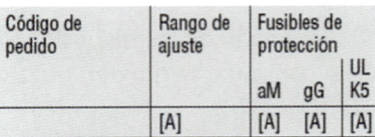

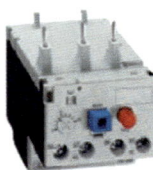

Código de pedido	Rango de ajuste	Fusibles de protección		UL K5
		aM	gG	
	[A]	[A]	[A]	[A]
REARME MANUAL O AUTOMÁTICO. Montaje directo en contactores BF09...BF38. Montaje independiente con accesorio RFX3804.				
RF380016	0,1...0,16	0,25	—	1
RF380025	0,16...0,25	0,5	—	1
RF380040	0,25...0,4	0,5	1	3
RF380063	0,4...0,63	1	2	3
RF380100	0,63...1	2	4	3
RF380160	1...1,6	2	4	6
RF380250	1,6...2,5	4	6	10
RF380400	2,5...4	4	6	15
RF380650	4...6,5	8	16	25
RF381000	6,3...10	10	20	40
RF381400	9...14	16	32	50
RF381800	13...18	25	40	70
RF382300	17...23	25	50	90
RF382500	20...25	32	50	100
RF383200	24...32	40	63	120
RF383800	32...38	40	63	150

Amplíe la figura aquí

Figura 5.35
Ejemplo de tabla de selección de relé térmico para los contactores de la figura 5.31 (cortesía de Lovato Electric).

Cálculo del guardamotor en motores de corriente continua

El guardamotor se elige en función de la corriente nominal del motor de corriente continua y la sensibilidad térmica (igual que lo comentado en el apartado anterior en relación con relé térmico). Según lo indicado con los catálogos de varios fabricantes, el conexionado es como el que se muestra en la figura 5.34, y su elección consiste en consultar las tablas buscando el que mejor se ajuste a la intensidad nominal de la placa de características.

Por consiguiente, a la hora de proteger un motor con un guardamotor se debe asegurar que cumple los requisitos de corriente y protección adecuados al motor a proteger.

Cálculo de secciones para motores de corriente continua

Para el cálculo de las secciones se tendrán en cuenta aspectos vistos en el capítulo anterior. El cálculo de la sección en función de la caída de tensión es el que se muestra en la siguiente ecuación:

$$S = 200 \cdot \frac{L \cdot P}{\gamma \cdot e \cdot V^2}$$

Para el cálculo, se continúa teniendo en cuenta un factor de corrección según ITC-BT-47 de 1.25 y las ecuaciones vistas en la unidad 3 con una caída de tensión del 5 %.

Para el valor de la intensidad del circuito se puede utilizar la siguiente ecuación o consultar la placa de características del propio motor:

$$I_n = \frac{P_{abs}}{V \cdot cos\varphi}$$

Los valores normalizados de tensión para motores de corriente continua son: 12, 24, 40,110, 220, 440, 600 y 750 V. Por lo que, teniendo en cuenta los valores de potencia del motor indicados en kW y CV, se puede calcular la intensidad absorbida a diferentes tensiones, como se puede ver en la tabla 5.5.

POTENCIA DEL MOTOR		INTENSIDAD ABSORBIDA [A] EN FUNCIÓN DE LA TENSIÓN			
kW	CV	110V	220V	440V	500V
0.37	0.5	4.52	2.36	1.13	1.00
0.55	0.75	6.60	3.30	1.65	1.46
0.74	1.0	8.58	4.29	2.15	1.89
1.10	1.5	12.7	6.35	3.18	2.80
1.47	2.0	16.5	8.25	4.13	3.64
1.84	2.5	20.5	10.4	5.16	4.56
2.21	3	32.3	12.3	6.13	5.40
2.95	4	39.4	16.2	8.16	7.10

Tabla 5.5
Ejemplos de intensidad absorbida para distintos valores de potencia en función de la tensión.

5.8 Variación de velocidad en máquinas rotativas de corriente continua

Introducción

La velocidad de giro de un motor de continua es directamente proporcional a la tensión aplicada al inducido e inversamente proporcional al flujo magnético. Por consiguiente, se puede modificar la velocidad:

- Cambiando la resistencia del inductor, variación del flujo inductor.
- Cambiando la tensión del inducido.
- Cambiando la resistencia del inducido.

Regulación de velocidad reóstatica

La forma clásica de regular la velocidad del motor, es mediante la conexión en serie de un reóstato al bobinado. Aunque parece una forma sencilla de instalación eléctrica, el montaje presenta el inconveniente del uso del voluminoso reóstato.

Regulación mediante rectificadores controlados

Dispone de un puente controlado por tiristores, utiliza un circuito de disparo o control, el cual regula la corriente en el inducido. Suelen utilizar como elemento de control externo un potenciómetro de regulación.

Podría ser una solución más económica que el uso de variadores de velocidad, pero requiere de un mayor número de elementos, lo cual se traduce en un mayor cableado, puesto que requiere la circuitería electrónica de control de los tiristores.

En la figura 5.36, se muestra el ejemplo de un control electrónico de la velocidad de un motor de corriente continua por puente trifásico de control total, que está formado por seis tiristores.

La utilización de este tipo de variación de velocidad se adapta bien a todas las aplicaciones. Los únicos límites vienen impuestos por el propio motor de corriente continua, en especial por la dificultad de conseguir velocidades elevadas y la necesidad de mantenimiento. Existen otras configuraciones, como el rectificador semicontrolado (un tiristor de cada línea se sustituye por un diodo), los que utilizan 1 o 2 tiristores para alimentación de redes monofásicas, o ampliación para el control del sentido de giro.

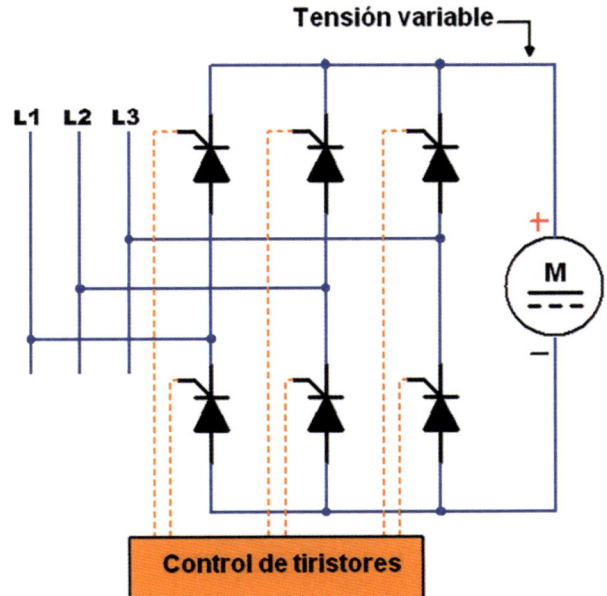

Figura 5.36
Circuito de electrónica de potencia de control de velocidad motor de corriente continua.

Regulación por variadores de velocidad

Permiten regular de forma suave mediante un potenciómetro; regulan la corriente de uno de los bobinados y, por lo tanto, su velocidad. Dispone de entradas digitales para el control de marcha y parada del motor, así como de la inversión del sentido de giro, e incluso el frenado del motor.

La alimentación se realiza a través de la red eléctrica, tanto monofásica como trifásica en corriente alterna. Por consiguiente, el equipo se encarga de generar la corriente continua para alimentar al motor.

Hay que tener en cuenta el tipo de motor; por ejemplo, se muestran en la figura 5.37 los esquemas para alimentación monofásica y trifásica para un motor de imán permanente, donde se puede ver un contacto que se cierra cuando le llega alimentación al variador, es decir, cuando se cierra el magnetotérmico (Q1 y Q2). El control de la puesta en marcha se realiza a través del interruptor (S1 y S2), y la velocidad se regula a través de un potenciómetro externo. El contacto RA-RC se cierra cuando le llega alimentación al variador y puede servir para realizar tareas de automatización del control del motor.

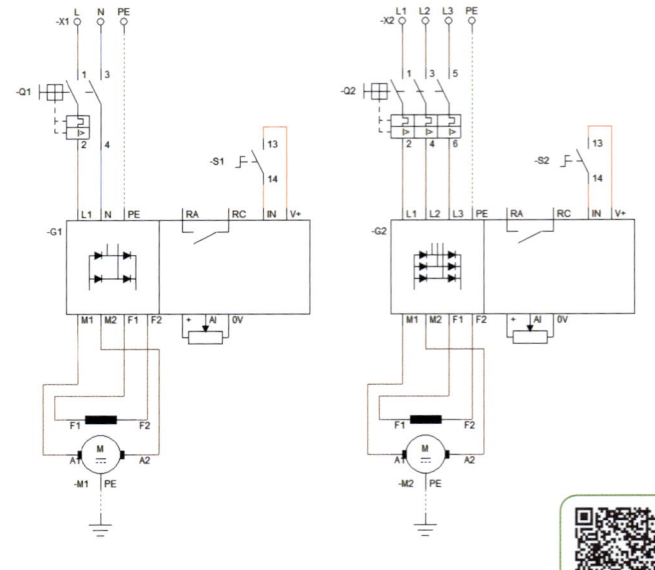

Figura 5.38
Esquema de potencia de control de velocidad de motor de corriente continua de excitación independiente conectado a un sistema de alimentación monofásico y trifásico.

Amplíe la figura aquí

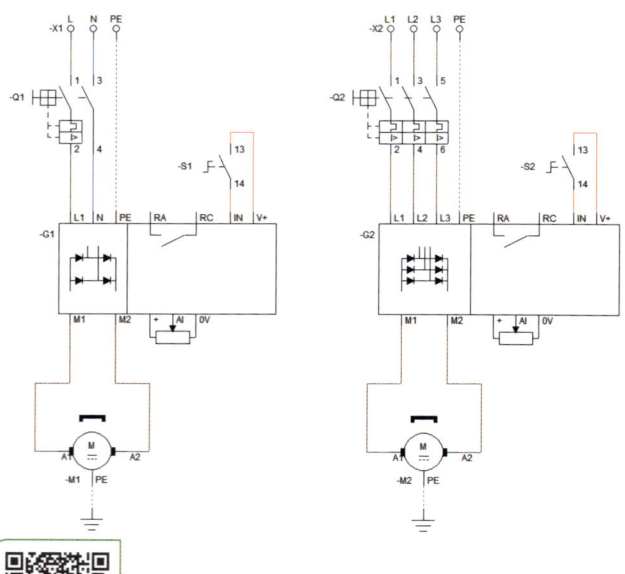

Figura 5.37
Esquema de potencia de control de velocidad de motor de corriente continua de imán permanente conectado a un sistema de alimentación monofásico y trifásico.

Amplíe la figura aquí

En la figura 5.38, se muestra cómo sería el cambio de utilizar un variador para el conexionado de motores *shunt* o serie, donde se ha incluido el conexionado del bobinado de excitación. El control es igual al comentado en la figura anterior.

PARA SABER MÁS…

Aunque las referencias en los esquemas de los apartados 5.7 y 5.8 no se corresponden con la norma UNE 81346, su uso sigue siendo el más extendido. Como complemento, dispone en el siguiente QR de las referencias actualizadas.

Como características de control, se puede incluir el tiempo de aceleración y el tiempo de desaceleración, partiendo del valor de tensión nula hasta el valor máximo y desde el valor máximo hasta la tensión nula, siendo el valor máximo también configurable e irá en función de las características del motor.

A modo de ejemplo, se incluye un equipo comercial de un variador de velocidad para motores de corriente continua en la figura 5.39, donde se puede ver que su formato es igual al de los variadores de corriente alterna.

Figura 5.39
Variador de velocidad de motor de corriente continua
(cortesía de Siemens).

Una vez se obtienen las medidas, se puede transcribir a una tabla ym posteriormentem se puede implementar en una gráfica, y obtener así la curva de velocidad del motor (r se mide antes de realizar el proceso).

Característica par motor

Se monta el circuito de la figura 5.41, y se dispone un freno acoplado al eje del motor a ensayar. Se utilizan frenos dinámicos que disponen de un freno dinámico con un transductor para medir el par (en N/m).

El proceso de medida consiste en:

1. Montar el circuito.

2. Arrancar el motor a ensayar.

3. Regular el dinamo de freno para conseguir diferentes valores de intensidad.

4. Anotar los valores.

5.9 Ensayos de máquinas rotativas: motores de corriente continua

Introducción

La realización de ensayos sirve para determinar las características de funcionamiento de las máquinas eléctricas. El proceso de ensayo y las herramientas necesarias dependerán del tipo de ensayo y de la máquina. Se obtienen las curvas de velocidad y de par para los motores de continua, y las principales pérdidas (cobre, hierro y mecánicas).

Característica de velocidad

Se monta el circuito de la figura 5.40, y se hace funcionar el motor en vacío sin modificar la corriente de excitación, de tal forma que se varía la tensión aplicada con valores crecientes. La velocidad se mide utilizando un tacómetro sobre el eje.

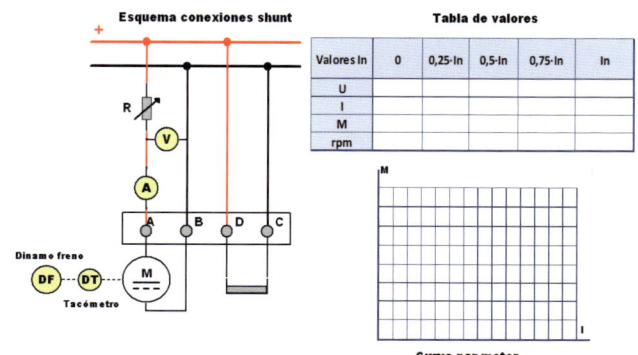

Valores In	0	0,25·In	0,5·In	0,75·In	In
U					
I					
M					
rpm					

Curva par motor

Figura 5.41
Circuito de ensayo del par motor
y tablas de recogida
de datos de un motor
de corriente continua.

Amplíe la figura aquí

Material recomendado para realizar los ensayos

El material se debe ajustar al ensayo a realizar, pero se puede utilizar para cualquier motor de continua:

☐ Un dinamo freno y sus complementos

☐ Reóstato adecuado

☐ Voltímetro para corriente continua con alcance adecuado

☐ Amperímetro para corriente continua con alcance adecuado

☐ Tacómetro de rango (figura 5.42): 0-3000 rpm

☐ Complementos de conexionado

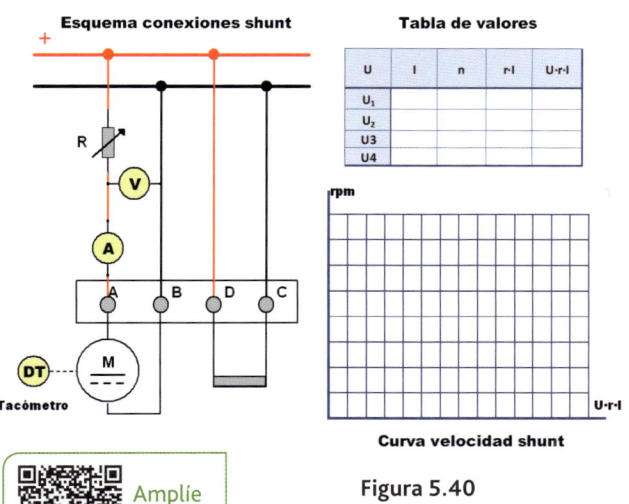

U	I	n	r·I	U-r·I
U₁				
U₂				
U3				
U4				

Curva velocidad shunt

Amplíe la figura aquí

Figura 5.40
Circuito de ensayo de velocidad
y tablas de recogida de datos
de un motor de corriente continua.

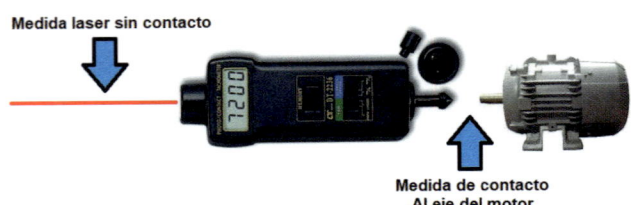

Figura 5.42
Ejemplo de medida de velocidad con tacómetro portátil.

Calentamiento de la máquina

Durante el ensayo en carga (medida del par) se tiene que hacer un seguimiento de los valores que va tomando la temperatura a lo largo del tiempo. Estos se anotarán en una tabla para, posteriormente, llevarlo a una gráfica (figura 5.43), mientras se hace funcionar el motor en carga nominal partiendo de la temperatura ambiente.

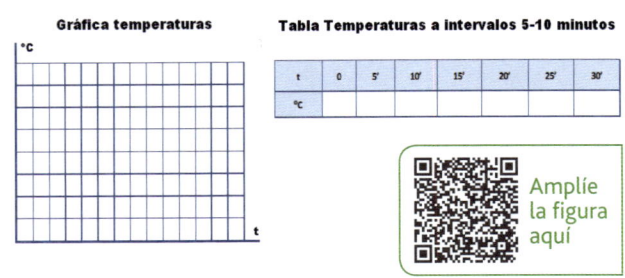

Figura 5.43
Ejemplo de tabla para recogida de datos de temperatura.

Los calentamientos a medir son:

☐ Calentamiento local o de un punto determinado:

$$\Delta T = T_{máquina} - T_{ambiente}$$

☐ Calentamiento medio:

$$\Delta T = \frac{R_{caliente} - R_{frío}}{R_{frío}} \cdot (235 + T_{ambiente})$$

La medida se debe realizar con instrumentos adecuados, es decir, termómetros; actualmente se utilizan electrónicos digitales con rangos comprendidos entre: -50-1300 °C.

Informe de los ensayos realizados

Una vez realizados todos los ensayos, se debe redactar una memoria donde se hace constar:

☐ Material empleado, con sus características más relevantes

☐ Datos obtenidos, reflejados en las tablas y gráficos

☐ Cálculos necesarios

☐ Conclusiones, realizando todas las observaciones que se estime oportuno

5.10 Mantenimiento y reparación de máquinas rotativas de corriente continua

Introducción

Continuando con lo visto en el apartado 3.15, se incluyen en este apartado una serie de apuntes relacionados con los motores de corriente continua. Los aspectos generales tratados sobre el mantenimiento de máquinas rotativas también se aplican a los motores de corriente continua, tales como:

☐ Tipos de mantenimiento

☐ Mantenimiento preventivo:

☐ Parte de la instalación eléctrica

☐ Parte mecánica

Se recuerda que los objetivos de un buen mantenimiento son:

☐ Contribuir a un mejor nivel de servicio, garantizando su seguridad.

☐ Prolongar la vida de la instalación.

☐ Evitar gastos inútiles ocasionados por pérdidas y depreciación de la instalación.

Las medidas que se realizan en las máquinas rotativas de corriente continua para realizar un seguimiento de su estado (mantenimiento) son:

☐ Localización de contactos a masa

☐ Localización de cortocircuitos

☐ Localización de conductores cortados

☐ Determinación de la polaridad correcta

PARA RECORDAR...
Se podrán ver las similitudes con las comprobaciones en los motores de corriente alterna.

Localización de contactos a masa

La anomalía, al igual que en motores de corriente alterna, es debida a un contacto a masa de cualquiera de las partes activas. Es decir, se produce un contacto indirecto, y se comprueba mediante la medida de aislamiento.

De tal forma que un valor bajo indicará una pérdida de aislamiento. Para la medida se utiliza un megohmio.

La medida se realiza entre:

☐ Inductor y masa

☐ Inducido y masa

☐ Escobilla y masa

☐ Portaescobillas (sin escobilla) y masa

El proceso para realizar la medida es:

1. Desconectar el motor de la alimentación exterior, desde la caja de bornes, y eliminar cualquier puente que pudiera tener la conexión.

2. Proceder a la conexión de los elementos a medir, por ejemplo, entre una bobina y masa.

El proceso de medida para un motor de continua es el mismo que para el motor de alterna. Se muestra en la figura 5.44 un esquema con la medición de la resistencia de aislamiento de un motor de corriente continua, entre los distintos bobinados y las partes metálicas.

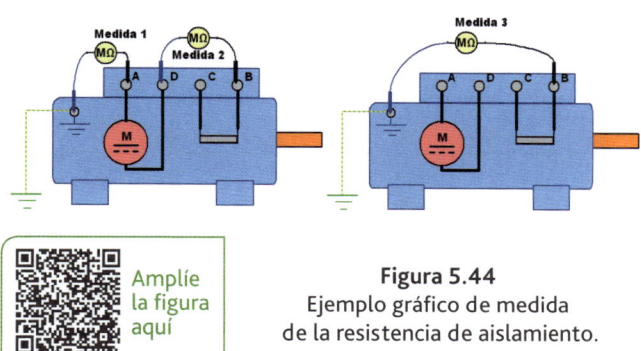

Amplíe la figura aquí

Figura 5.44
Ejemplo gráfico de medida
de la resistencia de aislamiento.

Para comprobar que las escobillas realizan un contacto correcto se puede realizar el siguiente proceso (figura 5.45):

1. Desconectar la fuente de alimentación del motor de corriente continua.

2. Liberar de la unión mecánica. Es decir, si el motor se encuentra montado se aislarán las partes metálicas, o sea la carcasa. Se deberá dejar libre el eje del motor para que se pueda girar sin dificultad.

3. Medir la continuidad en los bobinados del motor. Se puede utilizar un multímetro en la medida de ohmios en la escala más pequeña.

4. Girar el eje muy despacio, y comprobar que la resistencia va cambiando. Con ello se comprueba que las escobillas realizan un buen contacto.

5. Realiza la conexión entre los bobinados y masa metálica del motor.

6. Girar el eje como en el paso 4, y la medida debería ser en circuito abierto o no dar conexiones. El muelle de

las escobillas es el que suele realizar el contacto de cortocircuito.

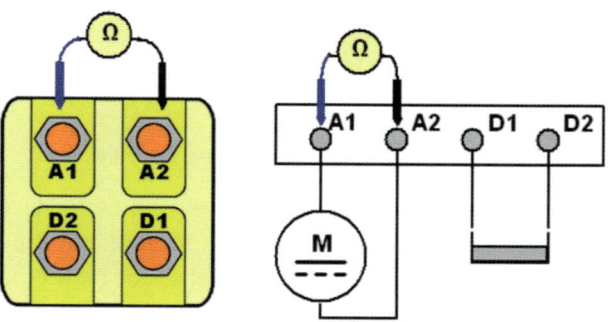

Figura 5.45
Comprobación con el óhmetro.

El cortocircuito se puede producir entre las espiras de un mismo bobinado: inductor o inducido. Su grado de peligrosidad puede variar, dependiendo de las espiras que queden cortocircuitadas. El síntoma más destacable es el aumento de temperatura. Cuantas menos espiras queden del resultado de la avería, mayor será la temperatura. Un elemento de comprobación externo puede ser un medidor de temperatura a distancia o una cámara termográfica.

Localización de conductores cortados o medida de continuidad

Estas anomalías, tanto si son el inductor o inducido, se manifiestan con dificultades en el arranque. Consisten en realizar la medida de continuidad en cada bobinado. En la figura 5.46 se muestra un ejemplo.

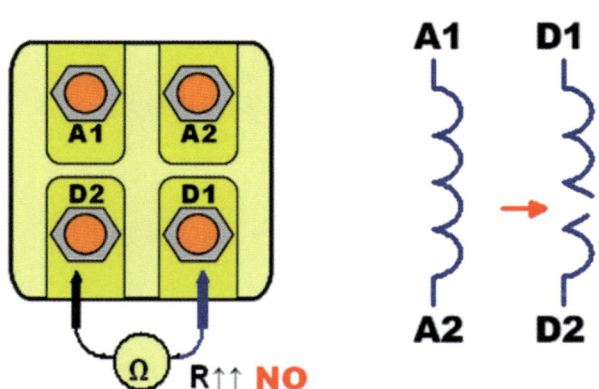

Figura 5.46
Localización de conductores cortados con medida de continuidad.

Determinación de la polaridad correcta

Para realizar la comprobación en el bobinado de motores de corriente continua, se puede detectar una bobina de campo invertida de un generador o de un motor probando con una brújula (figura 5.47). Para realizar la prueba, el bobinado se debe conectar a una fuente de tensión de corriente continua no mayor que la nominal, y la polaridad de cada polo deberá ser probada con la brújula. Los polos deberán ser alternativamente norte y sur alrededor de la carcasa o estator.

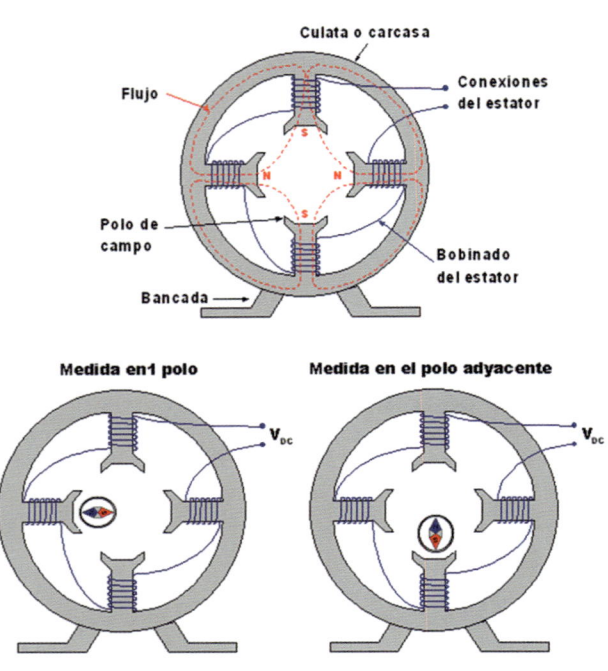

Figura 5.47
Comprobación de la polaridad en motor de continua.

Verificaciones eléctricas

Las verificaciones eléctricas para los motores de corriente continua son las mismas que las tenidas en cuenta para motores de corriente alterna. Pero, particularizando para los motores de corriente continua, se realizará la medida de la corriente en cada uno de los bobinados. Dicha corriente y tensión de cada bobinado aparece en la placa de características del motor.

Las principales medidas a realizar en un motor de corriente continua son:

☐ La tensión: en bornes del inductor y el inducido. Mediante el uso de un multímetro seleccionado voltaje o voltímetro.

☐ La intensidad: en serie con el inductor y el inducido. Se puede utilizar una pinza amperimétrica.

☐ La velocidad: se puede utilizar un tacómetro.

☐ La potencia: se mide con un vatímetro.

A modo de ejemplo, se muestran en la figura 5.48 las medidas a realizar de una forma gráfica para un motor de corriente continua en excitación en serie.

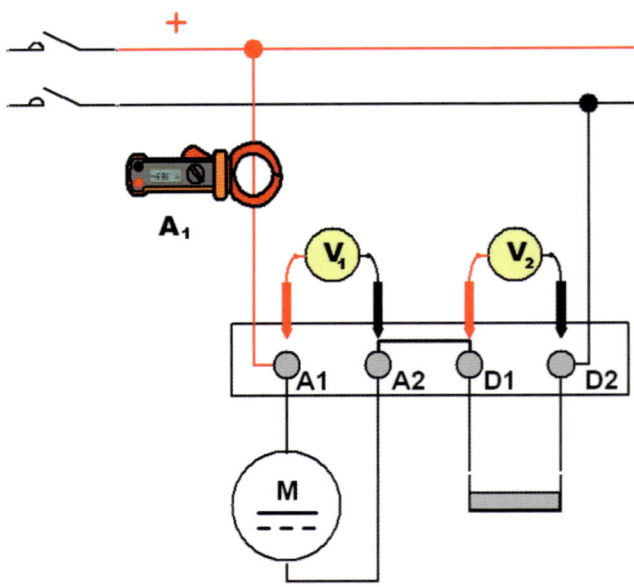

Figura 5.48
Medidas en un motor de corriente continua en excitación serie.

5.10 Averías típicas en motores de corriente continua

En la tabla 5.5 se muestran las principales averías que se pueden producir en los motores de corriente continua, indicando el síntoma que se produce sobre el motor, la posible causa que lo provoca y cómo solucionarlo.

5.11 Bobinados de corriente continua inducido

Tipos y cálculos

El bobinado del inducido (rotor) puede ser:

- En anillo: las espiras se arrollan como si se tratará de un anillo sobre la armadura del inducido.

- En tambor: cada uno de los lados activos de cada bobinado se coloca sobre la superficie. Es el más utilizado (figura 5.49), se puede realizar en una o dos capas, denominadas inferior o superior.

Síntomas	Causas posibles	Verificación y soluciones
El motor no arranca en vacío y no produce ningún ruido.	La red no tiene tensión.	Comprobar tensión.
	El circuito inducido está cortado.	Verificar los circuitos, incluyendo el reóstato de arranque.
El motor arranca en vacío y se embala.	Parte del circuito inductor está cortado.	Comprobar circuitos, incluyendo el reóstato de arranque.
El motor va a tirones.	Cortocircuito en el bobinado de inducido o entre delgas.	Limpiar colector y comprobar bobinas del inducido.
El motor arranca muy lentamente.	Falta excitación.	Verificar que en el arranque todas las resistencias están metidas.
El motor arranca en sentido contrario.	Conexión de excitación cambiada.	Revisar y cambiar conexiones.
El motor no aguanta la carga.	Mala posición de las escobillas.	Corregir posiciones de las escobillas.
	Tensión baja, o se ha producido una bajada de tensión.	Comprobar tensión.
El motor gira muy rápido y oscila en carga.	Mala posición de las escobillas.	Corregir posiciones de las escobillas.
	Circuito excitador interrumpido o conectado erróneamente.	Verificar circuitos inductores.
El motor se calienta exageradamente.	Carga excesiva.	Reducir la carga.
	Cortocircuito inducido.	Verificar bobinado de inducido.
	Mala ventilación.	Limpiar circuitos de ventilación.
	Tensión muy baja.	Localizar avería en la red.
Chispas excesivas o fuego en el colector.	Colector sucio o mal ranurado.	Limpiar, ranurar y tornear si es necesario.
	Cortocircuito entre delgas.	
	Escobillas estropeadas.	Cambiar y asentar escobillas.
	Mala posición de las escobillas.	Corregir posición de escobillas.
	Polos auxiliares averiados.	Verificar continuidad y conexiones.
Calentamiento de los cojinetes.	Lubricante en mal estado.	Cambiar lubricante.
	Rodamientos estropeados.	Sustituir cojinetes de bolas.
	Acoplamiento defectuoso.	Verificar el acoplamiento entre motor y máquina accionada.

Tabla 5.5 Averías típicas en motores de continua.

PARA RECORDAR...

El bobinado en tambor es el más utilizado, por lo que los cálculos se centran en este tipo de bobinado.

Figura 5.49
Ejemplo de bobinado en tambor.

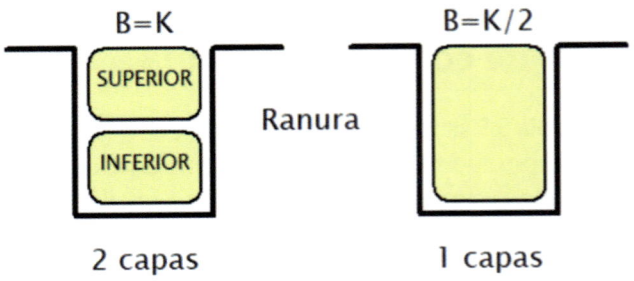

Figura 5.51
Capas en el bobinado.

El bobinado puede ser en abierto o cerrado. El más utilizado en corriente continua es el cerrado sobre el colector de delgas (se conectarán a través de las escobillas) que, a su vez, se dividen en imbricado (la corriente circula en espiral o espiras en serie, con sus dos extremos libres) u ondulado (la corriente avanza en forma de ondas). Se muestra en la figura 5.50.

Las secciones inducidas o conjunto de espiras que se conectarán entre dos delgas del colector se corresponden con una sección inducida.

Aclaración: una bobina con dos extremos tendrá una sección inducida, cuatro extremos corresponderán a dos secciones inducidas, y así sucesivamente.

El número de delgas (D) tiene que ser igual al número de secciones inducidas del bobinado (S) por el producto del número de bobinas (B) por el número de secciones inducidas por bobina (U):

$$D = S = B \cdot U = K \cdot U$$

El paso polar (Y_p) o número de ranuras para cada polo o distancia entre polos consecutivos se calcula como el cociente entre el número de ranuras (K) entre el número de pares de polos (2p):

$$Y_p = \frac{K}{2p}$$

Se pueden dar las siguientes relaciones entre el paso polar (Y_K) y el paso de bobina (Y_K en la figura 5.52, también se denomina como: ancho de bobina o distancia entre los dos lados de una bobina):

□ Bobina de paso diametral: $Y_K = Y_P$ (para el cálculo se tomará esta consideración)

□ Bobina de paso acortado: $Y_K < Y_P$

□ Bobina de paso alargado: $Y_K > Y_P$

ANOTACIÓN

Los bobinados del inducido de motores de corriente continua son todos concéntricos, no hay excéntricos.

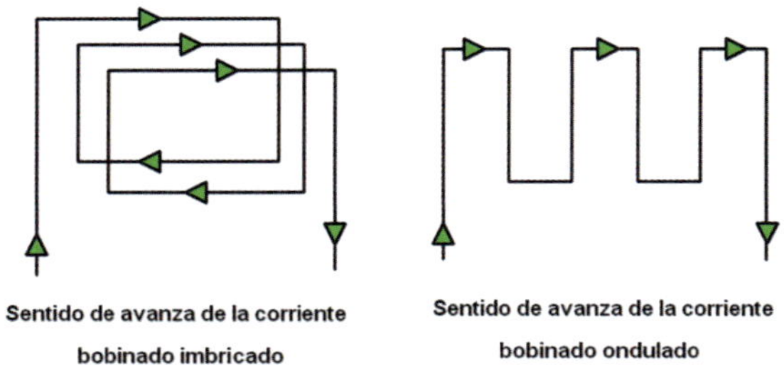

Sentido de avanza de la corriente
bobinado imbricado

Sentido de avanza de la corriente
bobinado ondulado

Amplíe la figura aquí

Figura 5.50
Tipos de bobinados concéntricos.

ANOTACIÓN

Para el cálculo se tendrá en cuenta que el paso de bobina y el paso polar tienen el mismo valor; después se puede alargar o acortar.

Todos los bobinados son de las misma longitud y número de espiras. En los bobinados de dos capas el número de bobinas (B) será igual al número de ranuras (K). Son los más utilizados.

$$B \,(dos\ capas) = K$$

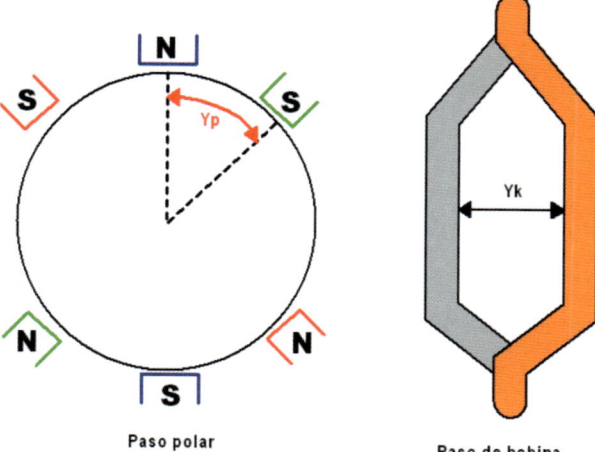

Figura 5.52
Representación gráfica entre paso polar y paso de bobina.

El ancho de sección o distancia medida en secciones inducidas entre los lados activos de una misma sección viene dado por la siguiente expresión (figura 5.53):

$$Y_1 = Y_K \cdot U$$

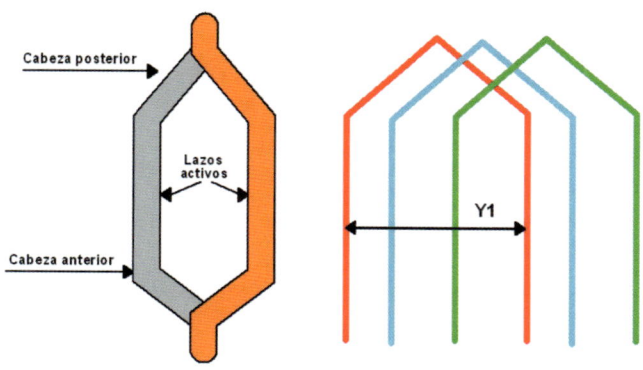

Figura 5.53
Ancho de sección.

El paso de escobilla sirve para hallar dónde estarán las conexiones a las delgas:

$$Y_{escobilla} = \frac{D}{2p}$$

Para que se pueda realizar el bobinado, el cociente entre el número de ranuras (K) y el número de polos (p) tiene que ser un valor entero:

$$\frac{K}{p} = Entero \ para \ que \ se \ pueda \ realizar.$$

EJEMPLO 7

Calcular y dibujar el esquema del bobinado de un inducido imbricado simple con las siguientes características: K=16, 2p=4 (p=2), U=1, B=K e imbricado progresivo (Ycol=+1).

Pasos para calcular el bobinado imbricado simple:

1. Comprobar ejecución

$$\frac{K}{p} = \frac{16}{2} = 8 \rightarrow \text{Como es entero, se puede realizar}$$

2. *Paso de ranuras*

$$Y_K \cong Y_p = \frac{K}{2p} = \frac{16}{2 \cdot 2} = \frac{16}{4} = 4$$

3. *Número de delgas*

$$D = S = B \cdot U = 16 \cdot 1 = 16$$

4. *Ancho de sección:*

$$Y_1 = Y_K \cdot U = 4 \cdot 1 = 4$$

6. *Paso de escobilla:*

$$Y_{escobilla} = \frac{D}{2p} = \frac{16}{2 \cdot 2} = \frac{16}{4} = 4$$

La representación del bobinado es la que se muestra en las figuras de 5.54 a 5.56.

Representación

Para incluir la representación se incluyen, por un lado, las ranuras, las delgas y las conexiones a la escobilla (figura 5.54). Después, se empiezan a realizar las conexiones de forma progresiva de cada uno de los bobinados; se representa por una línea continua la que sube y una discontinua la que baja (figura 5.55). Se sigue el proceso para incluir todos los bobinados que pasan por cada ranura hasta la conexión de las escobillas (figura 5.56 superior). Finalmente se completaría hasta completar todo el bobinado (figura 5.57 inferior).

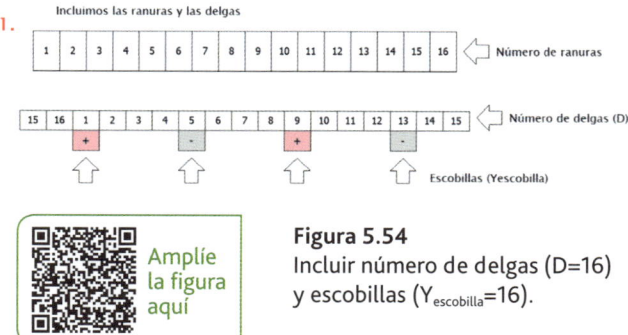

Amplíe la figura aquí

Figura 5.54
Incluir número de delgas (D=16) y escobillas ($Y_{escobilla}$=16).

2.

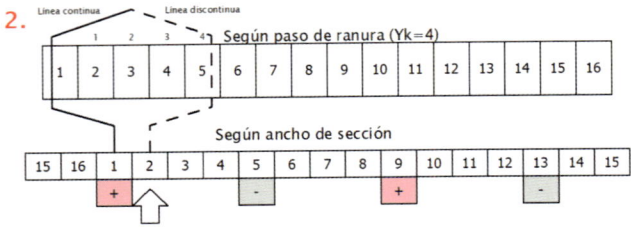

Amplíe la figura aquí

Figura 5.55
Inicio del bobinado.

3.

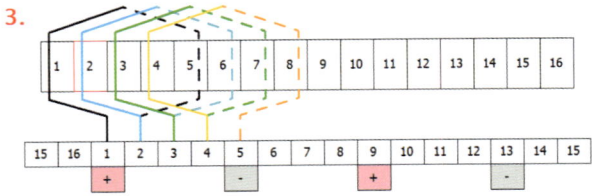

4.

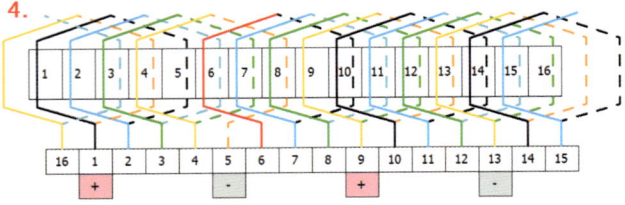

Amplíe la figura aquí

Figura 5.56
Repetir el proceso.

PARA RECORDAR...

En el caso de un bobinado imbricado, la K y la B son pares, mientras que en un bobinado ondulado K y B son impares.

Mapa conceptual

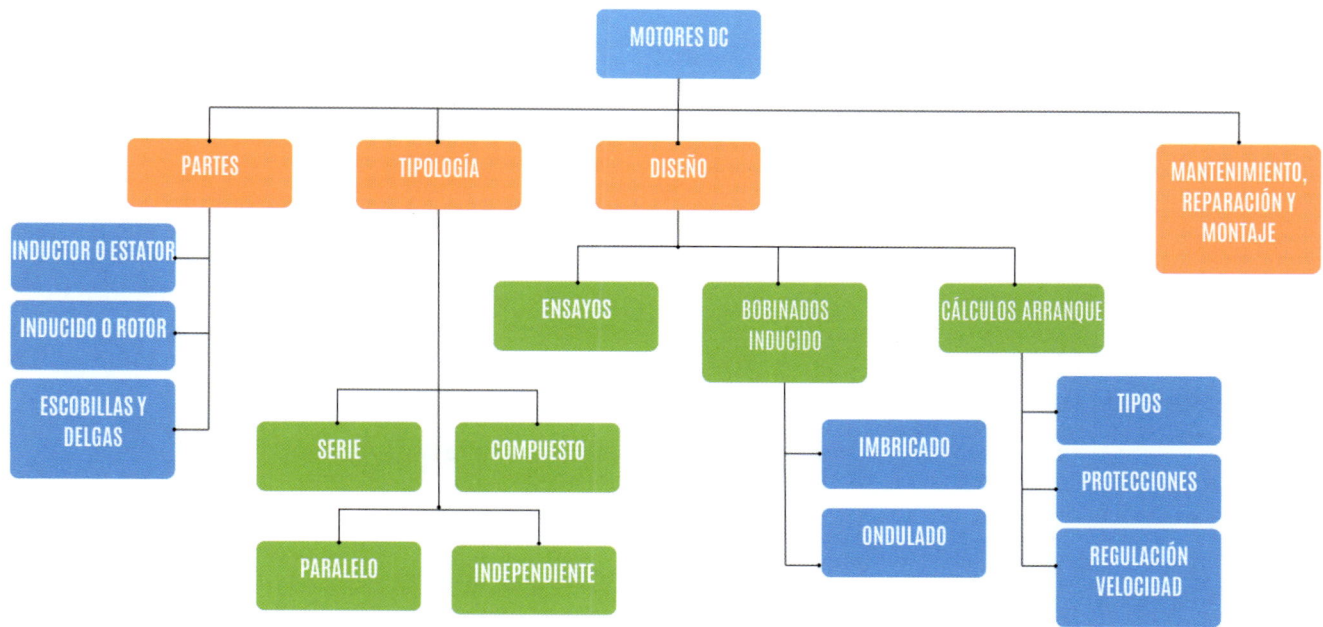

Figura 5.57
Mapa conceptual de montaje y maniobras de motores de corriente continua.

1. **El inductor en un motor de corriente continua se encuentra en:**

   a) Estator

   b) Rotor

   c) Indistinto en función del modo de conexión

2. **Un motor de corriente continua acciona la rueda trasera de una moto eléctrica de batería para niños. Si dicho motor se alimenta con una tensión de 24 V y en estos momentos está absorbiendo una intensidad de 2 A, ¿qué potencia eléctrica está desarrollando el motor en estos momentos?**

   a) 12 W

   b) 48 W

   c) 48 VA

3. **Si la potencia útil de un motor de c.c. es de 0.5 CV y su rendimiento es del 91 %, calcula su potencia absorbida en watios (W).**

   a) 368 W

   b) 0.55 W

   c) 404 W

4. **Generalmente, para cambiar el sentido de giro de un motor de c.c. se deberá:**

   a) Invertir la polaridad de los cables de alimentación en motores de imán permanente o la polaridad del bobinado inducido en motores con inductor e inducidos bobinados.

   b) Invertir la polaridad de los cables de alimentación en motores de imán permanente o la polaridad del bobinado inductor en motores con inductor e inducidos bobinados.

   c) Invertir la polaridad de los cables de alimentación en todos los motores de c.c. sea cual sea el bobinado.

5. **Tenemos una máquina con una polea de grandes dimensiones en la que necesitamos un buen par de arranque para hacerla girar y esta tiene una gran inercia. ¿Qué motor de c.c. sería necesario acoplar para accionar la polea?**

   a) Motor con excitación independiente

   b) Motor con excitación serie-paralelo (compuesto o compound)

   c) Motor con excitación en derivación

6. **¿Qué motor de c.c. generalmente se utiliza en las máquinas herramientas debido a su gran estabilidad y precisión?**

   a) Motor con excitación independiente

   b) Motor con excitación serie

   c) Motor con excitación en derivación o compuesto

7. **¿Cómo se puede aumentar la vida eléctrica de los polos de un contactor que controla un motor de c.c.?**

   a) Conectándolos en serie.

   b) Conectándolos en paralelo.

   c) Conectándolos en serie y paralelo (mixto).

8. **¿Qué combinaciones de protecciones eléctricas se suelen utilizar para proteger un motor de c.c.?**

   a) Instalación de fusible + relé térmico o instalación de guardamotor

   b) Instalación de guardamotor + relé térmico o instalación fusible + guardamotor

   c) Instalación de relé térmico o instalación de guardamotor

9. **¿Qué puede estar ocurriendo cuando aparecen chispas excesivas en el colector de un motor de c.c.?**

   a) Parte del circuito inductor está cortado.

   b) Carga excesiva.

   c) Colector sucio.

10. **Según los valores normalizados de motores de c.c. y observando la tabla de intensidad absorbida para distintas potencias y tensiones, ¿qué intensidad absorbe un motor de 2.5 CV conectado a la tensión de 440 V?**

    a) 5.16 A

    b) 16.2 A

    c) 4.56 A

1. **Principios de funcionamiento**

   a) ¿Qué fuerza actúa sobre un conductor cuando pasa una corriente eléctrica y se sumerge en un campo magnético?

   b) ¿Por qué los motores de corriente continua fueron los primeros en ser utilizados antes que los de corriente alterna?

2. **Componentes de los motores de corriente continua**

   a) ¿Cuál es la función del inductor o estator en un motor de corriente continua?

   b) ¿Qué papel juegan las escobillas en el funcionamiento de un motor de corriente continua?

3. **Cálculos básicos**

   a) ¿Qué es la fuerza contraelectromotriz y cómo se calcula?

   b) ¿Cómo se determina la corriente de arranque de un motor de corriente continua?

4. **Tipos de motores de corriente continua**

   a) ¿Cuál es la principal característica de un motor de derivación (shunt)?

   b) ¿En qué aplicaciones se utilizan comúnmente los motores de excitación serie?

5. **Variación de velocidad**

   a) ¿Qué métodos se pueden utilizar para variar la velocidad de un motor de corriente continua?

   b) ¿Cuál es la ventaja de utilizar rectificadores controlados para la regulación de velocidad?

6. **Ensayos y mantenimiento**

   a) ¿Qué instrumentos se utilizan para medir la velocidad y el par de un motor de corriente continua durante los ensayos?

   b) ¿Cuáles son las causas comunes de fallos en los motores de corriente continua y cómo se pueden solucionar?

7. **Tipos y cálculos de bobinados**

   a) ¿Cuál es la diferencia entre un bobinado en anillo y un bobinado en tambor?

   b) ¿Cómo se calcula el paso polar (Yp) en un motor de corriente continua?

ACTIVIDAD 1

Relaciona las letras que aparecen en los símbolos/partes de motores de CC que se muestran abajo.

	Motor de CC bobinado *compound*.
	Motor de CC bobinado serie.
	Motor de CC bobinado independiente.
	Motor de CC bobinado *shunt* o derivación
	Bobinado inductor.
	Bobinado inducido.

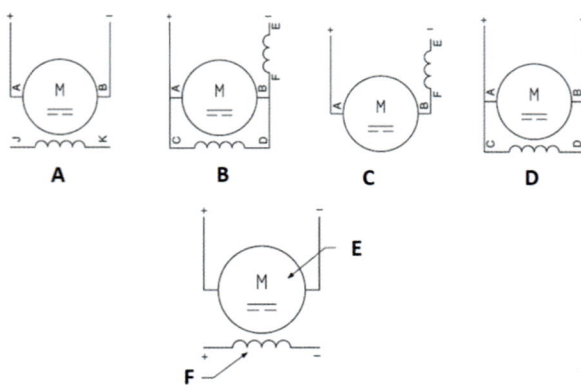

ACTIVIDAD 2

Calcula y dibuja el esquema del bobinado de un inducido imbricado simple con las siguientes características: K=16, 2p=4 (p=2), U=1, B=K e imbricado progresivo (Ycol=+1).

ACTIVIDAD 3

Tenemos un motor de corriente continua con las siguientes características:

Potencia=104 kW

Velocidad nominal=1680 rpm

Tensión inducida=400 V

Tensión excitación=220 V

Potencia de excitación=1.9 kW

Intensidad nominal=259 A

Rendimiento=90.7 %

Calcula:

    a) Potencia absorbida eléctrica

    b) Potencia útil en el eje del motor

    c) Potencia pérdida

    d) Par nominal a 1680 rpm

    e) Potencia útil a 1500 rpm, sabiendo que el par es constante al variar la velocidad

    f) Intensidad de excitación

U 6

Otros tipos de motores

En esta unidad va a estudiar:

- Otros tipos de máquinas eléctricas rotativas (motores): motor paso a paso, servomotor, universal y monofásico.

- Conexionado de otros tipos de máquinas eléctricas rotativas (motores).

Con su estudio, va a ser capaz de:

- Conocer otros tipos de máquinas eléctricas rotativas utilizadas en diversas instalaciones eléctricas.

- Interpretar esquemas de una instalación de otras máquinas eléctricas de corriente alterna (motores).

- Montar instalaciones con máquinas eléctricas de corriente continua verificando su puesta en marcha (motores).

6.1 Introducción

En esta unidad se explican otros tipos de motores, más específicos, que actualmente se encuentran presentes en muchas aplicaciones, y que presentan ciertas diferencias en relación con las características vistas en los apartados anteriores. Por su uso conviene nombrarlos y ver sus principales características.

Por ejemplo, den el mercado se dispone de motores de corriente continua sin escobillas (motores paso a paso), puesto que este elemento es el principal inconveniente que tienen los motores de continua para su mantenimiento, debido al desgaste y chisporroteo entre la escobilla y las delgas, que pueden provocar interferencias. También se denominan *brushless*.

Otro tipo son los universales, que son una variación de los motores de alterna y que disponen de escobillas para las conexiones eléctricas del rotor. Estos motores están presentes en gran variedad de herramientas eléctricas de mano.

Además, se incluyen en este capítulo las nociones básicas de los motores de alterna monofásicos, muy extendidos en varias aplicaciones donde no se dispone de suministro trifásico. Y los servomotores, que disponen de una nueva funcionalidad mediante el uso de sensores y elementos de control, cuyo uso principal se da en aplicaciones industriales y en sistemas robóticos, para el control de posición a cierta velocidad.

6.2 Motor paso a paso

Funcionamiento general

El motor paso a paso (figura 6.1) conocido también como motor de pasos (utilizando las siglas PaP, o *stepper*, siguiendo su referencia en inglés) es un dispositivo electromecánico que convierte una serie de impulsos eléctricos en desplazamientos angulares discretos, lo que significa que es capaz de girar una cantidad de grados (paso o medio paso) dependiendo de sus entradas de control.

Su funcionamiento consiste en ir alimentando (divididas en fases: A y B) las distintas bobinas para establecer los campos magnéticos en un orden secuencia que provoca el movimiento en el rotor. Se muestra en la figura 6.2 para un giro en ocho pasos.

Figura 6.1
Motor paso a paso (cortesía de Transmotec).

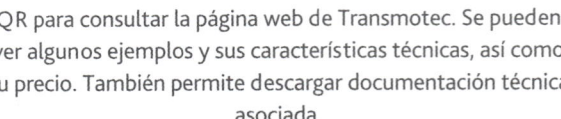

PARA SABER MÁS...

QR para consultar la página web de Transmotec. Se pueden ver algunos ejemplos y sus características técnicas, así como su precio. También permite descargar documentación técnica asociada.

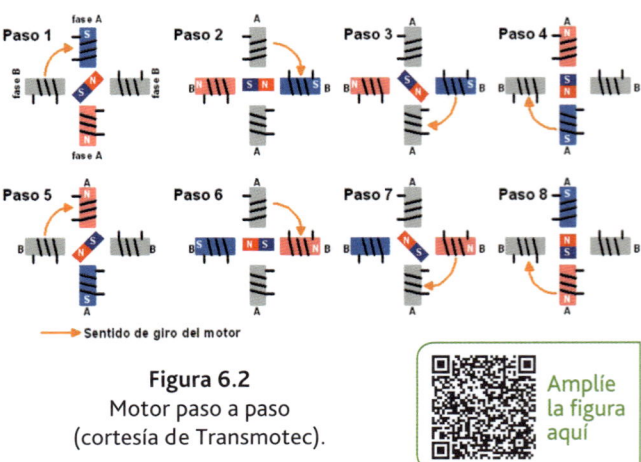

Figura 6.2
Motor paso a paso
(cortesía de Transmotec).

Amplíe la figura aquí

Las ventajas más importantes del uso de motores paso a paso son:

☐ **Control de la posición:** los motores paso a paso necesitan un circuito digital para moverse, por lo que se adaptan a aplicaciones en robótica; es decir, mediante *software* se indican los pasos por los que se conoce el ángulo que gira el motor. Aunque se requerirá de sensores externos para conocer exactamente la posición, como un *encoder*.

☐ **Control de la velocidad:** por *software* se controla la velocidad a la que se envían los pulsos, pudiendo controlar la aceleración y deceleración, controlando la inercia y freno, de tal forma que se pueden realizar movimientos suaves y fluidos.

☐ Se quedan **fijos en una posición**. Además, si se mantienen alimentadas las bobinas, el eje se mantendrá en su posición, sin necesidad de mecanismos adicionales.

□ **Máxima fuerza a baja velocidad:** tienen más fuerza cuando su movimiento comienza en reposo que cuando van a toda velocidad, por lo que es una buena opción cuando se necesita poca velocidad pero mucha fuerza.

Clasificación

En función del conexionado de los bobinados del motor de las dos fases, se dividen en:

□ **Unipolares** (figura 6.3): funcionan en una polaridad controlada por tensión, y la polaridad la controla la corriente generada en una bobina en concreto en cada momento. Permiten cambiar la polaridad en cada bobina (N o S) al modificar intercambiar la alimentación que invertirá el sentido del campo magnético del bobinado.

□ **Bipolares** (figura 6.4): funcionan en dos polaridades al mismo tiempo, por lo que la polaridad dependerá de la dirección del flujo de la corriente. En este caso, las bobinas de cada fase se interconectarán para permitir el flujo de corriente. Como ventaja respecto al motor unipolar, el motor bipolar tiene más par que un motor unipolar, aunque esto se produce a expensas de controles más complejos.

En la figura 6.3 y 6.4, se han incluido los símbolos eléctricos del motor paso a paso, diferenciando entre: unipolar y bipolar. Dichos símbolos son los utilizados en los esquemas eléctricos para realizar su interconexión.

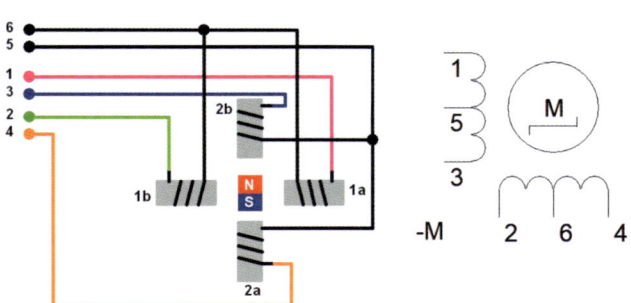

Figura 6.3
Dibujo conceptual de un motor unipolar y el método de conexión de sus devanados.

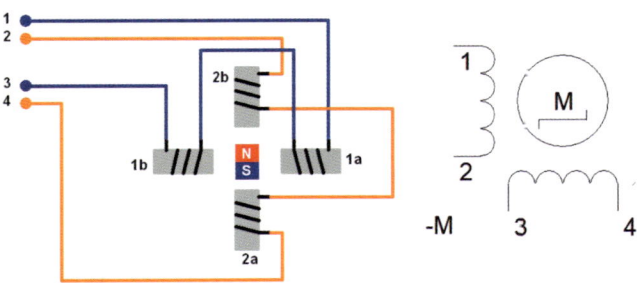

Figura 6.4
Motor bipolar y el método de conexión de sus devanados.

Partes constructivas

Al igual que el resto de los motores, los denominados paso a paso se dividen en:

□ Estator o parte fija: donde las bobinas se alojarán en unas muescas que quedarán imantadas cuando circule la corriente a través de dichas bobinas.

□ Rotor o parte móvil o giratoria: que estará formada por imanes que alternarán su polaridad para provocar el movimiento rotatorio. El número de imanes vendrá determinado por el número de muescas del estator.

En la figura 6.5, se pueden ver unos cortes que permiten ver las partes internas de un motor paso a paso.

Figura 6.5
Partes de un motor paso a paso.

Control de motores paso a paso

Para realizar el control de los motores paso a paso, se suelen utilizar circuitos electrónicos digitales que controlan los drivers de alimentación de los bobinados del motor. Dicho circuito electrónico se denomina controlador y éste utiliza el conocido control por modulación de ancho de pulso (PWM).

Figura 6.6
Controlador de un motor paso a paso
(cortesía de Transmotec).

Para seleccionar el controlador, hay que ajustarlo a las características del motor paso a paso a utilizar: tipo, número de fases y si es con o sin realimentación.

Características

Los principales parámetros de los motores paso a paso son:

- **Par motor o torque:** es lo que define la capacidad del motor para mover objetos. Normalmente se expresa en kilogramos por centímetro. Cuanto mayor sea, más potente será el motor.

- **Tensión de alimentación** del motor, y resistencia de las bobinas. Lo que nos indica la intensidad de la corriente que absorbe en carga.

- **Pasos por vuelta:** cuantos más, mejor precisión tiene el posicionamiento del motor. Se suele medir como numero de pasos por vuelta o por un ángulo que equivale a 360º de una vuelta dividido por el número de pasos.

6.3 Servomotor

Introducción

Un servomotor (también llamado servo) es un motor eléctrico que tiene la capacidad de ubicarse en cualquier posición dentro de su rango de operación y mantenerse estable en dicha posición (figura 6.7).

Figura 6.7
Ejemplos de servomotores.

Un servomotor es un sistema de control de lazo cerrado (servosistema) entre un motor y un controlador (denominado *servodriver*), que permite el control total de velocidad, posición y par (torque), con una alta precisión.

Pueden desarrollar un elevado par de velocidades muy pequeñas y, a su vez, son capaces de mover el eje en ángulos específicos. Al tratase de un sistema cerrado, dispondrá de sensores para para indicar continuamente posición, velocidad y corriente, y así realizar el control.

Partes constructivas

Las partes de un servomotor son las mismas que las de un motor (visto en los capítulos anteriores), con la salvedad de que incluyen los elementos de instrumentación que permitirán ajustar los parámetros de velocidad y posición. Puede tratarse tanto de un motor de corriente continua como de alterna, aunque actualmente la tendencia es que se utilicen los motores de corriente alterna.

En la figura 6.8, se muestra el despiece de un servomotor, y se identifica el motor para el movimiento y los elementos que servirán para su control: velocidad (tacómetro) y posición *(encoder)*. En el caso de la figura 6.8, se trata del control de un servomotor de corriente continua, por lo que dispone de las conexiones al rotor mediante escobillas. También se muestra, en la figura 6.9, el despiece de un servomotor de corriente alterna con conexión del *encoder* (en este caso no se dispone de la conexión del tacómetro). En ambas figuras se puede apreciar que las conexiones de los elementos de instrumentación son independientes de las conexiones de alimentación del motor (consideradas como conexiones de potencia).

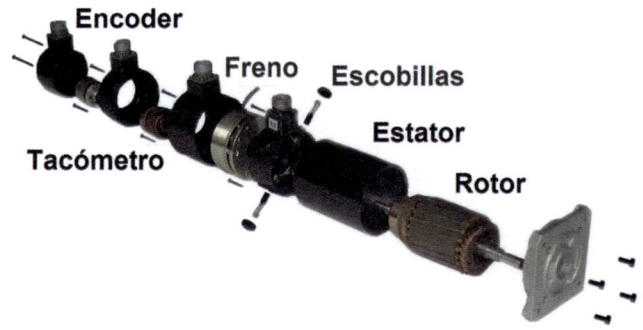

Figura 6.8
Despiece de un servomotor.

Figura 6.9
Partes principales de un servomotor
(cortesía de General Driver Motor).

PARA SABER MÁS...

QR de vídeo explicativo de las partes de un servomotor. En la descripción se puede acceder a un conjunto de vídeos explicativos de GDM (General Driver Motor).

Al tratarse de un motor donde se han incluido unos dispositivos extra, estos quedarán reflejados en la placa de características del propio motor. Por ejemplo, en la figura 6.10 se muestra un ejemplo de la placa de características de un servomotor; en la parte superior se incluyen las características del servomotor y en la inferior la del dispositivo de posicionado (*encoder*). Además, al consultar los datos se puede ver que dispone de un sistema de frenado (electrofreno).

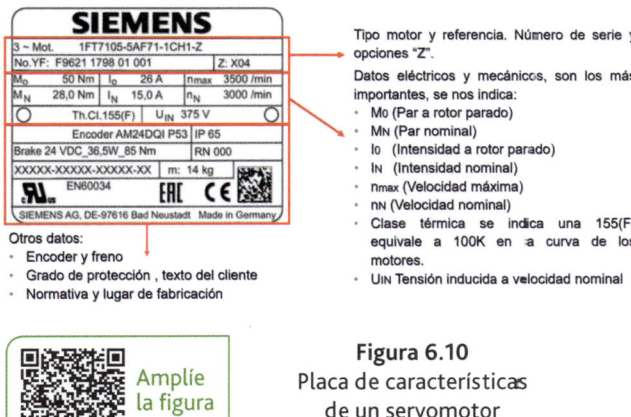

Figura 6.10
Placa de características
de un servomotor
(cortesía de Siemens).

Control de servomotores

Un servomotor, para su control, utiliza un circuito electrónico con microprocesador que, a partir de las señales eléctricas de los sensores incluidos en su interior, realiza el control de movimiento, fuerza y velocidad.

Por lo tanto, para el posicionado utiliza un sensor de posicionado (principalmente *encoder*) con un amplificador (denominado *driver*), que en su conjunto forman un circuito realimentado que permite realizar el control de la posición. Del mismo modo, dispone circuitos similares (según las particularidades de las señales eléctricas de los sensores) para el control de fuerza y de velocidad. En función de las características no siempre dispondrá de los tres tipos de control.

Respecto a los sensores, hay que comentar que el *encoder* más común es el de tipo incremental, para el control de fuerza o torque se utiliza una medida de intensidad consumida y para la velocidad un tacómetro.

Así pues, cada servomotor irá asociado a un *driver*, denominado como servo*driver* o servocontrolador, que recibirá las señales de control (por ejemplo, un autómata o PLC). Se puede ver de forma gráfica el diagrama de bloques en la figura 6.11.

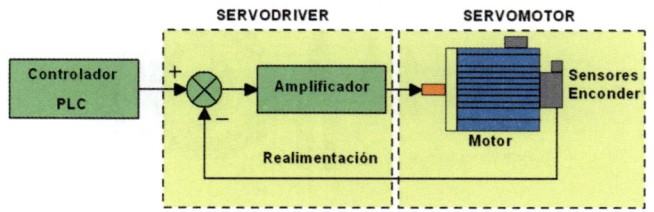

Figura 6.11
Diagrama de bloques de un servomotor con servodriver
y conexión a un elemento externo de control.

Respecto a lo comentado de las partes de realimentación para el control de la velocidad y la posición, puede encontrarse en un circuito externo, denominado servo*driver* o servoaccionamiento por estar configurado para el control de un servomotor (figura 6.11). Este incluye en su interior la circuitería electrónica de control y de potencia para el control y alimentación del servomotor. En la figura 6.12, se muestra de forma gráfica el diagrama de bloques de un servo*driver* o servoaccionamiento genérico, incluyendo el control de posición y velocidad.

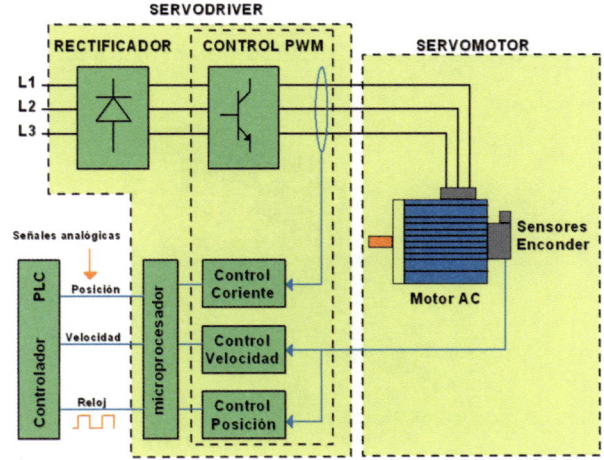

Figura 6.12
Bloque de control y servodriver o servoaccionamiento
de un servomotor.

Para seleccionar el servomotor adecuado es necesario tener en cuenta la siguiente información: potencia, velocidad, inercia de la carga, torque requerido, requerimientos de frenado, tamaño y tipo de *encoder*. En la figura 6.13, se muestra un ejemplo real, donde existe una correspondencia directa entre el servomotor de corriente alterna (CA) y el servo*driver* o servoaccionamiento con conectores y cableado específico para realizar las conexiones entre ambos.

Figura 6.13
Ejemplo de servomotor y servodriver (cortesía de Vevor).

PARA SABER MÁS...

QR para ver el ejemplo en detalle del servomotor y servoaccionamiento de la figura 6.13. Con información ampliada: fotos y características técnicas específicas.

También existen en el mercado dispositivos que integran el servoaccionamiento en el servomotor (figura 6.14).

Figura 6.14
Servoaccionamiento integrado en el servomotor
(cortesía de OMRON).

6.4 Motor universal

Introducción

El motor universal (figura 6.15) no se suele utilizar en el ámbito industrial, por lo que para su conexionado no se requiere un bornero específico. Por el contrario, es ampliamente utilizado en el ámbito doméstico y en equipos de servicio de pequeña potencia, como es el caso de las herramientas de mano eléctricas: taladro, caladora, amoladora, etc. También se utiliza en utensilios de cocina, ventiladores y sopladores, es decir, en aplicaciones donde se requiera gran velocidad de giro con cargas débiles o fuerzas resistentes pequeñas. Entonces, su conexionado consiste en conectar directamente a la red monofásica: fase y neutro, con la clavija correspondiente a la toma de corriente. Dichas conexiones se encuentran internamente en el equipo; como conexión externa tiene una clavija.

Figura 6.15
Motor universal.

Partes constructivas

Básicamente está compuesto por:

☐ **Estator:** circuito magnético construido a base de chapas magnéticas aisladas, forma el bobinado estatórico.

☐ **Rotor:** circuito magnético en el que está el bobinado rotórico que se conecta al colector.

En la figura 6.16, se pueden ver todos los elementos comentados en un motor universal.

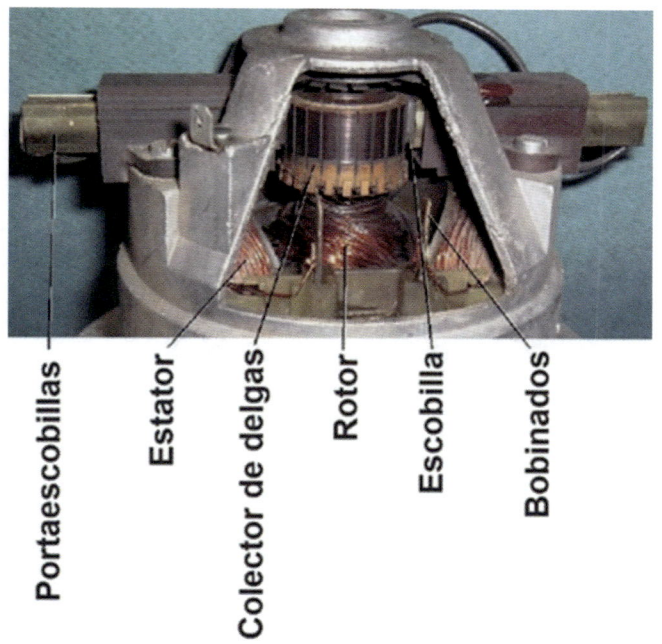

Figura 6.16
Partes de un motor universal.

A modo de ejemplo, se muestra en la figura 6.17 un esquema de un motor universal de un taladro con regulación de velocidad electrónica mediante un potenciómetro (R1) que controla el disparo del triac (D1). Con ello, se consigue variar la tensión en los devanados del motor modificando la velocidad; además de disponer del circuito de inversión del sentido de giro mediante conmutador (S3), que realiza la inversión de las conexiones del rotor mediante las escobillas.

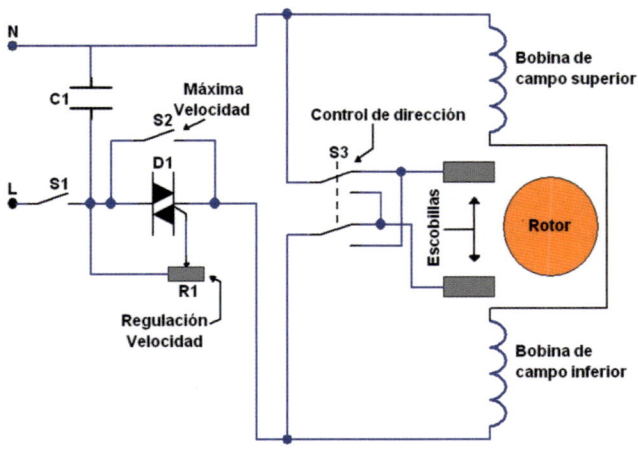

Figura 6.17
Esquema de conexión eléctrico de un motor universal (taladradora).

Un problema que presentan los motores universales son las emisiones electromagnéticas, las denominadas chispas del colector, que junto con su propio campo magnético generan interferencias o ruido en el espacio radioeléctrico. Esto se puede reducir por medio de los condensadores de paso, con valores que oscilan entre 0.001 µF y 0.01 µF, conectados entre las escobillas y la carcasa del motor, estando esta conectada a masa.

Características

El motor universal conectado a una red de alimentación de corriente alterna presenta las siguientes características:

☐ Máquina en serie, por lo que tiene buen par de arranque.

☐ Gran velocidad, hasta 8000 rpm.

☐ Facilidad de regulación de velocidad.

☐ Inversión del sentido de giro, al cambiar la conexión de uno de sus bobinados.

☐ Menos potencia que su equivalente en corriente continua.

☐ El chisporroteo en el colector de delgas es mayor que en corriente continua, por lo que su desgaste del colector y de sus escobillas es mayor.

☐ La velocidad de giro cambia en función de la carga.

Estos motores tienen la ventaja de que alcanzan grandes velocidades de giro, pero con poca fuerza. Existen también motores de corriente alterna trifásica que funcionan a 400 V y a otras tensiones.

El potencial que tiene el uso de motores universales es la mayor flexibilidad en vencer la inercia cuando está en reposo, o sea, tiene un par de arranque excelente. Pero tiene una dificultad, y es que no está construido para su uso continuo o permanente (durante largos períodos de tiempo).

6.5 Motor monofásico

Clasificación

Los motores monofásicos están diseñados para conectarse a redes monofásicas (fase y neutro), por lo que suelen ser de pequeña potencia con alguna excepción. Se pueden clasificar en:

☐ Motores de **inducción:** de fase partida o fase auxiliar, con condensador de arranque o permanente, con relé de arranque o de espira.

☐ Motores de **rotor bobinado:** universal (visto en el apartado anterior).

Fase partida o fase auxiliar

Formado por un circuito eléctrico y otro magnético, similar a los motores de inducción trifásicos, por lo que su constitución es similar a los motores trifásicos de rotor en cortocircuito, con la salvedad de que el estator dispone de dos bobinados independientes (figura 6.18):

☐ **Principal**

☐ **Auxiliar** o de **arranque:** con una corriente desfasada 90º respecto a la que circula por el principal, obteniéndose así un campo giratorio. El desfase se puede conseguir mediante una elevada resistencia óhmica o mediante condensador. La más utilizada es la versión con condensador, además de que mejora el par de arranque entre 2 y 2.5 veces el par nominal. Los bobinados son diferentes, y el auxiliar es constituido por conductor de menor diámetro; por lo tanto, su impedancia será diferente.

Amplíe la figura aquí

Figura 6.18
Motor de fase partida o auxiliar.

Hay que tener en cuenta que el bobinado auxiliar o de arranque solo es útil en el momento de arranque, como apoyo para producir el par necesario para arrancar. Por lo tanto, no está diseñado para un uso continuado. En consecuencia, se necesita un dispositivo que corte la alimentación de dicho bobinado, que es el interruptor centrífugo, que se conectará en serie con el bobinado auxiliar.

El interruptor centrífugo se instala en el interior del motor, en el propio eje, de tal forma que cuando se alcanza cierta velocidad (del orden de un 60 al 80 % de la nominal) abre el circuito que alimenta la bobina auxiliar. Por lo tanto, esta conexión está en su interior y en rara ocasión se pueden encontrar sus conexiones en la caja de bornes.

El estator es idéntico a los motores trifásicos, y son muy comunes los de rotor en cortocircuito o de jaula de ardilla.

Con condensador de arranque o permanente

Los motores con condensador de arranque o permanente (figura 6.19), al igual que los motores de fase partida o fase auxiliar, disponen de dos bobinados: uno denominado de trabajo y otro auxiliar. Se sustituye el interruptor centrífugo por un condensador, de tal forma que se conectará en serie con el bobinado auxiliar. Con ello, se consigue un desfase entre la corriente del bobinado principal y el auxiliar de 90°, actuando como si fuera bifásico.

Figura 6.19
Motor con condensador de arranque o permanente.

Existen los siguientes tipos:

☐ Con **condensador de arranque** (esquema izquierdo de la figura 6.20): se utiliza de alta capacidad para provocar el suficiente desfase entre ambos bobinados para poner en marcha el motor, con valores que van de 60 a 600 μF. Una vez se consigue la velocidad nominal se debe desconectar; para ello, se utiliza un interruptor centrífugo. Este tipo consigue un buen par de arranque. Para el valor del condensador se puede utilizar la siguiente ecuación:

$$C = \frac{P}{2 \cdot \pi \cdot V^2 \cdot f \cdot cos\varphi} \cdot 10^6 \ [\mu F]$$

☐ Con **condensador permanente** (esquema central de la figura 6.20): el condensador está siempre conectado en serie con el bobinado auxiliar, por lo que suele ser de menos capacidad, del orden de 60 μF. Tiene un buen par de arranque, aunque su consumo en funcionamiento continuado es menor y en general se consigue un buen rendimiento.

☐ Con **2 condensadores** (esquema derecho de la figura 6.20): utilizados en motores de gran potencia. Consiste en proporcionar al sistema un condensador de arranque y otro permanente, de tal forma que con el condensador de arranque se mejora el par, pero, después, con el condensador permanente mejora el rendimiento del conjunto. Una vez se alcanza la velocidad nominal, el condensador de arranque se debe desconectar de la alimentación. Para ello se utiliza un interruptor centrífugo o relé.

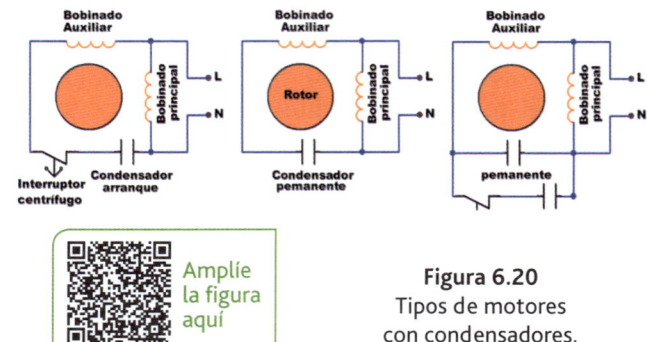

Amplíe la figura aquí

Figura 6.20
Tipos de motores con condensadores.

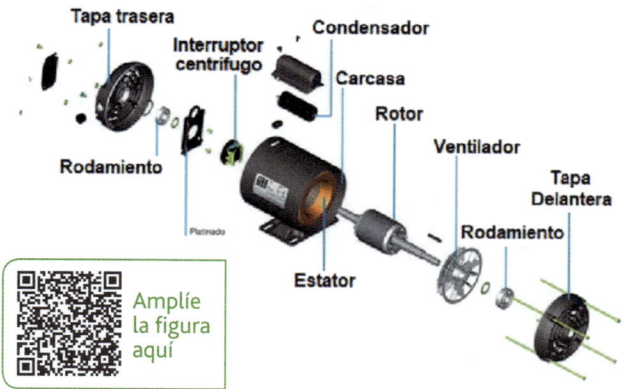

Figura 6.21
Despiece de un motor con condensador e interruptor centrífugo.

En la figura 6.21, se puede ver el despiece de un motor con condensador e interruptor centrífugo. Se ve claramente dónde se encuentra cada elemento, además de observar las similitudes con un motor de corriente alterna visto en la unidad 3.

Con relé de arranque

En algunos motores se puede sustituir el interruptor centrífugo por un relé de arranque externo (figura 6.22), lo que facilita el acceso en tareas de mantenimiento (puesto que el interruptor centrífugo requiere desmontar el motor). Estos se suelen alojar en la caja de bornes.

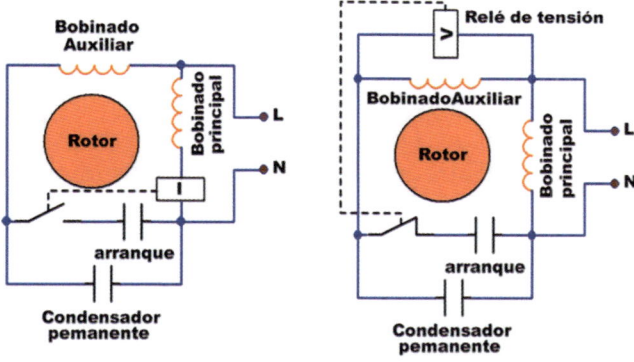

Figura 6.22
Esquemas de motores con relés de arranque: intensidad y tensión.

Figura 6.23
Ejemplos de tipos de relé de arranque: intensidad y tensión.

Existen los siguientes tipos en función de la excitación de la bobina:

☐ De **corriente** (esquema izquierdo de la figura 6.22): la bobina se conecta en serie con el bobinado principal. Al aumentar la corriente en el arranque, se excita la bobina cerrando el contacto. Cuando se alcanza la velocidad correspondiente entre el 80 y 85 % de la velocidad nominal, la intensidad disminuye y, por consiguiente, se abre el contacto (puesto que es un contacto normalmente abierto). Dicho contacto permitirá utilizar el bobinado auxiliar durante el arranque. El relé utilizado es como el que se muestra en la figura 6.23.

☐ De **tensión** (esquema derecho de la figura 6.22): diseñado para motores monofásicos con 2 condensadores. Se conecta la bobina del relé en paralelo con el bobinado auxiliar, de forma que, después del arranque, al llegar a la tensión nominal en este bobinado, dicha tensión provoca la excitación de la bobina del relé y este abre su contacto (puesto que es un contacto normalmente cerrado) y deja de trabajar el condensador de arranque. El condensador permanente mantendrá la tensión de excitación del relé de tensión. Este tipo de motor tiene un buen par de arranque. La diferencia con el de intensidad radica en el modo de interconectar y el tipo de relé a utilizar (relé de tensión o de intensidad).

De espira o espira en cortocircuito

Motor de pequeña potencia constituido por un circuito magnético de chapas de dos o cuatro polos (figura 6.24). Cada polo del estator está cortado por una espira en cortocircuito con la que se consigue crear un flujo o campo magnético que se opone al flujo principal y da lugar al momento de giro. Estas espiras se comportan como un bobinado auxiliar. Como dichas espiras vienen prediseñadas de fábrica, no se permite invertir el sentido de giro.

Figura 6.24
Motor de espira en cortocircuito.

El bobinado inductor se coloca de forma similar al de un transformador monofásico, y el rotor es similar al de un motor trifásico del tipo jaula de ardilla (figura 6.25).

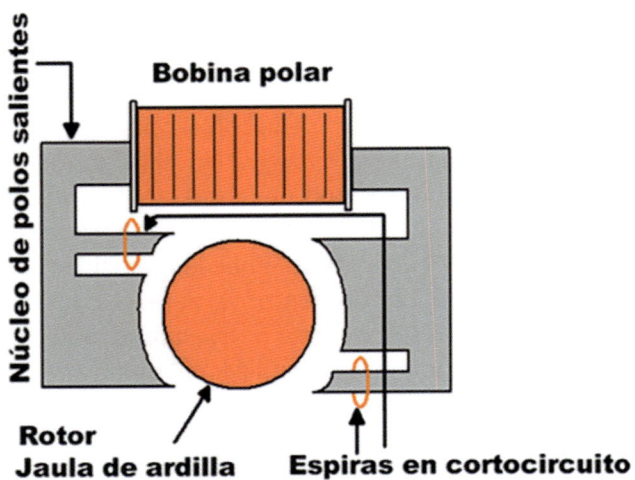

Figura 6.25
Partes de un motor de espira en cortocircuito.

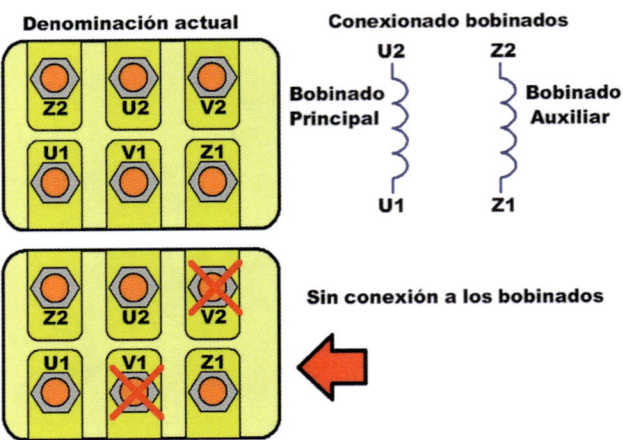

Figura 6.26
Conexionado de motor monofásico de fase partida.

Este tipo de motores no necesitan condensador, ni interruptor de arranque, por lo que son más económicos que los anteriores. Aunque poseen un bajo par de arranque, lo que no los hacen muy útiles para la mayoría de las aplicaciones industriales, además de tener un bajo rendimiento.

6.6 Caja de bornes de motores monofásicos

Introducción

De los tipos de motores incluidos en este capítulo, se dedica un apartado específico al conexionado de los motores de corriente alterna monofásicos porque son los más presentes en aplicaciones en el campo electrotécnico.

En la práctica, los motores monofásicos son de 3 tipos, que se han visto internamente en los apartados anteriores:

☐ Fase partida o auxiliar

☐ Con condensador de arranque o permanente

☐ Motor universal

Motor monofásico fase partida o auxiliar

En los motores monofásicos suelen tener 6 conexiones (al igual que los motores asíncronos trifásicos), con la salvedad de que en este caso se tendrá que realizar la conexión en los dos extremos de 2 bobinados, y será normal disponer conexiones que no se utilizan. Ver figura 6.26

En el caso de disponer de conexión con condensador de arranque o ser de fase partida, y disponer de la conexión de un interruptor centrífugo, normalmente estas conexiones estarán en su interior y, por consiguiente, no se encontrarán en la caja de bornes. Aprovechan borneros utilizados para motores asíncronos trifásicos, y se puede dar el caso de encontrar la misma serigrafía debajo de los bornes; pero la nomenclatura indicada de los bobinados se encuentra con etiquetas en los cables que salen del bobinado.

Si el motor está diseñado para girar en un sentido concreto, los extremos del bobinado auxiliar y el principal se encuentran conectados. Por lo tanto, solo tendrán dos conexiones, que corresponderán con la alimentación de fase y neutro (figura 6.27).

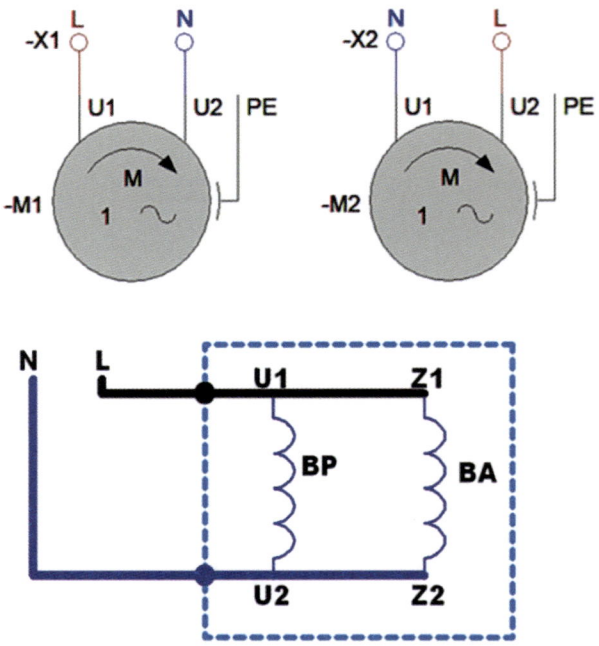

Figura 6.27
Giro de un motor monofásico de fase partida.

Motor con condensador

Normalmente el condensador se encuentra externo (figura 6.28); con alguna sujeción mecánica o la caja de bornes tiene espacio para su alojamiento. Hay que tener en cuenta que la caja de bornes es como la que se ha mostrado en el apartado anterior, con la salvedad de que hay que conectar en serie con el bobinado auxiliar el condensador. En este caso, cobra lógica la disposición de los 6 bornes, donde se puede realizar la conexión del condensador sin tener que utilizar regletas de conexión adicionales.

Figura 6.28
Motor monofásico con condensador
(cortesía de ELPROM Harmanli).

Además, utilizando 2 chapas se puede configurar la inversión del sentido de giro como el caso de los motores de corriente alterna, pero con dos bobinados. Puede verse el conexionado para el cambio del sentido de giro en la figura 6.29, donde es preferible modificar la conexión del bobinado auxiliar (BA) manteniendo la conexión del bobinado principal (BP).

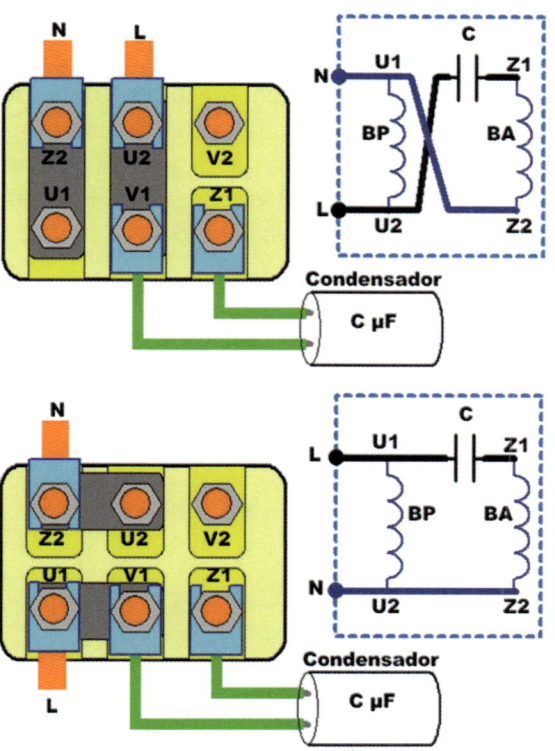

Figura 6.29
Conexionado de motor monofásico con condensador
para inversión del sentido de giro.

A la hora de realizar las conexiones habrá que tener cuidado al realizarlas porque se suelen utilizar los mismos borneros que para motores asíncronos trifásicos (para abaratar el coste de fabricación). Por lo tanto, puede inducir a error a la hora de realizar las conexiones. A modo de ejemplo, se muestran en la figura 6.30 los ejemplos de los bornes de conexionado reales (parte izquierda) y las instrucciones de conexionado que se muestran en la tapa de la caja de conexiones del propio motor (parte derecha).

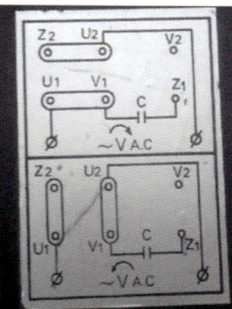

Figura 6.30
Ejemplos reales de conexión de motor monofásico
con condensador.

PARA SABER MÁS…

QR para consultar la página web del fabricante de motores especiales y controladores ELPROM.

En algunos casos, se pueden utilizar condensadores para la corrección del factor de potencia, por lo que el motor puede tener dos condensadores. Dichos condensadores pueden estar montados sobre la carcasa del motor o en el interior de la caja de conexiones (figura 6.31).

Figura 6.31
Motor monofásico con dos condensadores.

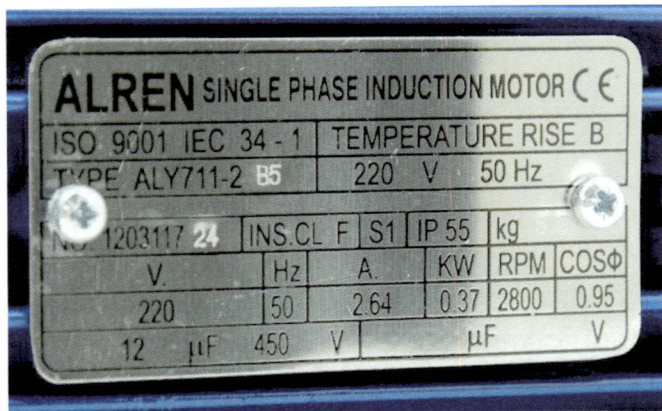

Figura 6.32
Placa de características de motor monofásico
(cortesía de ALREN).

Al igual que los motores vistos en los capítulos anteriores, este tipo de motor también incluirá en su placa de características los datos más representativos. Con la particularidad de que se trata de motores con alimentación en una fase y, como dato característico, se incluirá el valor del condensador a utilizar (figura 6.32).

Comprobación del condensador de arranque

Para comprobar un condensador de arranque de una forma sencilla, simplemente lo conectaremos en serie con una bombilla incandescente o halógena (no sirven electrónicas) y se alimentará a la tensión de red, completándose con un pulsador normalmente abierto.

El esquema es el que se muestra en la figura 6.33.

Bombilla: 100% → CONDENSADOR OK

Bombilla: <100% → CONDENSADOR defectuso

Bombilla: <50% → CONDENSADOR estropeado

Bombilla: Apagada → CONDENSADOR cto abierto

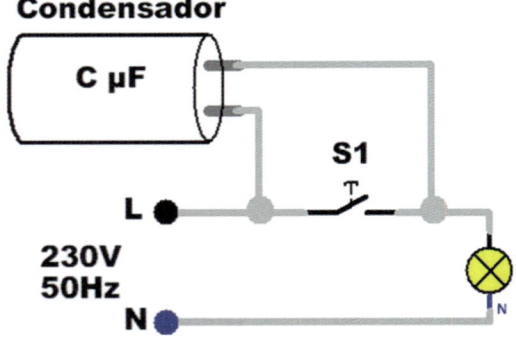

Figura 6.33
Comprobación de condensador.

El procedimiento de comprobación consiste en:

1. Comprobar que la bombilla se enciende, conectándola a la red con un pulsador en serie sin instalar el condensador aún. Veremos que, al pulsar el pulsador, la bombilla se enciende.

2. Desenchufar el cableado de la red y conectar el condensador en paralelo con el pulsador.

3. Conectar de nuevo el cableado a la red eléctrica.

4. En función de la iluminación de la bombilla, se verifica el estado del condensador. Si se duda entre iluminación máxima y si el condensador está dañado, si se pulsa el pulsador y la bombilla se ilumina más, indica que el condensador está dañado (para ello, orientarse con la tabla de la figura 6.33). Hay que tener cuidado porque se pueden producir chispas en el pulsador al pulsarlo.

5. Desenchufar el cableado de la red eléctrica.

6. Descargar el condensador juntando los dos terminales de los cables de este. Se debe tener cuidado, ya que se producirá una fuerte chispa al estar este cargado de la tensión de la red.

PARA RECORDAR...

Hay que tener mucho cuidado porque se están manipulando tensiones de 230 V, y el condensador se podría quedar cargado a dicha tensión. Por consiguiente, una vez realizada la comprobación, hay que descargar el condensador.

Esquema de arranque con inversión del sentido de giro

En el esquema de la figura 6.34 se muestra la inversión del sentido de giro en un motor monofásico con condensador permanente, controlado la puesta en marcha a través del contactor KM1, y la inversión del sentido de giro con los dos contactores: KM2 y KM3, donde para la inversión invierte la alimentación del bobinado auxiliar (Z1 y Z2).

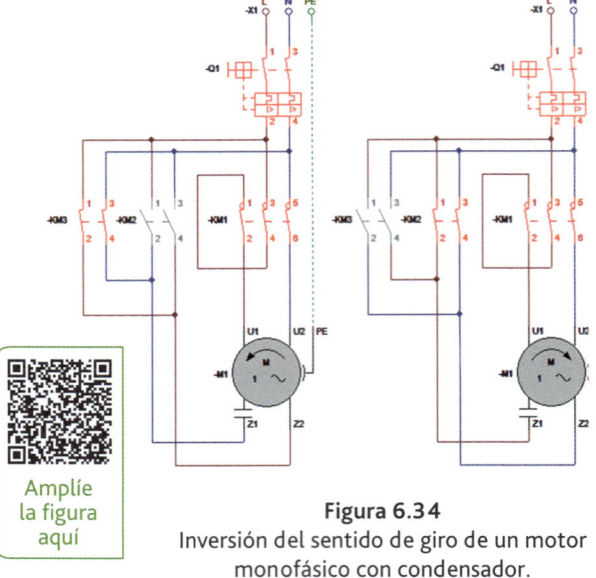

Amplíe la figura aquí

Figura 6.34
Inversión del sentido de giro de un motor monofásico con condensador.

Mapa conceptual

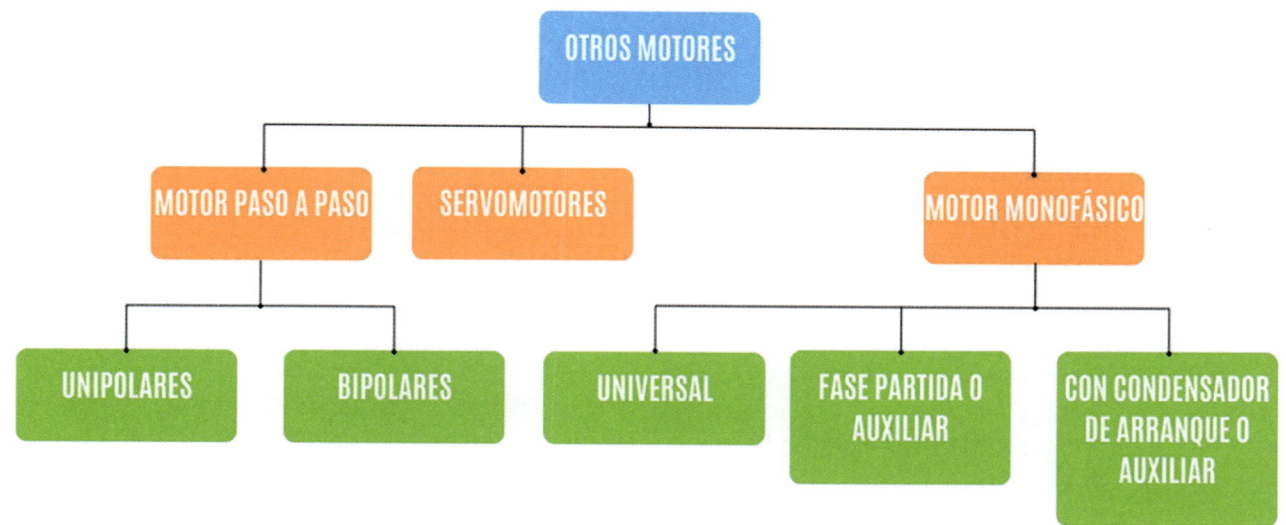

Figura 6.35
Mapa conceptual con otros tipos de motores.

1. **¿Qué motor eléctrico utiliza un sistema de lazo cerrado para su funcionamiento?**

   a) Motor universal

   b) Servomotor

   c) Motor paso a paso

2. **¿Qué ventaja tienen los servomotores respecto a los tradicionales motores asíncronos trifásicos? Selecciona la correcta.**

   a) En los servomotores se puede realizar un control de posición y velocidad con precisión, mientras que los motores trifásicos solo permiten realizar un control en velocidad.

   b) En los servomotores se puede realizar un control de velocidad con precisión solamente, mientras que los motores trifásicos permiten realizar un control de posición.

   c) En los servomotores y motores trifásicos se puede realizar tanto un control de posición como de velocidad de forma precisa.

3. **En un motor universal, ¿a qué parte eléctrica se le tiene que realizar un mantenimiento correctivo debido a su desgaste por su funcionamiento?**

   a) Escobillas

   b) Portaescobillas

   c) Ventilador

4. **Si le damos alimentación a un motor monofásico con condensador permanente y este hace ruido como si quisiera arrancar, pero no mueve su rotor, ¿qué avería puede tener?**

   a) El bobinado principal está deteriorado.

   b) El condensador está estropeado.

   c) El interruptor centrífugo está estropeado.

5. **¿Cómo podemos invertir el sentido de giro de un motor de espira?**

   a) Cambiando la polaridad de los cables de alimentación.

   b) Cambiando la posición del condensador.

   c) No se puede invertir el sentido de giro en este tipo de motores.

6. **¿Qué sucede al invertir las conexiones en un motor monofásico de fase partida donde los bobinados internos se encuentran internamente conectados?**

   a) Como se modifica el campo magnético en el rotor, cambia su sentido de giro.

   b) Como se modifica el campo magnético en el estator, cambia su sentido de giro.

   c) No cambia su sentido de giro, estará diseñado para girar en un sentido.

7. **Las cajas de conexiones de los motores monofásicos utilizan bornes de motores trifásicos, que...**

   a) Se utilizan para realizar la conexión en estrella o triángulo.

   b) Permiten conectar sus bobinados y quedan conexiones por conectar, por disponer de menos conexiones que un bobinado trifásico.

   c) Permiten conectar sus bobinados y realizar la inversión del sentido de giro del motor, pero no quedarán ninguna conexión sin conectar porque son necesarias seis conexiones.

8. **La inversión del sentido de giro de un motor monofásico de fase partida o auxiliar se suele realizar cambiando la conexión del:**

   a) Siempre en el bobinado principal.

   b) Se puede realizar el cambio del sentido de giro modificando la conexión en el bobinado principal o el auxiliar, pero es preferible en el bobinado principal.

   c) Se puede realizar el cambio del sentido de giro modificando la conexión en el bobinado principal o el auxiliar, pero es preferible en el bobinado auxiliar.

9. **¿Qué motor eléctrico utiliza un sistema de impulsos eléctricos para que pueda girar su eje con una determinada posición y velocidad?**

   a) Motor paso a paso

   b) Servomotor

   c) Motor monofásico con relé de arranque

10. Tenemos una máquina que produce servilletas de papel. Al tener cierta cantidad acumuladas, son descargadas mediante un "pequeño ascensor" a una cinta transportadora para que esta las envíe a una máquina empaquetadora. ¿Qué tipo de motor eléctrico sería el más adecuado para mover el ascensor con una determinada velocidad y posicionamiento? ¿Cuál sería la mejor opción utilizando la tecnología actual?

a) Motor paso a paso controlado por un controlador driver

b) Motor trifásico en sistema de lazo cerrado controlado con variador de frecuencia de alta gama

c) Servomotor controlado con servodriver de altas prestaciones

1. Motor paso a paso (*stepper motor*)

a) ¿Qué es un motor paso a paso y cómo convierte los impulsos eléctricos en movimiento?

b) ¿Cuáles son las ventajas del uso de motores paso a paso en aplicaciones que requieren control preciso de la posición?

c) ¿Cómo se diferencian los motores paso a paso unipolares de los bipolares en términos de conexión y rendimiento?

d) ¿Qué componentes principales forman parte de un motor paso a paso y cuál es la función de cada uno?

e) ¿Cómo se controla la velocidad y la posición de un motor paso a paso mediante circuitos digitales?

2. Servomotor

a) ¿Qué características distinguen un servomotor de un motor convencional?

b) Explica el funcionamiento del sistema de lazo cerrado en un servomotor y su importancia.

c) ¿En qué aplicaciones son más comunes los servomotores y por qué?

d) Describe las partes principales de un servomotor y cómo contribuyen al control preciso del movimiento.

e) ¿Qué factores se deben considerar al seleccionar un servomotor para una aplicación específica?

3. Motor universal

a) ¿Qué es un motor universal y en qué tipo de dispositivos se utiliza comúnmente?

b) ¿Cuáles son las ventajas y desventajas de los motores universales en comparación con otros tipos de motores?

c) ¿Por qué es necesario realizar mantenimiento regular en las escobillas de un motor universal?

d) Explica cómo funciona un motor universal en una herramienta eléctrica de mano.

e) ¿Qué medidas se pueden tomar para reducir el ruido electromagnético generado por un motor universal?

4. Motor monofásico (*single-phase motor*)

a) ¿Qué tipos de motores monofásicos existen y cuáles son sus características distintivas?

b) Describe el funcionamiento de un motor monofásico con condensador de arranque y su proceso de desconexión.

c) ¿Cómo se puede invertir el sentido de giro en un motor monofásico y qué componentes están involucrados?

d) ¿Cuáles son las diferencias entre un motor monofásico de fase partida y uno con condensador permanente?

e) ¿Qué problemas comunes pueden surgir en un motor monofásico y cómo se pueden solucionar?

ACTIVIDAD 1

Relaciona las letras que aparecen debajo de los motores con sus respectivos nombres.

	Motor de espira
	Servomotor
	Motor paso a paso
	Motor monofásico con condensador
	Motor universal

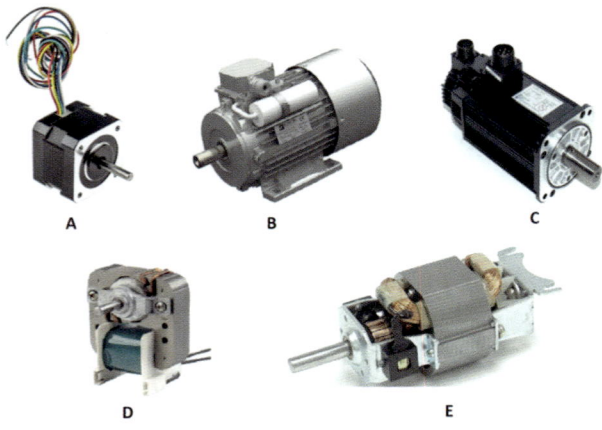

A   B   C

D   E

ACTIVIDAD 2

Consulta en el taller las características de un motor monofásico, revisa las conexiones y realiza un esquema de arranque con inversión del sentido de giro mediante un selector.

U 7

Prevención de riesgos laborales y protección ambiental en máquinas eléctricas

En esta unidad va a estudiar:

- Principios de riesgos laborales y medidas preventivas en máquinas eléctricas.

- EPI para el trabajo con máquinas eléctricas.

- Protección ambiental en el montaje y mantenimiento de máquinas eléctricas.

Con su estudio, va a ser capaz de:

- Identificar los riesgos derivados de operaciones con máquinas eléctricas.

- Conocer los elementos de protección individual (EPI) en trabajos con máquinas eléctricas.

- Identificar las fuentes de contaminación en la manipulación de máquinas eléctricas.

- Clasificar residuos generados.

7.1 Introducción

La Ley 31/1995 de Prevención de Riesgos Laborales tiene por objeto promover la seguridad y la salud de los trabajadores mediante la aplicación de las medidas y el desarrollo de las actividades necesarias para la prevención de los riesgos derivados del trabajo.

PARA SABER MÁS...

QR para consultar la información relativa a la prevención de riesgos laborales desde la página web de administración del gobierno de España, con las referencias legales y/o técnicas, entre ellas la Ley 31/1995.

Los puestos de trabajo del sector eléctrico y electrónico son trabajos que acumulan gran variedad de riesgos, al realizar tareas muy variadas de instalación, reparación y mantenimiento. Además del riesgo obvio de contacto eléctrico, existen otros riesgos que, aunque menores en frecuencia, también deben tenerse en cuenta en labores de mantenimiento, instalación y reparación, como son golpes, caídas de altura, atrapamientos, posturas forzadas, incendios, etc.

7.2 Principales riesgos laborales y medidas preventivas

A continuación, se muestra en las tablas 7.1 y 7.2 un resumen de los principales riesgos indicando las medidas preventivas a utilizar en la manipulación, montaje y mantenimiento de máquinas eléctricas.

Riesgos	Medidas preventivas
Caídas a distinto nivel	Uso de escaleras con apoyos antideslizantes.
	Colocar barandillas en zonas elevadas.
	Cubrir toda abertura en el suelo.
	Uso de EPI cuando la protección colectiva no sea suficiente.
Manejo manual de cargas y posturas forzadas	Mantener la espalda recta.
	Cambios de postura y pausas de descanso en posturas forzadas.
	Uso de medios auxiliares.

Riesgos	Medidas preventivas
Contacto eléctrico directo e indirecto	Realizar revisiones visuales de equipos y herramientas antes de su uso, modificación, reparación o accidente.
	Seguir las instrucciones del fabricante.
	Uso de equipos y herramientas con marcado CE.
	Utilizar doble aislamiento o tensiones de seguridad en elementos portátiles.
	Comprobar periódicamente el estado de los diferenciales, conductores de protección y tomas de tierra.
	Comprobar que la instalación eléctrica es adecuada al medio (atmósferas explosivas, húmedas, etcétera).

Tabla 7.1
Medidas para tener en cuenta según tipo de riesgo (parte 1).

Riesgos	Medidas preventivas
Golpes y atrapamientos	Máquinas y herramientas con marcado CE.
	Proteger las partes peligrosas con resguardos móviles, fijos, envolventes o distanciadores según los casos.
	Uso de la maquinaria solo por personal autorizado por la empresa.
	Prohibir trabajos a menores con herramientas o maquinaria peligrosa.
	Uso de EPI según cada operación.
Caídas al mismo nivel	Uso de paneles y cajas para herramientas.
	Zonas de paso despejadas.
	Orden y limpieza.
	Señalizar obstáculos.
	Cuidar los nudos y retorcimientos de las alargaderas eléctricas.
Incendio	Disponer la cantidad mínima, almacenando el resto en almacén.
	No realizar trabajos eléctricos en tensión con atmósferas explosivas.
	Prohibir fumar.
	Instalación eléctrica antideflagrante.
	Evitar y controlar la concentración de polvos, resina y fibras.
	Colocar extintores adecuados a la clase de fuego, con mantenimiento periódico.
Quemaduras por contacto	Trabajar en espacios amplios.
	Aislar térmicamente las superficies calientes y herramientas.
	Separar y señalizar las áreas peligrosas.
	Uso de EPI con marcado CE.
Trabajos en proximidad de tensión	Instalar apantallamientos.
	Recubrir los conductores con aislantes.
	Limitar las distancias de trabajo y proximidad.
	Limitar el campo de acción de equipos elevadores.

Riesgo eléctrico	Restringir el acceso a personas ajenas al trabajo. Señalizar y delimitar las zonas con peligro eléctrico. Uso de iluminación artificial si es insuficiente la iluminación natural.
Exposición a campos magnéticos	Respetar los valores límite para campos eléctricos y magnéticos. Señalizar las zonas de peligro. Permitir el acceso solo al personal formado y autorizado. Informar a los portadores de marcapasos.
Ruido	Tener en cuenta el nivel de ruido a la hora de comprar una máquina o herramienta. Efectuar un adecuado mantenimiento según fabricante. Aislar, señalizar y alejar las fuentes de ruido. Reducir el tiempo de exposición. Delimitar y señalizar las zonas de exposición al ruido. Uso de EPI adecuadas al nivel de ruido.
Climatología	Medios de protección contra el sol. Utilizar ropa de protección en función de la climatología. Suspender los trabajos con climatología adversa que pueda ocasionar un accidente.
Factores psicosociales	Máxima información sobre el proceso de trabajo. Distribuir claramente las tareas y competencias. Planificar los trabajos teniendo en cuenta una parte de imprevistos. Realizar pausas, alternar tareas.

Tabla 7.2
Medidas a tener en cuenta según tipo de riesgo (parte 2).

7.3 Equipos de protección individual, EPI

Los equipos de protección individual (EPI) son los elementos destinados a ser llevados o sujetados por el trabajador, para que lo protejan de uno o varios riesgos que pueden amenazar su seguridad o su salud, así como el complemento o accesorio destinado a tal fin (RD 773/97).

PARA SABER MÁS…

QR de acceso a la guía técnica de utilización por parte de los trabajadores de equipos de protección individual (2022), del Instituto Nacional de Seguridad y Salud en el Trabajo (INSST) del Ministerio de Trabajo y Economía Social.

Se excluyen de esta definición:

- La ropa de trabajo corriente y los uniformes que no estén específicamente destinados a proteger la salud o la integridad física del trabajador.

- Los equipos de los servicios de socorro y salvamento.

- Los equipos de protección individual de los militares, policías y personal de mantenimiento del orden.

- Los equipos de protección individual de los medios de transporte por carretera.

- El material de deporte.

- El material de autodefensa o de disuasión.

- Los aparatos portátiles para la detección y señalización de los riesgos y de los factores de molestia (dosímetros, sonómetros, luxómetros, etc.).

Por tanto, el EPI puede considerarse un elemento fundamental en la prevención y seguridad de riesgos laborales, aunque complementario y, en la medida de lo posible, temporal. Es decir, un EPI no elimina el riesgo, ni lo controla.

Categoría de los EPI

Las categorías I, II y III de los EPI están definidas tanto en la Directiva 89/686/CEE en su artículo 8, como en su transposición mediante el RD 1407/1992 de 20 de noviembre, en su artículo 7.

Categoría I

Se incluyen en esta categoría los modelos de EPI que, debido a su sencillo diseño, el usuario puede juzgar por sí mismo su eficacia contra riesgos mínimos y cuyos efectos, cuando sean graduables, puedan ser percibidos a tiempo y sin peligro para el usuario. Estos equipos protegen al usuario de una serie de riesgos, entre los que se encuentran:

- Agresiones mecánicas de efectos superficiales (guantes de jardinería, dedales, etc.).

- Productos de mantenimiento poco nocivos, cuyos efectos sean fácilmente reversibles (guantes de protección contra soluciones de detergentes líquidos).

- Manipulación de piezas calientes que no superen los 50 ºC (guantes, delantales, etc.).

- Agentes atmosféricos que no sean ni excepcionales ni extremos (gorros, ropas de temporada, zapatos, botas, etc.). Pequeños choques y vibraciones, que no afecten a las partes vitales del cuerpo y que no provoquen lesiones irreversibles (cascos ligeros de protección del cuero cabelludo, guantes, calzado ligero, etc.). La radiación solar (gafas de sol).

Según la directiva europea, este tipo de prendas o EPI están exentas del examen u homologación de la CE.

Categoría II

Se incluyen los equipos destinados a proteger contra riesgos de grado medio o elevado, pero no de consecuencias mortales o irreversibles. Los EPI de esta categoría deberán incluir el marcado CE para indicar que cumple los requisitos de homologación.

En la figura 7.1, se muestran las proporciones que deben tener, con un tamaño mínimo de 5 mm de alto.

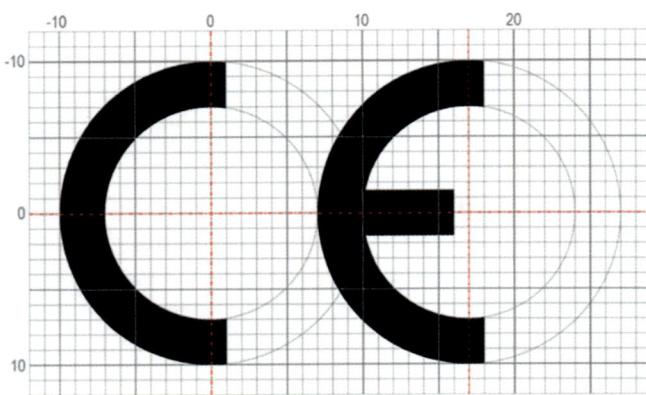

Figura 7.1
Marcado CE.

No hay que confundir el marcado CE con el marcado realizado en productos de exportación de china, que utiliza las siglas CE para indicar «China Export». La diferencia radica en que el conjunto de ambas letras es mucho más estrecho (figura 7.2)

Comunidad Europea   **China Export**

Figura 7.2
Comparativa para evitar confusión.

Categoría III

Son los modelos de EPI de diseño complejo, destinados a proteger al usuario de todo peligro mortal o que pueda dañar gravemente y de forma irreversible la salud, sin que se pueda descubrir su efecto inmediato.

Por ejemplo:

☐ Equipos de protección respiratoria filtrantes que protejan contra aerosoles sólidos y líquidos contra gases irritantes, peligrosos y tóxicos.

☐ Equipos de protección respiratoria completamente aislantes de la atmósfera, incluidos los destinados a la inmersión.

☐ EPI que solo brindan una protección limitada en el tiempo contra las agresiones químicas o contra las radiaciones ionizantes.

☐ EPI de intervención en ambientes cálidos cuyos efectos sean comparables a los de una temperatura ambiente igual o superior a 100 ºC, con o sin radiación de infrarrojos, llamas o grandes proyecciones de materiales en fusión.

☐ Los equipos de intervención en ambientes fríos, cuyos efectos sean comparables a los de una temperatura ambiental igual o inferior a -50 ºC.

☐ Los destinados a proteger contra riesgos eléctricos para los trabajos realizados bajo tensiones peligrosas o los aislantes de alta tensión.

En la figura 7.3, se muestran ejemplos de EPI catalogados según su categoría.

Figura 7.3
Ejemplos categoría de EPI.

Características de los EPI

A continuación, se indican algunas responsabilidades que deben tener los distintos participantes dentro de la empresa.

El empresario debe:

☐ Determinar los puestos de trabajo en los que se requieran.

☐ Suministrarlos gratuitamente y velar por su correcta utilización.

☐ Informar sobre su uso correcto y sobre los riesgos de los cuales protege.

En relación con los trabajadores:

☐ Tendrá que estar disponible el manual de instrucciones.

☐ Deberán utilizarlos de manera responsable.

☐ Los EPI deberán tener en consideración las características de los trabajadores para ser más eficaces.

☐ Compatibilidad entre sí, en el caso de utilizar varios al mismo tiempo.

☐ Deberán ser revisados periódicamente para garantizar su correcto funcionamiento.

Los EPI deben reunir las siguientes condiciones:

☐ Adecuados a las condiciones existentes en el lugar de trabajo.

☐ Se tendrán en cuenta las condiciones anatómicas y fisiológicas relativas al estado de salud del trabajador.

☐ Adecuados a la persona que los va a utilizar, una vez ajustados. Deben ser compatibles entre sí, cuando se usen simultáneamente varios EPI.

En consecuencia, el instalador debe estar adecuadamente protegido con:

☐ **Cascos:** protegen el cráneo de golpes, cortes, calor, frío y riesgos eléctricos.

☐ **Guantes:** protegen las extremidades superiores de riesgos mecánicos, eléctricos, químicos, térmicos y de otra índole a los que puedan estar sometidos.

☐ **Calzado de seguridad:** protege frente a riesgos mecánicos, eléctricos, químicos, térmicos, etc. La suela tiene que ser lo más adherente posible para trabajar en tejados inclinados.

☐ **Cinturón o arnés de seguridad:** protege contra el riesgo de caída desde altura a distintos niveles.

☐ **Gafas protectoras:** protegen la cara y ojos de la proyección de partículas, y para evitar el deslumbramiento por rayos solares.

☐ **La señal de obligación** (figura 7.4): indica si en esa zona se debe utilizar un determinado EPI. Tienen forma redonda y presentan un pictograma blanco sobre fondo azul. Pueden ir acompañadas de una leyenda en su parte inferior que aclare el mensaje que se trata de comunicar.

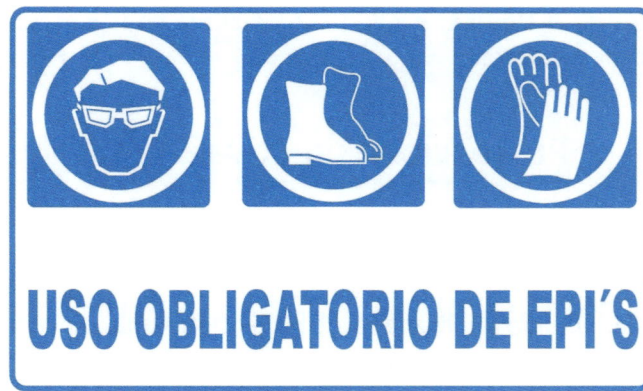

Figura 7.4
Ejemplo de señalización de obligación de uso de EPI.

Elección del EPI

Para la elección de los EPI, se pueden utilizar tablas de toma de decisión en función de los riesgos a los cuales se verá expuesto el trabajador; por ejemplo, en la tabla 7.3 se muestran los riesgos que pueden provocar daños físicos por acciones mecánicas:

Físicos/mecánicos		Caídas de altura	Choques, golpes, impactos, compresiones	Pinchazos, cortes, abrasiones	Vibración	Resbalón, caídas a nivel del suelo
Cabeza	Cráneo					
	Oído					
	Ojos					
	Vías respiratorias					
	Cabeza entera					
Miembros superiores	Mano					
	Brazo					
Miembros inferiores	Pie					
	Pierna					
Variados	Piel					
	Tronco/abdomen					
	Vía parenteral					
	Cuerpo entero					

Tabla 7.3 Ejemplo de tabla de decisión de EPI.

Del mismo modo, se pueden pasar encuestas a los usuarios para una elección adecuada para las personas. Por ejemplo, si tiene algún problema en el pie que repercutirá en la elección del calzado, o si tiene algún tipo de alergia a algún material que repercutirá en la elección de los guantes.

7.4 Protección colectiva

Se han comentado los dispositivos de protección individual, pero también se debe tener en cuenta si se necesitan equipos de protección colectiva. El criterio de clasificación a aplicar es el de protección a una colectividad. Como ejemplos de protección colectiva se pueden enumerar:

- Barandillas, pasarelas y escaleras
- Andamios y redes anticaídas
- Sistemas de ventilación
- Barreras de protección acústicas
- Vallado perimetral de zonas de trabajo
- Marquesinas contra caída de objetos
- Extintores de incendios
- Medios húmedos en ambientes polvorientos
- Carcasa de protección de motores o piezas en continuo movimiento
- Señalizaciones e indicativos
- Barreras de protección térmicas en centros de trabajo
- Orden y limpieza, etc.

Las protecciones colectivas se comprobarán según un procedimiento de mantenimiento preventivo, desmontándose cuando su existencia no justifique la protección frente a riesgos. Al igual que los EPI, en caso de deterioro rápido del equipo, este se repondrá y se reducirá, si es necesario, el periodo de comprobaciones.

Además, se tienen que incluir la señalización de advertencia (de forma triangular con pictograma y borde negro) y prohibición (de forma redonda con banda transversal y borde rojo, incluyendo en su interior un pictograma negro), para que sirvan como elementos de información y protección a los usuarios y trabajadores.

Las zonas, locales o recintos utilizados para almacenar cantidades importantes de agentes químicos peligrosos deberán identificarse mediante la señal de advertencia apropiada, o mediante la etiqueta que corresponda, que se colocará, según el caso, cerca del lugar de almacenamiento o en la puerta de acceso al mismo. Ello no será necesario cuando las etiquetas de los distintos embalajes y recipientes, habida cuenta de su tamaño, hagan posible dicha identificación.

7.5 Riesgo eléctrico (RD614/2001)

Trabajos sin tensión

Las tareas de reparación y mantenimiento de la instalación conviene realizarlas sin tensión. Para ello, se realizarán en dos fases:

- **Fase 1**: supresión de la tensión (5 reglas de oro, ver figura 7.5).
- **Fase 2**: reparación y reposición del suministro.

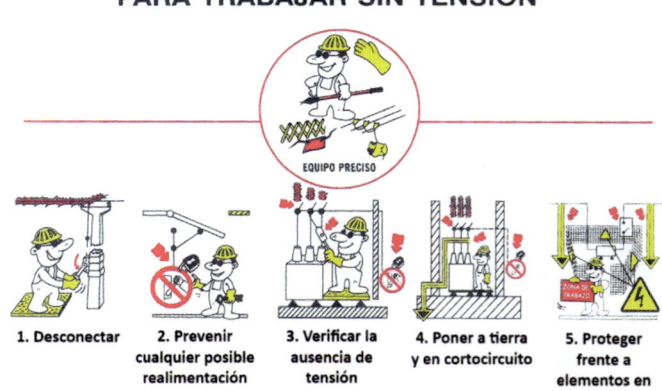

Amplíe la figura aquí

Figura 7.5
Las 5 reglas de oro.

En la tabla 7.4, se muestra un resumen de las cinco reglas de oro (figura 7.5) de trabajos sin tensión para trabajar en instalaciones eléctricas según el tipo de instalación, en base a los artículos 62 y 67 de la Ordenanza General de Seguridad e Higiene en el Trabajo (OGSHT).

Tipo de instalación		Baja tensión (hasta 1000 V)	Alta tensión (>1000 V)
1	Desconectar todas las fuentes de tensión.	Obligatorio	Obligatorio
2	Enclavamiento o bloqueo, si es posible, de los aparatos de corte.	Obligatorio si es posible	Obligatorio si es posible
3	Comprobación de la ausencia de tensión.	Obligatorio	Obligatorio
4	Poner a tierra y en cortocircuito todas las posibles fuentes de tensión.	Recomendable	Obligatorio
5	Delimitar la zona de trabajo mediante señalización o pantallas aislantes.	Recomendable	Obligatorio

Tabla 7.4
Referencias según tensión de las 5 reglas de oro.

Una vez finalizado el trabajo, y una vez se hayan retirado los trabajadores que no resulten indispensables y recogido las herramientas y equipos utilizados, se repone el suministro. La secuencia sería:

☐ Retirada de las protecciones adicionales y de la señalización de los límites de la zona de trabajo.

☐ Retirada de la puesta a tierra y en cortocircuito.

☐ Desbloquear y quitar la señalización de los dispositivos de corte.

☐ Cerrar los aparatos de maniobra, conectar las fuentes de tensión.

Trabajos con tensión

Todos los trabajadores cualificados que intervengan en los trabajos con tensión deben estar adecuadamente entrenados en los métodos y procedimientos específicos utilizados en este tipo de trabajos.

La formación y el entrenamiento de estos trabajadores deberían incluir la aplicación de primeros auxilios a los accidentados por choque eléctrico, así como procedimientos de emergencia tales como el rescate de accidentados desde los apoyos de las líneas aéreas o desde las bocas de hombre de acceso a lugares subterráneos o recintos cerrados.

En la ejecución de trabajos (operación, maniobras, supervisión, mantenimiento o reparación) en instalaciones de baja tensión con tensión pueden aparecer distintos riesgos.

Las medidas preventivas antes del trabajo son:

☐ Inspección visual de la zona.

☐ Identificar el circuito o elemento objeto de los trabajos.

☐ Los trabajadores no llevarán objetos conductores tales como pulseras, relojes, cadenas o cierres de cremallera metálicos que puedan contactar accidentalmente en tensión.

☐ Emplear un método de trabajo previamente estudiado.

☐ Verificar protecciones personales y colectivas.

☐ Colocar protecciones y aislar, en la medida de lo posible, las partes activas y los elementos metálicos en la zona de trabajo utilizando los protectores adecuados (fundas, capuchones, películas plásticas aislantes, etc.).

☐ Establecer una zona de trabajo, señalizando, delimitando y aislando el punto de trabajo. La zona deberá señalizarse y/o delimitarse adecuadamente, siempre que exista la posibilidad de que otros trabajadores o personas ajenas penetren en dicha zona y accedan a elementos en tensión.

☐ Los trabajos en lugares de difícil comunicación por su orografía, confinamiento u otras circunstancias, deberán realizarse estando presentes, al menos, dos trabajadores con formación en materia de primeros auxilios.

Las medidas preventivas durante el trabajo son:

☐ Uso de protecciones aislantes (banquetas, alfombras, plataformas de trabajo, etc.) y de herramientas manuales aisladas para trabajos en tensión (hasta 1000 V en corriente alterna y 1500 V en corriente continua). Se muestra un ejemplo en la figura 7.6.

☐ Evitar dos conductores descubiertos simultáneamente (solo descubrir el que sea objeto de trabajo).

☐ Realizar el trabajo sobre una alfombra o banqueta aislante que asegure un apoyo seguro y estable.

Pantalla facial:
Protección ante proyección de partículas

Casco con barbuquejo

Botas con suela aislante

Guantes aislantes

Banqueta aislante

Figura 7.6
Ejemplos de EPI para trabajos con tensión.

Las medidas preventivas después del trabajo son:

◻ Retirar el equipo y las protecciones (en orden inverso a su colocación).

◻ Retirar señalizaciones.

◻ Para circunstancias especiales, se deben tomar las mismas precauciones citadas en factor de riesgo anterior. Las protecciones individuales y colectivas serán las mismas que en el factor de riesgo anterior.

Distancias de seguridad para trabajos en proximidad a instalaciones eléctricas (RD 614/2001, de 8 de junio)

Se habrán de considerar las distancias mínimas (tabla 7.5) de seguridad para los trabajos a efectuar en la proximidad de instalaciones en tensión NO PROTEGIDAS, durante los cuales el trabajador entra o puede entrar en la zona de proximidad sin entrar en la zona de peligro, bien sea con una parte de su cuerpo o con las herramientas, equipos o materiales que manipula.

Las distancias se medirán entre el punto más próximo en tensión y cualquier parte externa del operario, herramientas o elementos que pueda manipular en movimientos voluntarios o accidentales. La distancia de seguridad se estipula en función del nivel de tensión de la instalación, grado de formación del trabajador, y posibilidad de delimitar con precisión la zona de trabajo y controlar que esta no se sobrepasa durante su realización.

Un	DPEL-1	DPEL-2	DPROX-1	DPROX-2
1	50	50	70	300
3	62	52	112	300
6	62	53	112	300
10	65	55	115	300
15	66	57	116	300
20	72	60	122	300
30	82	66	132	300
45	98	73	148	300
66	120	85	170	300
110	160	100	210	500
132	180	110	330	500
220	260	160	410	500
380	390	250	540	700

Las distancias para valores de tensión intermedios se calcularán por interpolación lineal.

Un. Tensión nominal de la instalación (kV).

DPEL-1. Distancia hasta el límite exterior de la zona de peligro cuando exista riesgo de sobretensión por rayo (cm).

DPEL-2. Distancia hasta el límite exterior de la zona de peligro cuando no exista riesgo de sobretensión por rayo (cm).

DPROX-1. Distancia hasta el límite exterior de la zona de proximidad cuando resulte posible delimitar con precisión la zona de trabajo y controlar que esta no se sobrepasa durante la realización de este (cm).

DPROX-2. Distancia hasta el límite exterior de la zona de proximidad cuando no resulte posible delimitar con precisión la zona de trabajo y controlar que esta no se sobrepasa durante la realización de este (cm).

Tabla 7.5
Distancias de seguridad según RD 614/2001.

PARA SABER MÁS...

QR para consultar la guía técnica para la evaluación y prevención de los riesgos relacionados con la protección frente al riesgo eléctrico (2020), por parte del Instituto Nacional de Seguridad y Salud en el Trabajo (INSST) del Ministerio de Trabajo y Economía Social.

Conviene conocer las dos siguientes definiciones:

☐ **Zona de peligro:** espacio alrededor de los elementos en tensión en el que la presencia de un trabajador desprotegido supone un riesgo grave e inminente. En este caso, podría producirse un arco eléctrico o un contacto directo con un elemento en tensión, teniendo en cuenta los gestos o movimientos normales que pueda efectuar el trabajador sin desplazarse.

☐ **Zona de proximidad:** espacio delimitado alrededor de la zona de peligro, desde el que el trabajador puede invadir accidentalmente esta última. Donde no se interponga una barrera física que garantice la protección frente al riesgo eléctrico, la distancia desde el elemento en tensión al límite exterior de esta zona será la indicada en la tabla 7.5.

EPI para trabajos en tensión

Los EPI a considerar para trabajos en tensión son:

☐ Guantes aislantes y, si es preciso, manguitos aislantes

☐ Pantalla facial o gafas adecuadas al arco eléctrico

☐ Casco aislante con barboquejo

☐ Guantes de protección contra riesgos mecánicos

De forma complementaria, los trabajadores utilizarán:

☐ Ropa de trabajo, adecuada y diseñada para el riesgo de arco eléctrico

Se tendrán en cuenta los riesgos originados por la energía eléctrica durante la realización de maniobras o trabajos en instalaciones eléctricas o en su proximidad, para seleccionar el tipo, nivel de protección y características de la protección individual. Se necesita tener en cuenta:

☐ Aspectos dieléctricos: evitar el paso de corriente eléctrica por el cuerpo del trabajador.

☐ Aspectos térmicos: evitar el aumento de temperatura y energía calorífica incidente sobre el trabajador, para que no le produzca quemaduras.

☐ Aspectos disipativos: evitar la acumulación de carga eléctrica en el trabajador y que pueda activar una atmósfera explosiva.

☐ Otros aspectos: evitar daños debidos a ondas de choque, gases, radiaciones electromagnéticas u otros fenómenos cuyo origen sea la energía eléctrica.

A continuación, se muestran algunas de las propiedades que presentan los EPI frente al choque eléctrico:

☐ Casco aislante de la electricidad, UNE-EN 50365. Son cascos eléctricamente aislantes para su utilización en instalaciones de baja tensión. La evaluación puede determinar que disponga de elementos adicionales (barboquejo, etc.). Tienen que ser de clase 0: que la

tensión no exceda los 1000 V en corriente alterna y 1500 V en corriente continua.

Clase (guantes y manguitos)	Vca (kV)	Vcc (kV)
00	< 0.5	< 0.75
0	< 1	< 1.5
1	< 7.5	< 11.25
2	< 17	< 25.5
3	< 26.5	< 39.75
4	< 36	< 54

Tabla 7.6
Códigos según aislante eléctrico para guantes y manguitos.

☐ Guantes aislantes (código en tabla 7.6) para trabajos eléctricos. UNE-EN 60903, trabajos en tensión. Guantes de material aislante. Si incorporan protección mecánica se denominan «guantes compuestos» y si, además de esta protección mecánica, extienden su protección a parte del brazo (aproximadamente hasta la axila) se denominan «guantes largos compuestos».

☐ Manguitos aislantes para ver el código. UNE-EN 60984, manguitos de material aislante para trabajos en tensión. Ropa aislante de la electricidad. UNE-EN 50286, ropa aislante de protección para trabajos en instalaciones de baja tensión. Tiene que ser de clase 0: que la tensión no exceda los 500 V en corriente alterna y 750 V en corriente continua.

☐ Calzado aislante de la electricidad, UNE EN 50321. Calzado aislante de la electricidad para trabajos en instalaciones de baja tensión.

En la figura 7.7, se muestra un ejemplo de marcación de guante para trabajos eléctricos.

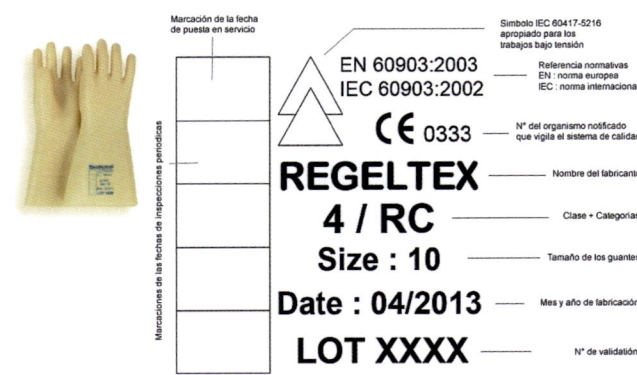

Figura 7.7
Ejemplo marcado de guante para trabajos con tensión.

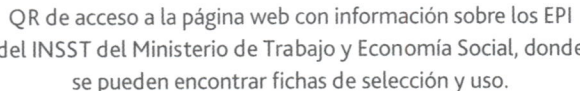

En la figura 7.8, se puede ver un ejemplo con EPI disponibles en el lugar de trabajo de una subestación eléctrica para realizar tareas de mantenimiento en los transformadores.

Figura 7.8
Ejemplo de equipos disponibles para trabajos eléctricos (cortesía de Sofamel).

Además de lo indicado en el apartado anterior, también habrá que tener en cuenta los siguientes materiales para realizar trabajos en tensión:

☐ Herramientas, maletín de herramientas apropiadas al trabajo y con el nivel de aislamiento correspondiente.

☐ Dispositivos aislantes; por ejemplo, banquetas, alfombras, escaleras y plataformas en todos los casos aislantes.

☐ Accesorios aislantes: para cubrir y aislar los conductores con aislamiento defectuoso o desnudo, masas, etc. Se emplearán capuchones aislantes para aisladores, protectores de conductores, perfiles, pantallas rígidas aislantes de separación, cubiertas, telas aislantes vinílicas, protectores de bornas y dedales aislantes.

☐ Materiales de señalización; por ejemplo, barreras extensibles, cintas de delimitación, cadenas de delimitación y señalización vial.

☐ Condiciones atmosféricas: en caso de tormenta (porque se visualicen relámpagos o se oigan truenos), los trabajos tanto en interiores como en exteriores se interrumpirán. En instalaciones exteriores con situación de lluvia, viento fuerte o niebla, se valorará su riesgo y se decidirá si se suspenden.

☐ Equipos para media y alta tensión:

   ☐ Pértigas. Existen de diferentes tipos, según sus características específicas:

      – De salvamento: para una tensión de utilización de 45 y 90 kV.

      – De maniobra: para tensiones de 45, 66 y 132 kV.

      – Con verificadores de ausencia de tensión luminosa: para 5-40 kV.

☐ Equipos de puesta a tierra y cortocircuito.

7.6 Riesgos derivados del uso de herramientas manuales

Tanto en la instalación como en el montaje y el posterior mantenimiento, se requerirá del uso de máquinas de mano: taladradora, destornillador eléctrico, sierra de calar, esmeriladoras, radiales, etc.; y de herramientas de mano: llaves, destornilladores, herramientas de corte, tenazas, etc.

En la mayoría de las ocasiones los accidentes ocurren por una mala manipulación de las herramientas o por un inadecuado mantenimiento. Atendiendo también al tendido de cables de los alargadores, los cuales deberán estar en perfectas condiciones, deberán estar señalizados sobre todo en zonas de paso de gente y zonas de manipulación de las estructuras metálicas (deterioro del aislamiento).

En las máquinas eléctricas, para evitar contactos eléctricos derivados de la propia máquina, estas deberán estar correctamente aisladas. Por ello, la máquina estará definida en función de su grado de aislamiento, tensión de alimentación y el sistema de protección contra contactos eléctricos. Las herramientas eléctricas portátiles manuales, utilizadas en obras o emplazamientos en general, deberán ser de Clase II o de Clase III. Cuando estas herramientas se utilicen en obras o emplazamientos muy conductores, estas deben ser de Clase III.

Los principales EPI a utilizar para el uso de máquinas eléctricas son: casco de seguridad, guantes de lona y piel (que permitan operar la herramienta sin dificultad), gafas de seguridad y ropa de trabajo.

Los riesgos derivados por el uso de herramientas manuales son:

☐ Golpes y cortes de la propia herramienta

☐ Lesiones oculares por proyecciones

☐ Esguinces por sobreesfuerzos o gestos bruscos

PARA SABER MÁS...

QR para consultar un ejemplo donde se detallan los riesgos y medidas preventivas en el interior de centros de transformación.

7.7 Actuación en caso de accidente

En un lugar bien visible de las instalaciones debe colocarse toda la información necesaria para la actuación en caso de accidente: qué hacer, a quién avisar, números de teléfono, tanto interiores como exteriores (emergencia, servicio de prevención, mantenimiento, ambulancias, bomberos, mutua), direcciones y otros datos que puedan ser de interés en caso de accidente, especialmente los referentes a las normas de actuación.

Ante cualquier accidente siempre se debe activar el sistema de emergencia. Para ello, se deben recordar las iniciales de tres actuaciones: proteger, avisar y socorrer (sistema PAS):

1. Proteger: tanto al accidentado como a los servicios de socorro.

2. Avisar: alertar a los servicios de emergencia (hospitales, bomberos, policía, protección civil). El teléfono de emergencia es el 112.

3. Socorrer: una vez que se haya protegido y avisado, se procederá a actuar sobre el accidentado, practicándole los primeros auxilios si se tienen conocimientos sobre ellos.

Al comunicarse, se debe dar un mensaje preciso sobre:

1. Lugar donde ha ocurrido el accidente

2. Tipo de accidente (electrocución, caída de altura, quemadura, hemorragia, fractura, etc.)

3. Número de víctimas

4. Estado aparente de las víctimas (consciencia, sangran, respiran, etc.)

5. No colgar antes de que el interlocutor lo haya autorizado, ya que puede necesitar otras informaciones complementarias.

6. Disponer de una persona que reciba y acompañe a los servicios de socorro con el fin de guiarlos rápidamente hasta el lugar del accidente.

A continuación, se muestran ejemplos de actuación ante distintas situaciones:

☐ Fracturas:

1. En el caso de que la fractura sea abierta, limpiar la herida y aplicar apósitos estériles.

2. Inmovilizar el hueso fracturado.

3. Tapar al herido, para que no se enfríe.

4. Evacuación hasta un centro sanitario.

☐ Hemorragias:

1. Realizar mediante un apósito una compresión suave en el punto de sangrado.

2. Únicamente si la hemorragia no se detiene, realizar torniquete con una banda lo más ancha posible, llevando especial cuidado con la presión ejercida y anotar la hora en que se ha realizado.

3. Evacuación hasta un centro hospitalario.

☐ Quemaduras:

1. Refrescar la zona quemada, aplicando agua en abundancia sobre la superficie quemada.

2. Aplicar un apósito estéril en la zona quemada.

3. Evacuación hasta un centro hospitalario.

7.8 Protección ambiental

La contaminación ambiental es la presencia, en el medio ambiente, de cualquier agente (físico, químico o biológico) nocivo para la salud, la seguridad o la vida vegetal o ambiental.

Tipos de contaminación:

☐ **Suelo:** debido a desechos industriales, tóxicos o productos químicos en el terreno.

☐ **Aire:** adición a la atmósfera de gases tóxicos.

Como solución, hay que utilizar los sistemas de reciclaje, que permiten reducir el volumen de residuos, así como reducir la energía de provisión de materia prima y costes (hay partes del módulo que se pueden recuperar y volver a ser utilizadas en nuevos módulos u otros productos).

Aparatos y residuos eléctricos y electrónicos (RD110/2015).

Definiciones:

☐ Aparatos eléctricos y electrónicos (AEE): todos los aparatos que para funcionar debidamente necesitan corriente eléctrica o campos electromagnéticos, y los aparatos necesarios para generar, transmitir y medir tales corrientes y campos, que están destinados a utilizarse con una tensión nominal no superior a 1000 voltios en corriente alterna y 1500 voltios en corriente continua.

☐ Residuos de aparatos eléctricos y electrónicos (RAAE): todos los aparatos eléctricos y electrónicos que pasan a ser residuos de acuerdo con la definición que consta en el artículo 3.a) de la Ley 22/2011, de 28 de julio. Esta definición comprende todos aquellos componentes, subconjuntos y consumibles que forman parte del producto en el momento en que se desecha.

☐ Herramienta industrial fija de gran envergadura: el conjunto de máquinas, equipos o componentes de gran envergadura, que funcionan juntos para una aplicación específica, instalados de forma permanente y desinstalados por profesionales en un lugar determinado, y utilizados y mantenidos por profesionales en un centro de producción industrial o en un centro de investigación y desarrollo.

Los RAEE de uso **doméstico** y **profesional**, en peso cuya gestión hayan financiado, y que hayan sido recogidos en instalaciones de recogida de las entidades locales, por los distribuidores, a través de las redes o instrumentos de recogida de los productores, y por gestores de recogida contratados por los productores.

Los aparatos, según el artículo 7 del RD110/2015, se marcarán para identificar a su productor y se etiquetarán con el símbolo de recogida selectiva.

Los productores de AEE, según artículo 6 del RD110/2015, indica que se elaborarán planes de prevención de RAEE trienales en los que incorporarán sus medidas de prevención. Los productores informarán sobre los acuerdos y los planes de prevención a la comisión de coordinación en materia de residuos.

Generación de residuos durante la realización de las obras

Los residuos generados se pueden clasificar en dos grupos según la peligrosidad de sus componentes: especiales y no especiales. Estos, a su vez, se irán separando en la propia obra mediante el uso de contenedores que identifiquen claramente el tipo de residuo: hierro, plástico, etc.

En el caso de caída accidental de cemento, gasoil, aceite, etc., se saneará el terreno y se retirarán los residuos especiales a través de un gestor autorizado. Este será el encargado de valorar qué se va a hacer: reutilización, reciclaje, etc.

La empresa que ha generado los residuos será la responsable final de que el proceso sea correcto.

¿Qué hacer una vez finalizada la actividad?

Una vez finalizada la actividad, se debe:

☐ Eliminar los componentes de la instalación.

☐ Retirar todos los restos de material, residuos o tierras sobrantes a vertederos adecuados a la naturaleza de cada residuo.

☐ estaurar los terrenos ocupados a su estado original, dejando el área de actuación en perfecto estado de limpieza.

Mapa conceptual

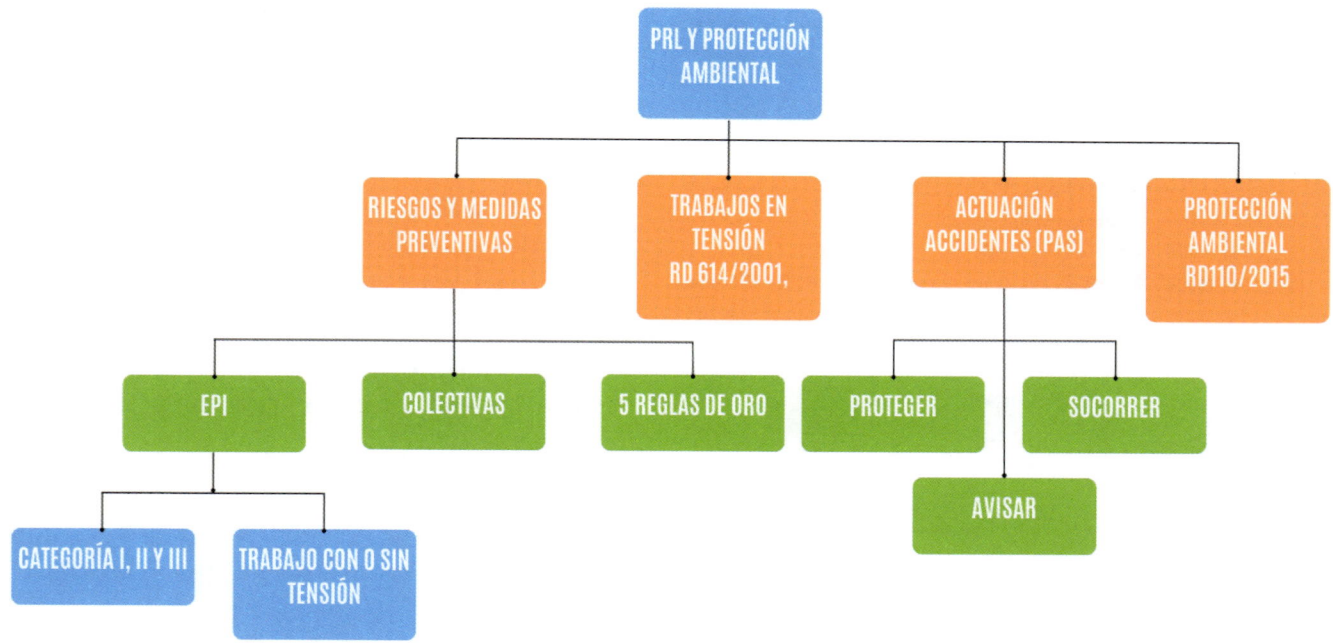

Figura 7.9
Mapa conceptual de la prevención de riesgos laborales y protección ambiental en máquinas eléctricas.

======= TEST DE EVALUACIÓN =======

1. Las medidas preventivas de orden y limpieza y cuidar el cableado de las alargaderas eléctricas evitando nudos y retorcimientos se corresponde a:

a) Caídas al mismo nivel

b) Caídas a distinto nivel

c) Golpes y atrapamientos

2. Las medidas preventivas de cubrir aberturas en el suelo y colocar barandillas se corresponde a:

a) Caídas al mismo nivel

b) Caídas a distinto nivel

c) Golpes y atrapamientos

3. De las siguientes medidas preventivas, indica cuál corresponde a la protección contra contactos eléctricos directos y/o indirectos:

a) Comprobar periódicamente el estado de los diferenciales, conductores de protección y toma de tierra.

b) Respetar los límites para campos eléctricos y magnéticos.

c) Permitir el acceso al personal formado y autorizado.

4. ¿De qué categoría se consideran los equipos destinados a proteger contra riesgos mínimos?

a) Categoría I

b) Categoría II

c) Categoría III

5. Los equipos de protección individual destinados a proteger al trabajador de todo peligro mortal o que pueda dañar gravemente y de forma irreversible para la salud son considerados...

a) Categoría I

b) Categoría II

c) Categoría III

6. Las señales de obligación llevan fondo de color...

a) Azul

b) Rojo

c) Amarillo

7. En una instalación de baja tensión, ¿cuál de las siguientes reglas de oro es obligatoria?

a) Desconectar todas las fuentes de tensión.

b) Realizar el enclavamiento o bloqueo de los aparatos de corte, aunque no sea posible.

c) Poner a tierra y en cortocircuito todas las fuentes de tensión.

8. En una instalación de baja tensión, ¿cuál de las siguientes reglas de oro NO es obligatoria?

a) Reconocimiento (medición) de la ausencia de tensión.

b) Desconectar todas las fuentes de tensión.

c) Poner a tierra y en cortocircuito todas las fuentes de tensión.

9. En una instalación de alta tensión, ¿cuál de las siguientes reglas de oro es obligatoria si es posible?

a) Reconocimiento (medición) de la ausencia de tensión.

b) Desconectar todas las fuentes de tensión.

c) Enclavamiento o bloqueo de los aparatos de corte.

10. De las siguientes medidas preventivas, ¿cuál se realizaría después del trabajo?

a) Colocación de señalizaciones.

b) Desbloquear elementos de corte.

c) Delimitar la zona de trabajo.

1. Introducción

a) ¿Cuál es el propósito de la Ley 31/1995 de Prevención de Riesgos Laborales?

b) ¿Por qué es importante la prevención de riesgos laborales en el sector eléctrico y electrónico?

2. Principales riesgos laborales y medidas preventivas

a) ¿Qué tipos de riesgos se pueden encontrar en el trabajo con máquinas eléctricas?

b) ¿Qué medidas preventivas se deben tomar para evitar caídas a distinto nivel?

c) ¿Cómo se puede prevenir el contacto eléctrico directo e indirecto?

d) ¿Qué acciones se deben tomar para evitar incendios en el entorno de trabajo?

e) ¿Qué medidas se recomiendan para evitar golpes y atrapamientos?

3. Equipos de protección individual (EPI)

a) ¿Qué son los equipos de protección individual (EPI) y cuál es su función principal?

b) ¿Cómo se clasifican los EPI y qué tipo de riesgos cubre cada categoría?

c) ¿Qué responsabilidades tienen los empleadores en relación con los EPI?

d) ¿Qué características deben tener los EPI para ser efectivos en la protección de los trabajadores?

e) ¿Qué tipos de EPI se utilizan para proteger la cabeza y las extremidades superiores?

4. Protección ambiental

a) ¿Qué es la contaminación ambiental y cuáles son sus principales tipos?

b) ¿Qué medidas se pueden tomar para reducir la contaminación del suelo y del aire?

c) ¿Qué son los residuos de aparatos eléctricos y electrónicos (RAEE) y cómo deben gestionarse adecuadamente?

d) ¿Qué acciones se deben realizar una vez finalizada una actividad para asegurar la protección ambiental?

5. Actuación en caso de accidente

a) ¿Qué es el sistema PAS y cuáles son sus tres fases principales?

b) ¿Qué pasos se deben seguir en caso de una fractura en el lugar de trabajo?

c) ¿Cómo se debe actuar ante una hemorragia en el entorno laboral?

d) ¿Qué medidas se deben tomar en caso de quemaduras en el trabajo?

ACTIVIDAD 1

A partir de la información contenida en el tema, realiza una consulta en Internet a la normativa indicada para responder a las siguientes preguntas de verdadero y falso en referencia al uso de equipos de protección individual:

Afirmación	V	F
Los equipos de protección individual anticaídas hechos de materiales textiles se pueden lavar en lavadora convencional.		
Los cascos de seguridad utilizados deberán guardarse al sol para que el sudor impregnado del trabajador se seque de una manera más rápida e higiénica.		
Los equipos de protección individual deben entenderse como un medio de protección de riegos complementarios y, en la medida de lo posible, temporal.		
Un guante es un EPI destinado a proteger totalmente la mano o el antebrazo.		
Los equipos de protección auditiva sirven para la reducción del nivel de presión acústica en los conductos auditivos a fin de no producir daño en el individuo expuesto.		
El casco de seguridad protege fundamentalmente de peligros y golpes de tipo mecánico.		
Las normas generales establecen las características técnicas, de diseño, resistencia y pruebas a las que deben someterse los equipos de protección individual por parte de los organismos de control autorizados.		
La propia piel de las personas es, por sí misma, una buena protección contra las agresiones del exterior.		
Los EPI están sujetos a una degradación paulatina de su rendimiento en el uso normal y a fallos completos en condiciones extremas, como las emergencias		
Los EPI tienen como finalidad realizar una tarea.		

ACTIVIDAD 2

Como técnico de mantenimiento en una fábrica te piden que realices el cambio de un motor eléctrico que se ha quemado. Enumera los pasos que realizarías y las medidas de seguridad que tendrías que tomar.

Ten en cuenta las siguientes condiciones: el motor es de fácil acceso, pero el cuadro eléctrico que alimenta a dicho motor está situado al otro lado de la máquina, que es dimensiones considerables (no tienes visión directa si alguien accede a él). Para el uso de herramientas de mano debes utilizar un alargador de 10 metros.